在这个最美的夏天
海边度假
SEASIDE RESORT
ALLOWS YOU TO EXPERIENCE A RELAXING HOLIDAY TRAVEL

HOLIDAY INN RESORT LAKE
PERFECT FUSION DISHES

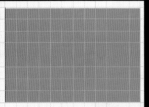

1.6.5
对页面设计的排版

2.1.5
绘制可爱卡通表情

2.2.5
绘制花卉图形

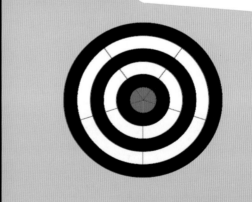

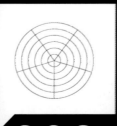

2.2.9
绘制箭靶效果

精彩案例展示

2.4.6
绘制涂鸦文字效果

2.5.3
绘制可爱动物插画

3.2.2
绘制可爱卡通图形

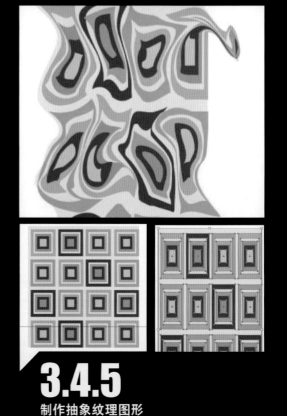

3.4.5
制作抽象纹理图形

4.3.9
绘制节日贺卡

5.1.4
使用颜色工具为图像填充颜色

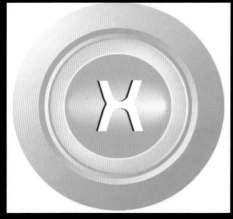

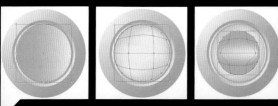

5.3.5
制作立体图标效果

7.1.7
添加画面纪念文字

精彩案例展示

7.2.12
制作音乐节招贴

8.1.2
新建符号并应用

8.1.14
应用不同的图形样式

10.1.3
制作图像相同效果

13.1.1

VI标志设计

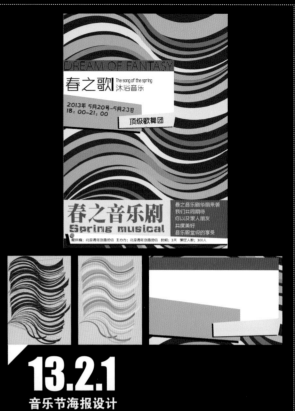

13.2.1

音乐节海报设计

13.2.2

培训宣传海报设计

13.2.3

俱乐部宣传海报设计

精彩案例展示

13.2.4

食品宣传DM单设计

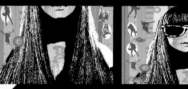

13.2.5

眼镜广告设计

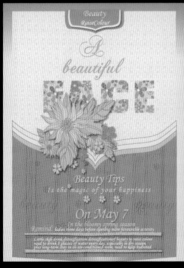

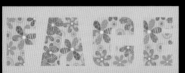

13.2.6

美容DM宣传单设计

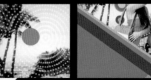

13.2.7

酒吧POP宣传设计

13.3.1
美食网页设计

13.3.3
汽车网站设计

13.3.4
音乐网页设计。

13.4.1
熨斗造型设计

精彩案例展示

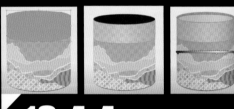

13.4.4
茶叶包装设计

13.5.1
儿童图书封面设计

13.5.4
艺术杂志封面设计

13.6.4
商业艺术插画

零点起飞学

Illustrator CS6
平面设计

◎ 瀚图文化 编著

清华大学出版社

北京

内容简介

本书全面、细致地讲解了Illustrator 的操作方法与使用技巧，内容精华、学练结合、文图对照、实例丰富，可以帮助学习者轻松地掌握软件的所有操作并运用于实际工作中。

本书是帮助读者掌握图形图像完美编辑技术的书籍。全书共分为13个章节，分别从认识Illustrator CS6，图形的绘制，图形的造型编辑，图层与蒙版的应用，颜色填充与描边，基本外观，文本，符号、图表与样式的应用，艺术效果和滤镜，自动化工作区，设计文档存储与输出，打印设置等应用和操作进行了详细讲解，最后从VI设计、平面广告设计、网页设计、产品与包装设计、书籍装帧设计和插画设计多个完整的平面设计综合案例，帮助读者了解和学习平面设计的设计与制作过程，并将前面学习的知识融会贯通、巩固提高。

本书适用于Illustrator CS6的初、中级用户，以及从事平面设计、广告设计、照片处理、网页设计等行业的专业人士，同时还可作为各类艺术设计院校和相关的培训机构的学习用书和教材。

本书DVD光盘内容包括64个200分钟的实例视频教学及书中的素材与效果文件。

图书在版编目（CIP）数据

零点起飞学Illustrator CS6平面设计/瀚图文化 编著.—北京：清华大学出版社，2014（2022.7重印）
（零点起飞）
ISBN 978-7-302-35257-0

Ⅰ.①零… Ⅱ.①瀚… Ⅲ.①图形软件 Ⅳ.①TP391.41

中国版本图书馆CIP数据核字（2014）第014261号

责任编辑：杨如林
封面设计：张　洁
责任校对：徐俊伟
责任印制：丛怀宇

出版发行：清华大学出版社
网　　址：http://www.tup.com.cn，http://www.wqbook.com
地　　址：北京清华大学学研大厦A座　　　　　　邮　编：100084
社 总 机：010-83470000　　　　　　　　　　　　邮　购：010-62786544
投稿与读者服务：010-62776969，c-service@tup.tsinghua.edu.cn
质 量 反 馈：010-62772015，zhiliang@tup.tsinghua.edu.cn

印 装 者：北京鑫海金澳胶印有限公司
经　　销：全国新华书店
开　　本：190mm×260mm　　　印　张：23.5　　插　页：4　　字　数：698千字
　　　　　（附DVD光盘1张）
版　　次：2014年6月第1版　　　　　　　　　　　印　次：2022年7月第13次印刷
定　　价：59.80元

产品编号：054371-02

前 言

软件介绍

Illustrator CS6是美国Adobe公司推出的矢量绘图软件。它是集矢量图形设计、编辑、合成和高品质输出功能于一体的软件，它的功能完善而强大。Illustrator CS6版本是在全新的期待中诞生的，它以更贴心的工作界面，强大的智能图像识别以及完善的3D功能和操作功能，使图形的绘制和处理过程变得更加得心应手。它优化了内存和整体性能，可以提高处理大型、复杂文件的精确度、速度和稳定性，实现了旧版本无法完成的任务，从而赢得了众多设计师的青睐。

内容导读

全书共13个章节，包括软件基础知识介绍（第1~12章）与平面设计综合案例的制作（第13章）。通过软件基础内容对认识Illustrator CS6，图形的绘制，图形的造型编辑，图层与蒙版的应用，颜色填充与描边，基本外观，文本，符号、图表与样式的应用，艺术效果和滤镜，自动化工作区，设计文档存储与输出，打印设置等操作和应用进行了全面讲解，各章穿插"实战"案例深入运用所学知识与操作制作完整实例。每章通过专家答疑与操作习题，能够帮助读者轻松完成对本章内容的巩固。第13章通过VI设计、平面广告设计、网页设计、产品与包装设计、书籍装帧设计和插画设计多个完整的平面设计综合案例帮助读者运用学习到的知识，并从中学习平面设计相关的制作思路以及实际操作过程，真正做到学以致用，物超所值。

本书特点

⇨ 高低兼顾。本书在编写的过程中充分考虑了初学者的实际阅读和制作的需要，章节按照由浅入深的方式安排内容，兼顾读者的不同阅读需求，可针对性地安排学习内容。帮助读者对Illustrator CS6软件进行完整学习。

⇨ 内容丰富。本书不仅涵盖了软件各项主要功能的讲解，还包括Illustrator CS6新增功能的介绍，通过功能的演示和深入解析的"实战"内容对功能进行了详细深入地讲解，并通过技巧归纳将书中的重点知识进行讲解，使读者能够轻松地完成软件的学习。

⇨ 案例分析。本书的每个案例都有"案例分析"，通过对例子的分析来了解使用哪种方法更加适合，这样便可以使学习者清晰地了解分析制作图像的方法，帮助读者明确学习方法，提高学习效率。

本书由瀚图文化组织编写，参与本书编写工作的有高峰、何艳、罗菊廷、周琴、贾红伟、张仁伟、罗卿、李震、刘思佳、陈艾、郭亚蓉、王亚杰、闫欧。本书编创力求严谨，尽管作者力求完善，但书中难免有错漏之处，希望广大读者批评指正，我们将不胜感激。

编者

目　录

第1章

认识Illustrator CS6

本章重点：

　　Illustrator CS6是Adobe公司推出的Illustrator CS系列矢量图形绘制软件，它在延续以往Illustrator CS系列图形绘制功能和操作的基础上，优化了软件的操作环境和使用功能，并新增了一些智能功能，如宽度工具、形状生成器工具、透视绘制图功能、多个画板增强应用针对Web图形的优化处理，以及Adobe CS Reviewd等功能应用。

学习目的：

　　让用户认识Illustrator CS6软件，了解软件的应用，使用Illustrator CS6绘制并编辑图形，并给用户带来全新的体验。用户将体会到更为优化的工作环境和友好的操作界面，方便图形绘制和编辑过程中的操作。

参考时间：55分钟

主要知识	学习时间
1.1　安装、卸载Adobe Illustrator CS6	5分钟
1.2　认识Illustrator CS6工作界面	10分钟
1.3　文件的基本操作	10分钟
1.4　随意变化图像的大小	5分钟
1.5　Illustrator CS6首选项和性能优化	5分钟
1.6　认识标尺、网格、参考线	5分钟
1.7　自定义工作区	5分钟
1.8　Adobe Illustrator CS6新增功能	10分钟

1.1 | 安装、卸载Adobe Illustrator CS6

在使用Illustrator软件时，可能会涉及到Adobe Illustrator CS6安装与卸载，本节将介绍详细的操作过程。

1.1.1 安装Adobe Illustrator CS6

Adobe Illustrator CS6的安装过程较长，需要有一些耐心，如果读者的电脑中已有其他版本的Illustrator软件，在进行Illustrator CS6安装前，可不必卸载其他版本的软件，但需要将运行的软件关闭。

1.1.2 实战：安装Adobe Illustrator CS6

🔘 **光盘路径：** 第1章\Complete\安装Adobe Illustrator CS6.ai

步骤1 打开Illustrator CS6安装光盘，双击Setup安装文件的图标，就可以进行安装了。

步骤2 双击文件后会弹出初始化对话框，对系统配置文件进行检查，这里需要一点的时间，读者所需要做的就是等待。

步骤3 检查完系统配置文件后，系统自动弹出"Illustrator CS6-欢迎"窗口，然后选择"试用"。

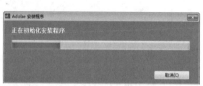

步骤4 在弹出的"Adobe Illustrator CS6软件许可协议"窗口中，读者需要认真阅读Adobe最终用户许可协议，了解协议的相关内容，然后单击右下方的"接受"按钮，即可进行下一步的安装。

步骤5 在接下来的"Adobe Illustrator CS6"需要登录"窗口中，读者需要认真阅读Adobe最终用户许可协议，了解登录的内容，单击右下方的"登录"按钮，即可进行下一步的安装。

步骤6 在弹出的"Adobe Illustrator CS6登录"窗口中，读者需要创建一个"Adobe ID电子邮件地址"，单击窗口右上角的"创建Adobe ID"按钮，即可进行下一步的安装。

步骤7 在弹出的"创建Adobe ID"窗口中，填写创建Adobe ID的相关信息。填写完后单击"创建"按钮，即可进行下一步的安装。然后在弹出的"Adobe Illustrator CS6 选项"对话框中设置好相关的选项，然后单击"安装"按钮。即可根据设置开始进行安装。系统自行安装软件时，对话框会显示安装进度，安装过程需要较多时间，此时不需要再做其他设置了。

步骤8　当安装完成时，在弹出的"Adobe Illustrator CS6安装完成"窗口中单击"关闭"按钮。至此，Illustrator CS6安装过程完成。

1.1.3　卸载Adobe Illustrator CS6

当需要卸载Adobe Illustrator CS6时，可以通过"控制面板"里的"程序卸载"选项，将软件卸载。

1.1.4　实战：卸载Adobe Illustrator CS6

光盘路径：第1章\Complete\卸载Adobe Illustrator CS6.ai

步骤1　单击"开始"菜单按钮，在弹出的菜单中选择"控制面板"选项。	**步骤2**　在控制面板中，选择左下方的"程序卸载"选项。	**步骤3**　在弹出的"卸载或更改程序"对话框中选择"Adobe Illustrator CS6"，单击鼠标右键，选择"卸载"选项。

步骤4　弹出"卸载选项"对话框，单击窗口右下角"卸载"按钮，即可进行下一步的卸载。	**步骤5**　系统在卸载软件时，对话框会显示卸载进度，卸载过程需要较多时间。	**步骤6**　当卸载完成后，在弹出的"Adobe Illustrator CS6卸载完成"窗口中单击"关闭"按钮。至此，Illustrator CS6卸载过程完成。

|1.2| 认识Illustrator CS6工作界面

Adobe Illustrator CS6的工作界面以灰色色调为主，在启动Illustrator CS6后，首先弹出欢迎界面，可通过该界面选择最近使用过的文件，或单击"打开"按钮以打开文件的方式切换至工作界面，也可以通过在欢迎界面中新建相关文档的方式进入工作界面。

软件工作界面包括标题栏、菜单栏、属性栏、工具箱、图像预览窗口和浮动面板等功能区，用户还可根据个人喜好随意更改工作界面的状态。

❶菜单栏：菜单栏包括文件、编辑、对象、文字、选择、效果、视图、窗口和帮助等菜单。

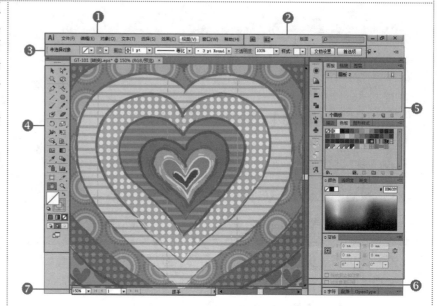

Illustrator CS6的工作界面

❷标题栏：标题栏显示与Illustrator相关的应用功能按钮，包括"转到Bridge"按钮，"排列文档"按钮，"界面视图操作"按钮、"网络应用"按钮和"软件窗口调整"按钮。

❸属性栏：属性栏用于显示当前所选择工具或所选中对象的相关属性。

❹工具箱：工具箱收纳了软件中所有的工具，以及颜色选项、绘制选项和屏幕模式选项。在工具箱中选择某一工具，可使用该工具进行编辑。一些工具图标的右下角显示有扩展箭头，按住该工具，在弹出的选项中可选择相关的系列工具应用。

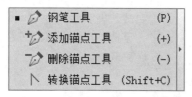

钢笔工具组

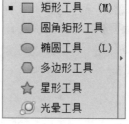

矩形工具组

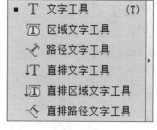

文字工具组

❺面板：该区域用于排列和显示功能面板，包括"图层"面板、"描边"面板、"画笔"面板、"渐变"面板、"颜色"面板和"透明度"面板等，可根据个人喜好对浮动面板进行拆分、重组或隐藏。

❻图像窗口：在未打开图像文件时，该区域显示为灰色，新建或打开图像文件后，显示空白页面或图像文件中的图像。

❼状态栏：可通过调整工作界面和图像的预览比例以不同的状态显示图像，还可选择面板选项快速切换面板区域。

1.2.1 菜单栏

菜单栏包含了软件中的主要功能命令，包括文件、编辑、对象、文字、选择、效果、视图、窗口和帮助菜单。

菜单栏

❶**文件**：执行"文件"菜单命令时，在弹出的下级菜单中可以执行新建、打开、存储、关闭、置入、打印等一系列针对文件的命令。

❷**编辑**："编辑"菜单中的各命令是对图像进行编辑的命令，包括还原、剪切、拷贝、粘贴、填充、变换、定义图案等。

❸**对象**："对象"菜单中的各命令主要是对图像进行变换、排列等调整设置，可快速对图像进行调整。

❹**文字**："图层"菜单中的命令主要是对字体样式、大小、路径文字、创建轮廓等进行调整设置。

❺**选择**："选择"菜单中的命令主要针对选区进行反向、修改、变换、扩大、载入选区等操作，这些命令结合选区工具，便于对选区的操作。

❻**效果**：在Illustrator CS6中可以进行滤镜设置和设置Photoshop滤镜效果，通过滤镜可以为图像设置各种不同的特殊效果，在制作特效方面这些滤镜命令更是功不可没。

❼**视图**："视图"菜单中的命令可对整个视图进行调整设置，包括缩放视图、改变屏模式、显示标尺、设置参考线等。

❽**窗口**："窗口"菜单主要用于控制Illustrator CS6工作界面中工具箱和各个面板的显示和隐藏，因为在图像照片的处理过程中，Illustrator CS6的工作界面是受限制的，所以快速地显示并控制工作界面，是提高工作效率的一个重要因素。

❾**帮助**："帮助"菜单提供了使用Illustrator CS6的各项帮助信息，在使用Illustrator CS6的过程中，若遇到问题，可以查看该菜单栏，及时了解各项命令和工具箱功能的使用。

1.2.2 工具箱

工具箱收纳了软件中的所有工具，以及颜色选项、绘制选项和屏幕模式选项，在工具箱中选择某一工具，可使用该工具进行编辑，一些工具图标的右下角显示有扩展箭头，按住该工具，在弹出的选项中选择相关的系列工具可应用该工具。

❶**"选择工具"按钮**：用于选取图像，方便移动对象。

❷**"直接选择工具"按钮**：包含了编组选项工具，用于选择或移动路径和形状。

❸**"魔棒工具"按钮**：根据颜色快速选择大面积选区。

❹**"套索工具"按钮**：用于创建曲线、多边形或不规则形状的选区。

❺**"钢笔工具"按钮**：包括添加锚点工具、删除锚点工具和转换锚点工具、用于绘制修改或矢量路径进行变形。

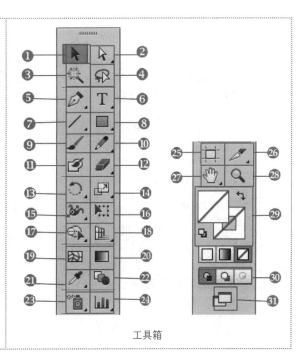

工具箱

⑥ **"文字工具"按钮** T ：包括区域文字工具 T 、路径文字工具 、直排文字工具 IT 、直排区域文字工具 IT 和直排路径文字工具 ，用于横向或纵向输入文字或文字蒙版。

⑦ **"直线段工具"按钮** ／：包括弧形工具 、螺旋线工具 、矩形网格工具 和极坐标网格工具 ，用于绘制线条以及各式各样的形状图像。

⑧ **"矩形工具"按钮** ■：包括圆角矩形工具 、椭圆工具 、多边形工具 、星形工具 和光晕工具 ，用于制作矩形、圆角矩形以及各式各样的形状图像。

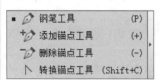

钢笔工具

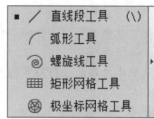

文字工具

直线段工具

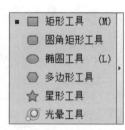

矩形工具

⑨ **"画笔工具"按钮** ：用于表现绘制效果。

⑩ **"铅笔工具"按钮** ：包括平滑工具 、路径橡皮擦工具 ，用于表现铅笔效果。

⑪ **"斑点画笔工具"按钮** ：用于绘制不同的斑点效果，类似画笔工具。

⑫ **"橡皮擦工具"按钮** ：包括剪刀工具 、刻刀 ，使用这些工具可随意擦除，或在路径线段中以单击的方式切割图形等。

⑬ **"旋转工具"按钮** ：包括镜像工具 ，通过参数值的设置，可以对图像进行准确地旋转。

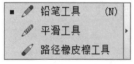

铅笔工具

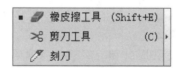

橡皮擦工具

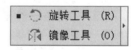

旋转工具

⑭ **"比例缩放工具"按钮** ：包括倾斜工具 、整形工具 ，对图形进行比例缩放。

⑮ **"宽度工具"按钮** ：包括变形工具 、旋转扭曲工具 、缩拢工具 、膨胀工具 、扇贝工具 、晶格化工具 和皱褶工具 ，用于对矢量图像进行多方面的变形。

⑯ **"自由变形工具"按钮** ：用于对图像进行随意扩大、拖拉。

⑰ **"形状生成器工具"按钮** ：用于对图像填充颜色。

⑱ **"透视网格工具"按钮** ：可以沿透视网格绘制图形。

比例缩放工具　　　　　宽度工具　　　　　形状生成器工具　　　　透视网格工具

⑲ **"网格工具"按钮** ：使用该工具，可以对图形绘制不规则的网格效果。

⑳ **"渐变工具"按钮** ：对图像进行渐变效果的设置。

㉑ **"吸管工具"按钮** ：包括度量工具 ，可拾取不同的颜色，进行渐变的设置。

㉒ **"混合工具"按钮** ：用于设置两个图形的颜色渐变混合效果。

㉓ **"符号喷枪工具"按钮** ：包括符号移位器工具 、符号紧缩器工具 、符号缩放器工具 、符号旋转器工具 、符号着色器工具 、符号滤色器工具 和符号样式器工具 ，可对图像进行各种移位或着色，创建单个或多个指定的符号、改变符号的颜色、对符号进行旋转、缩放、紧缩等。

㉔ **"柱形图工具"按钮** ：包括堆积柱形图工具 、条形图工具 、堆积条形图工具 、折线图工具 、面积图工具 、散点图工具 、饼图工具 和雷达图工具 ，可以绘制不同的图表数据图。

㉕ **"画板工具"按钮** ：可以更改画板的大小。

㉖ **"切片工具"按钮** ：包括切片选择工具 ，可以进行网页设置并切割版面效果。

㉗ **"抓手工具"按钮** ：包括打印拼贴工具 ，当放大图像后，使用抓手工具可移动视图，查看图像的其他部分，在使用其他工具时，按住空格键，可暂时切换到抓手工具。

符号喷枪工具

柱形图工具

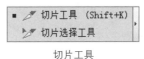
切片工具

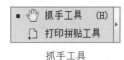
抓手工具

㉘ **"缩放工具"按钮** ：使用缩放工具在图像中单击鼠标，可按一定百分比放大图像，当按住Alt键单击图像时即缩小图像。

㉙ **填色或描边** ：用于设置填充颜色或描边。

㉚ **切换模式** ：用于切换绘画时的不同模式。

㉛ **屏幕模式** ：用于设置切换界面模式。

1.2.3 属性栏

在属性栏中可设置在工具箱中选择的工具的选项，根据所选工具的不同，所提供的选项也有所区别。

❶ **路径**：不同图像，会显示不同的文字。

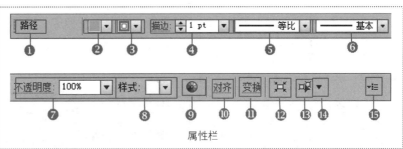
属性栏

❷ **"颜色"选项**：对图像设置不同的颜色。

❸ **"描边颜色"选项**：对图像设置描边的颜色。

❹ **"描边粗细"选项**：对图像设置描边的粗细。

❺ **"变量宽度"选项**：设置线段的不同样式。

❻ **"画笔定义"选项**：设置画笔的笔刷效果。

❼ **"不透明度"选项**：设置画笔涂抹颜色的多少，设置其不透明度后在图像上方涂抹颜色，可按照指定的不透明度应用该颜色。

不透明度为100%

不透明度为50%

不透明度为20%

⑧ **"样式"选项**：对图像设置不同的图案效果。

⑨ **"重新着色图稿"按钮**：对图像重新进行颜色设置。

⑩ **"对齐"选项**：选中两个以上图像时，设置对齐的方式。

对齐面板

未对齐的图像

水平居中对齐

⑪ **"变换"选项**：通过设置参数值，可以改变图像的方向。

⑫ **"隔离选中的对象"按钮**：单击该按钮可以对图像进行单独编辑。

⑬ **"选择类似的对象"按钮**：通过单击该按钮，可以选择类似的图像。

⑭ **"选择类似的选项"选项**：通过单击该按钮，可以设置"描边颜色"、"填充颜色"等。

⑮ **"下拉菜单"按钮**：通过单击该按钮，可以选择显示或隐藏整个属性栏选项。

1.2.4 浮动面板

该区域用于排列和显示功能面板，包括"图层"面板、"描边"面板、"画笔"面板、"渐变"面板、"颜色"面板和"透明度"面板，可根据个人喜好对浮动面板进行拆分、重组或隐藏。

❶**面板图标**：包括"外观"、"颜色参考"、"对齐"、"路径查找器"等。

❷**面板**：可以移动面板、关闭不需要的面板、调整面板大小、组合面板、拆分面板等。

1. 移动面板

在Illustrator CS6中，用户可根据自己的工作习惯调整工具箱和面板的位置，按住鼠标左键拖动面板工具箱上方的灰色标签，可将其拖动到任意位置。

Illustrator CS6 工作界面

浮动面板

2. 拆分面板

拆分面板是将组合的面板拆分出来，成为一个独立的面板。方便用户灵活运用。

❶按住鼠标左键不放拖动"图层"面板的标签，并将其拖动到画面的左侧。

❷从右下图可以看到，"图层"面板从原面板组中分离出来，形成了独立的面板。

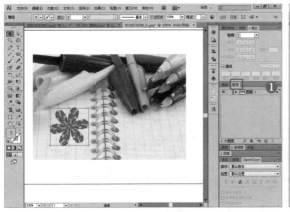

拖动面板前　　　　　　　　　　　　　　　　　拖动面板后

3. 合并成一排面板

将界面中的面板合并成一排面板，更方便，使用户一目了然。

❶按住鼠标左键不放拖动"图层"面板和"颜色"面板的标签，将其拖动到画面右上方。

❷从右下图可以看到，"图层"面板和"颜色"面板与描边面板合并成一排了。

合并面板之前　　　　　　　　　　　　　　　　合并面板之后

1.2.5 状态栏

可通过调整工作界面和图像的预览比例以不同的状态显示图像；还可选择面板选项以快速切换面板区域。

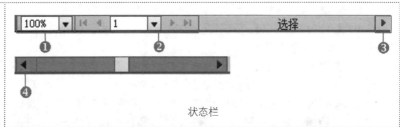

状态栏

❶ **"满画布显示"选项**：通过该按钮，可以设置画布的显示比例效果。

❷ **"画板导航"选项**：显示导航数字。

❸ **"显示"按钮**：通过单击该按钮，可以选择设置画板的"日期和时间"、"画板名称"等。

❹ **"移动"按钮**：通过单击该按钮，可以将画布移动到左边或右边。

1.3 | 文件的基本操作

使用Illustrator CS6绘制或编辑图形时，需要对图形所在的图形文件进行管理，如图像文件的创建、保存、打开、关闭，以及导入和导出等操作，以便对图形进行更快更好的编辑，并快速有效地与其他软件兼容应用图像效果。

1.3.1 新建文件

新建文件是绘制矢量图形的前提条件，启动Illustrator CS6后即可新建图形文件，可通过选择"文件 | 新建"命令或按快捷键Ctrl+N等方式，在弹出的"新建文档"对话框中设置相关属性，并单击"确定"按钮，以创建一个新的图形文件。

❶ **"名称"文本框**：用于设置文档的名称，默认文件名为"未标题-1"或"未标题-2"等。

❷ **"配置文件"选项**：用于设置文档的配件类型，包括打印文档类型、Web文档类型、基本CMYK文档类型和基本RGB文档类型等。

❸ **"画板数量"数值框**：可设置新建图形文件中的画板数量，以及画板排列方式和状态，默认数字为1，当数值大于1时，可对画板排列方式和状态及间距等进行设置。

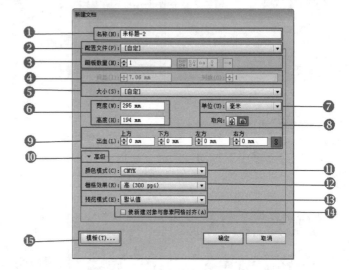

"新建文档"对话框

❹ **"间距"和"行数"数值框**：设置画板排列行的数量，其最大限定数量与当前设置的画板数量有关。

❺ **"大小"选项**：用于设置文档的大小，当指定默认设置外的其他大小时，可选择"自定"选项，然后直接输入水平和垂直的参数值。

❻ **"宽度"和"高度"文本框**：用于设置画板的长度尺寸，其尺寸单位与文档配置类型有关。

❼ **"单位"选项**：用于设置文档的测定单位，如毫米和厘米等，打印输出时一般选择"毫米"选项，用于网页时一般选择"像素"选项。

❽ **"取向"选项**：用于设置文档的方向，即画板的纵向或横向构成。

❾ **"出血"数值框**：用于设置输出前的准备项，设置参数可调整出血量，单击"使所有设置相同"按钮❖，可取消锁定状态并对其中的单个选项进行设置。

❿ **"高级"选项组**：单击左端的扩展按钮▼，可展开该选项组。

⓫ **"颜色模式"选项**：用于设置文档的颜色样式，包括RGB和CMYK模式，打印输出时选择CMYK模式，网页应用时选择RGB模式。

⓬ **"栅格效果"选项**：用于设置文档的分辨率，打印输出时一般设置为"中（150ppi）"或者"高（300ppi）"，而网络应用则设置为"低（72ppi）"。

⓭ **"预览模式"选项**：用于设置图形的预览模式，包括默认值、像素或叠印。

⓮ **"使新建对象与像素网格对齐"复选框**：选择该复选框，则所绘制的任何新对象将具有像素对齐属性。

⓯ **"模板"按钮**：单击该按钮并通过"从模板新建"对话框导入Illustrator CS6的模板新建文档。

1.3.2　打开文件

　　要打开已有的图形文件，可执行"文件 | 打开"命令或在软件灰色工作区双击鼠标，在弹出的对话框中选中指定的图形文件，并单击"打开"按钮，即可打开；要打开最近常用的图形文件，执行"文件 | 最近打开的文件"命令，在弹出的菜单中选择指定的文件即可。

1.3.3　保存文件

　　新建一个图形文件并绘制图形后，要将其存储，可通过选择"文件"菜单中的"存储"、"存储为"、"存储副本"、"存储为模板"、"存储Web和设备所用格式"或"存储选中色切片"命令将图形文件以指定的格式进行存储。

　　（1）**"存储"命令**：是指单纯地将图形文件存储至指定文件夹中，并通过设置图形文件的名称和格式等属性进行存储。

　　（2）**"存储为"命令**：是指在不影响当前图形文件的状态下，将其另存为指定格式或名称的图形文件，并可更改其 存储位置等。

　　（3）**"存储为副本"命令**：用于将当前图形文件存储为该文件的副本，即复制图形文件。

　　（4）**"存储为模板"命令**：用于将图形文件存储为模板，即ait格式文件，并设置在指定的文件夹中。

　　（5）**"存储Web和设备所用格式"命令**：用于存储图形为网页图像，并进行优化设置。

　　（6）**"存储选中色切片"命令**：用于存储当前选中的切片对象。

"存储为"对话框

"存储Web和设备所用格式"命令

1.3.4　关闭文件

　　要关闭当前文件，按快捷键Ctrl+W，或单击图形文件标题栏中的"关闭"按钮☒，将其关闭。

关闭前的存储提示对话框

　　如果在Illustrator CS6中同时打开了多个文件，并需要将这些文件全部关闭，执行"文件 | 关闭全部"命令或按快捷键Alt +Ctrl+W，就可将打开的文件全部关闭。

1.4 随意变化图像的大小

在Illustrator CS6工作界面中，可使用工具箱里的"缩放工具"对图像进行变换，还可以通过执行"视图"命令，在弹出的子菜单中选择"放大"、"缩小"、"实际大小"、"画板适合窗口大小"等选项进行设置。

1.4.1 选择视图模式

视图模式有三种："正常屏幕模式"、"带有菜单栏的全屏模式"和"全屏模式"，用户可根据自己个人的习惯及熟练程度设置自己的视图模式。可在工具箱最下方单击"更改屏幕模式"按钮，在弹出的子菜单中选择不同的模式进行切换。也可以按快捷键F，进行切换。

正常屏幕模式　　　　　　带有菜单栏的全屏模式　　　　　　全屏模式

1.4.2 适合窗口大小/实际大小显示

在Illustrator CS6工作界面中，用户可以根据需要，设置适合自己的窗口大小，也可以执行"视图 | 画板适合窗口大小、全部适合窗口大小"命令，进行窗口设置。实际大小显示是根据新建图像的大小尺寸进行相应尺寸的显示，而适合窗口大小显示则是根据显示器屏幕的大小来显示最大尺寸。

1.4.3 放大显示图像

用户可以使用工具箱里的缩放工具，在画面中单击或拖动鼠标进行放大图像设置，也可以通过执行"视图 | 放大"命令，单击缩放工具，在画面中放大图像，还可以通过按快捷键Ctrl++放大图像。

1.4.4 缩小显示图像

用户可以使用工具箱里的缩放工具进行缩小图像设置，也可以通过执行"视图 | 缩小"命令进行显示设置缩小图像，还可以通过按快捷键Ctrl+–缩小图像。

1.4.5 全屏显示图像

为了更方便地查阅图像的整体效果，可以设置全屏显示图像，按快捷键F，即可全屏显示图像。

1.4.6 图像窗口显示

在Illustrator CS6工作界面中，打开一个图像，系统默认是在窗口中显示图像，通过按快捷键Ctrl同时滚动鼠标滑轮，进行窗口的左右滑动，在按快捷键Alt的同时滚动鼠标滑轮，可进行画面缩放大小显示。

1.4.7 视图显示方式

在Illustrator CS6工作界面中，可以设置不同的视图显示方式，执行"视图"命令，在弹出的子菜单中，可以选择"轮廓"、"叠印预览"和"像素预览"等视图显示方式。

| 1.5 | Illustrator CS6首选项和性能优化

首选项涵盖了Illustrator CS6操作环境和功能应用的设置选项，以优化软件操作环境和功能应用。执行"编辑|首选项"命令，弹出子菜单，其中包括"常规"、"文字"、"单位"、"参考线和网格"、"增效工具和暂存盘"，以及"用户界面"等命令。

1.5.1 认识"首选项"对话框

执行"编辑|首选项"命令，在弹出的子菜单中选择任一命令，即可打开"首选项"对话框。在其中通过单击顶端的下拉按钮，可选择包括"常规"、"文字"、"单击"、"参考线和网格"、"用户界面"等选项，选择其中任意一项即可切换至相应的选项栏中。

❶ "常规"选项：设置Illustrator CS6的基本常规操作环境。

❷ "选择和锚点显示"选项：设置在使用选择工具时锚点的选择容差和显示大小，以便在有大量锚点的情况下快速选择对象。

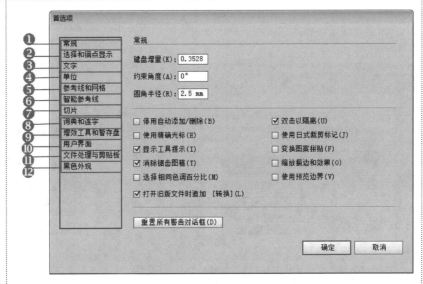

"首选项"对话框

❸ "文字"选项：设置使用文字工具时应用文字的基本属性，如大小、间距和基线偏移等。

❹ "单位"选项：设置使用标尺时的应用单位，以及对象移动距离。

❺ "参考线和网格"选项：设置参考线和网格的颜色、间距和样式等属性。

❻ "智能参考线"选项：智能参考线多用于切片，它自动根据切片的位置出现。

❼ "切片"选项：设置切片编号状态和线条的颜色。

❽ "词典和连字"选项：设置输入英文并换行操作中发生的单词拆开方式。

❾ "增效工具和暂存盘"选项：设置增效工具文件夹或暂存盘的驱动器属性。

❿ "用户界面"选项：设置用户界面亮度、是否自动折叠图标面板或以选项卡方式打开文档。

⓫ "文件处理与剪贴板"选项：设置保存文档时的版本和剪贴板的相关属性。

⓬ "黑色外观"选项：设置显示器显示和输出时出现黑色的相关属性。

1.5.2 切换"首选项"对话框中的选项栏

要设置"首选项"对话框的相关属性，首先应选择相应的设置选项，如"常规"、"文字"、"单位"、"参考线和网格"等，切换至相应的选项栏以后，才可对指定的功能属性进行设置，通过单击对话框顶端的下拉按钮进行转换。

"选择和锚点显示"对话框

"用户界面"对话框

| 1.6 | 认识标尺、网格、参考线

使用Illustrator CS6中的一些辅助功能，如度量工具、画板工具、标尺、网格和参考线等，可调整画板页面状态并辅助绘制对象。

1.6.1 标尺

标尺用于标识鼠标在页面中移动时所在的标尺坐标位置。执行"视图 | 标尺"命令，在弹出的子菜单中选择"显示标尺"、"更改为全局标尺"或"显示视频标尺"命令，其中，"更改为全局标尺"是以整个页面为标准显示标尺，应用该命令后可选择"更改为画板标尺"命令，以画板尺寸为标准显示标尺。

未显示标尺

显示标尺

1.6.2 自定义参考线

参考线可结合使用标尺辅助绘制图形，执行"视图 | 参考线"命令，在弹出的子菜单中选择"显示参考线"、"锁定参考线"、"建立参考线"、"释放参考线"或"清除参考线"命令，"建立参考线"命令可将当前选定的路径创建为参考线；"释放参考线"命令可将指定的参考线转换为路径。创建参考线可结合使用选择工具进行整理，或使用旋转工具进行旋转。

1.6.3 释放参考线

使用选择工具添加参考线后可对参考线进行随意移动，执行"视图 | 参考线 | 释放参考线"命令，即可对参考线进行释放，这里针对参考线的释放处理将其转换为路径，并为其填充描边颜色。

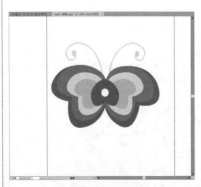
打开图形文件显示标尺

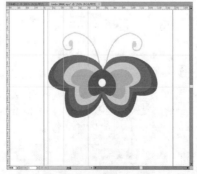
添加参考线

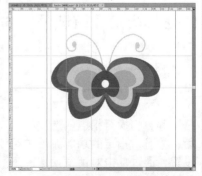
释放参考线并填充描边色

1.6.4　锁定/解锁参考线

　　锁定与解锁参考线能够使设计工作更为灵活，当只需要参考线辅助又不想受其影响时，即可锁定参考线，需要调整参考线位置时再解锁参考线。

　　（1）锁定参考线：使用选择工具添加参考线后可对参考线进行随意移动，也可使用旋转工具进行旋转处理，单击鼠标右键，在弹出的快捷菜单中选择"锁定参考线"命令即可锁定参考线，锁定后的参考线将不会被选中。

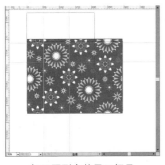

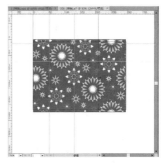

打开图形文件显示标尺　　　　单击鼠标右键选择"锁定参考线"　　　　锁定后的参考线

　　（2）解锁参考线：在画面中，选择参考线，前提是参考线已被锁定，然后单击鼠标右键，在弹出的子菜单中选择"锁定参考线"选项，即可解锁参考线。解锁后的参考线以后可以随意拖动。

1.6.5　实战：对页面设计的排版

🔵 **光盘路径：** 第1章 \Complete\对页面设计的排版.ai

步骤1　选择"文件 | 新建"命令。在弹出的对话框中设置其参数，完成后单击"确定"按钮，新建一个图形文件。

步骤2　单击矩形工具▢在画面中绘制一个矩形，单击鼠标右键，在弹出的子菜单中选择"显示网格"和"显示标尺"，使用选择工具▶通过参考网格，拖出多条标尺线。

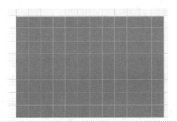

步骤3　打开"对页面设计的排版.ai"文件，将图像拖至当前图像文件中，并调整图像大小和位置，使用矩形工具▢框选中上四排方格，单击鼠标右键，在弹出的菜单中选择"建立剪切蒙版"命令，以创建剪切蒙版效果。

步骤4　使用文字工具 T 在画面左下方根据格子参照输入相应的文字，并设置字体样式和大小，然后填充为黑色和白色。

步骤5　使用钢笔工具✒在右边的辅助框里绘制出不规则图形。填充为黑色，再使用文字工具 T 输入相应文字，设置字体样式和大小，颜色填充为橘红色（C9、M77、Y96、K0）。

步骤6　打开"对页面设计的排版2. jpg"、"对页面设计的排版3. jpg"文件，将其拖至当前文件中，使用步骤3的方法。制作出蒙版效果并编组，至此，本案例制作完成。

1.6.6 网格

网格用于辅助对齐对象在编辑过程中的位置，选择"视图 | 显示网格"命令，可在页面中显示网格，要隐藏网格则选择"视图 | 隐藏网格"命令，结合应用"对齐网格"命令，可将绘制对象的锚点吸附到网格以对齐网格。

1.6.7 智能参考线

智能参考线具有一定的智能性，当光标移动至指定的区域时，将显示与该对象所对应的属性，选择"视图 | 智能参考线"命令，应用智能参考线，然后使用钢笔工具或其他绘制工具进行绘制，将显示所选区域描点与重叠区域的像路径交叉参考线等属性。

1.7 自定义工作区

可以通过移动和处理"文档"窗口和面板来创建自定义工作区，可以保存工作区并在它们之间进行切换。然后使用各种元素（如画板、栏以及窗口）来创建和处理文档和文件，这些元素的任何排列方式称为工作区，不同应用程序的工作区具有不同的外观，因此可以在应用程序之间轻松切换，也可以通过从多个预设工作区中进行选择或创建自己的工作区来调整各个应用程序，以适合个人的工作方式。

1.7.1 预设工作区

可以根据个人喜好设置工作区，可以使用"工具"面板底部的模式选项，另外还可以执行"窗口 | 工作区"命令，在弹出的子菜单中选择要预设的工作区。

📖 **技巧提示：**

单击鼠标右键，在弹出的子菜单中，可以选择"隐藏网格"，设置隐藏网格。

1.7.2 存储管理工作区

通过将面板的当前大小和位置存储为命名的工作区，即使移动或关闭了面板，也可以恢复该工作组，已存储的工作区的名称出现在应用程序栏上的工作区切换器中。

❶**设置的工作区名字**：显示设置好的工作区名称。

❷**名称**：设置工作区的名称。

❸**"新建"按钮**：单击该按钮，可以新建工作区副本。

❹**"删除工作区"按钮**：单击该按钮，可以删除新建的工作区。

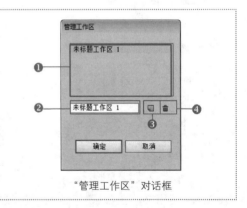

"管理工作区"对话框

1.8 Adobe Illustrator CS6新增功能

Illustrator CS6新增了一些功能，使图形图像的编辑更加便捷实用。包括图案创建、全新的图像描摹、新增的高效灵活的界面、描边的渐变、对面板的内联编辑、高斯模糊增强功能、颜色面板增强功能、变换面板增强功能、类型面板改进、可停靠的隐藏工具、带空间的工作区和控制面板增强功能。帮助用户在图形编辑操作过程中节省更多的时间，同时也使图形的编辑效果更趋完善。

1.8.1 图案创建

图案创建和编辑任务经过了简化，可免除重复而繁琐的工作。新增的"图案选项"面板提供了一套容易操作的选项来对用户的设计进行试验和修改，直到用户选到心宜的图案为止。

这个更新应该是CS6最有代表性的增强功能之一了。它为自定义图案增加了一个面板来设置，可以轻松创建"四方连续填充"。在"色板"中双击一个图案就可以打开"图案选项"面板，通过它可以快速创建出无缝拼贴的效果，还有充分的参数可以调整。

❶"图案拼贴"按钮：单击该按钮，可以选中创建图案中间的图形。

❷名称：双击右侧的文本框可以输入图案的名称。

❸"拼贴类型"选项：单击其右侧的下拉列表可以设置拼贴的类型。

❹"图案预览框"选项：显示图像的整体缩小预览效果。

❺"水平间距"选项：双击其右侧的文本框可以设置图案的水平间距。

❻"垂直间距"选项：双击其右侧的文本框可以设置图案的垂直间距。

❼"重叠"选项：右侧的四个选项按钮用于设置图像的重叠方式。

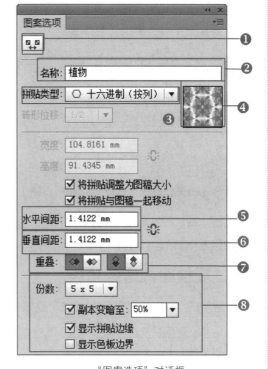

"图案选项"对话框

❽"份数"选项：单击右侧下拉列表可以设置拼贴方式及拼贴的份数。

创建图案拼贴

该拼贴的"图案选项"对话框

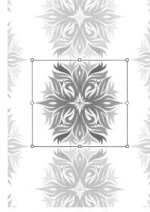

更改图案拼贴

该拼贴的"图案选项"对话框

1.8.2 全新的图像描摹

当用户需要一些特殊的图案效果时，可用"图像描摹"功能，描摹出一个黑白对比明显的图案效果。图像描摹有类似剪贴画。执行"对象｜图像描摹｜建立"命令，即可对打开的图片进行图像描摹。

1.8.3 新增的高效、灵活的界面

新界面采用简化的界面，减少了完成日常任务所需的步骤。包括图层名称的内联编辑、精确的颜色取样以及配合其他Adobe工具顺畅调节亮度的UI。

1.8.4 描边的渐变

可沿着长度、宽度或在描边内部进行渐变，将渐变应用至描边，同时全面控制渐变的位置和不透明度。

1.8.5 对面板的内联编辑

无须使用对话框，即可有效地在图层、原件、画笔、面板和其他面板中直接编辑名称。

1.8.6 高斯模糊增强功能

阴影、发光效果、高斯模糊效果的应用速度明显加快。且可以直接在面板中预览，而无须通过对话框预览。

1.8.7 颜色面板增强功能

使用"颜色"面板中的可扩展色谱可更快、更精确地取样颜色或立即添加颜色，可更快速地将颜色复制和粘贴到其他应用程序中。

1.8.8 变换面板增强功能

将常用的"缩放描边"和"效果"选项新增到"变换"面板中，方便用户快速使用。

1.8.9 类型面板改进

使用方向键在文本中选择并更改字体，在字符面板中即可设置大写、上标、下标等元件。

1.8.10 可停靠的隐藏工具

可移动和停靠原本隐藏的工具，如"形状"和"钢笔"工具，将工具沿水平或垂直方向停靠，以获得更有效的工作区。

1.8.11 带空间的工作区

通过空间支持，舒畅地在工作区之间移动，使用户工作区内保持一致，并在重设前保留版面更改。

1.8.12 控制面板增强功能

在控制面板中可快速找到用户所需的描点控制、剪切蒙版、封套变形和更多其他选项。

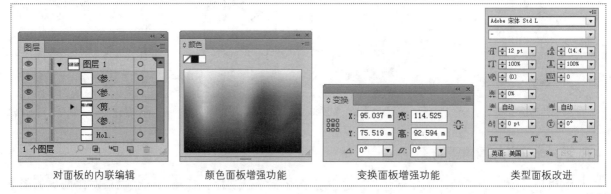

对面板的内联编辑　　　颜色面板增强功能　　　变换面板增强功能　　　类型面板改进

| 1.9 | 操作答疑

本章通过对Illustrator CS6中相关基本知识的介绍，如Illustrator CS6的简介、应用领域、工作界面和新增功能，以及与图像相关的基本知识，帮助用户认识Illustrator CS6，并了解相关的图像知识，为图像的绘制和编辑打下基础，接下来就一些本章中重点和难点进行相关知识的考查，以达到巩固所学知识的目的。

1.9.1　专家答疑

（1）什么是菜单栏?

答：菜单栏包含了软件中的主要功能命令，包括文件、编辑、对象、文字、选择、效果、视图、窗口和帮助菜单。

（2）如何调整视图大小?

答：在编辑对象时，通常需要对对象的局部细节进行调整或对画面的整体效果进行编辑，此时就需要对画面视图进行调整，如缩放视图、调整视图大小以适应对象的实际大小等，可在"视图"菜单中选择"放大"、"缩小"、"实际大小"和"画板适合窗口"命令来进行相应的调整。

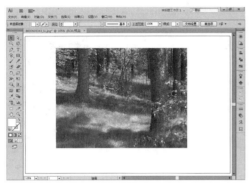
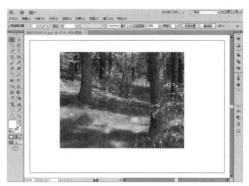

画板适合大小状态　　　　　　　　　　　　　　对象的实际大小状态

（3）什么是网格?

答：网格用于辅助对齐对象在编辑过程中的位置，选择"视图 | 显示网格"命令，可在页面中显示网格，要隐藏网格则选择"视图 | 隐藏网格"命令，结合应用"对齐网格"命令，可将所绘制对象的锚点吸附到网格以对齐网格。

（4）什么是标尺?

答：标尺用于标识鼠标在页面中移动时所在的标尺坐标位置。选择"视图 | 标尺"命令，在弹出的子菜单中选择"显示标尺"、"更改为全局标尺"或"显示视频标尺"命令，其中，"更改为全局标尺"是以整个页面为标准显示标尺，选择"更改为画板标尺"命令可以画板尺寸为标准显示标尺。

1.9.2　操作习题

1. 选择题

（1）在Illustrator CS6颜色模式中有RGB，还有（　　　）。

A. CMYK　　　　B. HSB　　　　C.Lab

（2）Illustrator CS6主要支持的文件不包括（　　　）。

A.SVG　　　　B.AI　　　　C.RAW

（3）要关闭当前文件，可选择"文件 | 打开"命令或按住快捷键(　　)，或单击图形文件标题栏中的"关闭"按钮，将其关闭。

A. Ctrl+W　　　　B. Shift+I　　　　C. Ctrl+Alt+G

2. 填空题

（1）新建一个图形文件并绘制图形后，要将其存储，可通过选择"文件"菜单中的_____、_____、_____、_____或_____命令将图形文件以指定的形状进行存储。

（2）菜单栏中包括 ＿＿＿＿＿、＿＿＿＿＿、＿＿＿＿＿、＿＿＿＿＿、＿＿＿＿＿、＿＿＿＿＿、

＿＿＿＿＿、＿＿＿＿＿和＿＿＿＿＿9个菜单，其中包含了Illustrator CS6中所有的功能命令。

（3）参考线可结合使用标尺辅助绘制图形，选择"视图｜参考线"命令，可在弹出的子菜单中选择

＿＿＿＿＿、＿＿＿＿＿、＿＿＿＿＿、＿＿＿＿＿命令。

3. 操作题

（1）打开一个图像文件。

（2）单击属性栏中的"文档设置"按钮，在弹出的对话框中单击"编辑画板"按钮。

（3）通过调整画板界面的控制手柄，设置画板大小，完成后单击选择工具即可。

步骤1   步骤2   步骤3

第**2**章

图形的绘制

本章重点：

    在Illustrator CS6中包括多种用于绘制矢量图形的工具，如矩形工具、椭圆工具、星形工具、多边形工具、螺旋工具、铅笔工具和画笔工具等，每一种绘制工具的应用方法和效果不尽相同。可用设置相关选项的方式调整绘制时的效果，也可以在绘制完成后利用相关工具对路径进行调整，如添加锚点工具、转换锚点工具、橡皮擦工具和美工刀工具等，以绘制具有丰富效果的图形。

学习目的：

    作为学习软件的读者来说，只有了解不同的路径绘制工具才能绘制各种形状的图形，从而为之后的图形绘制和编辑打下坚实的基础。希望通过本章的学习，掌握Illustrator CS6的操作方法。

参考时间：47分钟

主要知识	学习时间
2.1　绘制基础图形	15分钟
2.2　线段与网格绘制	15分钟
2.3　徒手绘制图形	10分钟
2.4　画笔工具绘制图形	5分钟
2.5　实时描摹	2分钟

2.1 | 绘制基本图形

本节中主要讲解Illustrator CS6中用于绘制基本形状的相关工具，如矩形工具▣、椭圆工具●、星形工具☆、弧形工具⌒和极坐标网格工具◉等。通过使用这些工具绘制不同的形状，可以创建丰富的图形效果。

在工具箱中，按住矩形工具▣或直线段工具╱，可弹出隐藏的相关工具，如右侧两副图所示。这些工具用于绘制基本的形状路径，使用不同的工具可绘制出不同形状的路径效果。

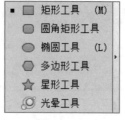

矩形工具组

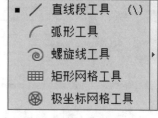

直线段工具组

2.1.1 矩形工具

矩形工具用于绘制矩形路径，在使用矩形工具绘制矩形时，通过在画面中按住鼠标左键拖动即可绘制自由尺寸的矩形路径，也可以通过在画面中单击的方式，打开"矩形"对话框，在对话框中设置其宽度和高度的参数，以创建指定尺寸的矩形路径。此外，配合使用Shift键或Alt键等，可以不同的形式绘制矩形。按住Shift键可绘制正方形；按住Alt键，可以起始点为中心绘制矩形；按住Shift+Alt键，可以起始点为中心绘制正方形。

"矩形"对话框

按住Shift键不放拖动鼠标

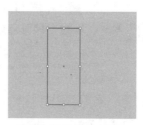

按住Alt键不放拖动鼠标

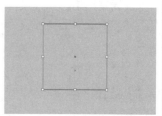

按住Shift+Alt键不放拖动鼠标

2.1.2 圆角矩形工具

圆角矩形工具用于绘制圆角矩形路径，在使用圆角矩形工具绘制圆角矩形时，通过单击画面，将会打开"矩形"对话框，在对话框中设置圆角半径的大小，可调整圆角矩形四角的圆润度。当数值大到一定程度时，可变为椭圆形。当使用该工具拖动绘制时，按住键盘上的左方向键可绘制直角矩形，按住右方向键可恢复绘制圆角矩形。

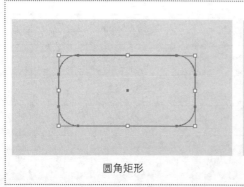

圆角矩形

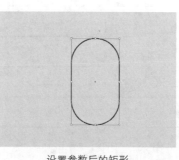

设置参数后的矩形

"圆角矩形"对话框

2.1.3　实战：绘制书签效果

💿 光盘路径：第2章 \Complete\绘制书签效果.ai

步骤1　执行"文件 | 新键"命令，在弹出的"新建文档"对话框中，设置文件名称为"绘制书签效果"，并设置其他相关参数。完成后单击"确定"按钮，新建一个空白图像文件。

步骤2　单击矩形工具 ⬛，在画面中绘制出一个黄色（C10、M43、Y91、K0）的矩形。

步骤3　单击圆角矩形工具 ⬛，在画面上方绘制出一个浅黄色（C9、M0、Y77、K0）的小圆角矩形。

步骤4　继续使用圆角矩形工具 ⬛，在书签的下方绘制出一个小的圆角矩形，颜色填充为淡绿色（C33、M0、Y78、K0）。

步骤5　继续使用圆角矩形工具 ⬛，在画面下方绘制出大小不同的圆角矩形，并填充不同的颜色。至此，本案例制作完成。

2.1.4　椭圆工具

　　椭圆工具 ⬛ 用于绘制不同形态的椭圆及正圆，使用椭圆工具绘制椭圆的方法与矩形工具基本一致，使用该工具在画面中单击，在弹出的对话框中设置椭圆的宽度和高度，也可以通过按住Shift键绘制正圆形，按住Alt键则围绕起始点绘制椭圆。

按住鼠标左键不放拖出椭圆

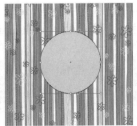

按住Shift键绘制正圆形

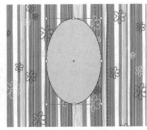

按住Alt键绘制椭圆

"椭圆"对话框

2.1.5　实战：绘制可爱卡通表情

💿 **光盘路径：** 第2章 \Complete\绘制可爱卡通表情.ai

步骤1　打开01.png图像文件。

步骤2　设置填充颜色为白色，并使用椭圆工具 ⬭ 绘制一个椭圆。

步骤3　在椭圆上方绘制两个椭圆。并填充为黑色。

步骤4　使用椭圆工具在白色椭圆里绘制出两个椭圆，并填充为黑色和白色，绘制出熊猫的眼睛。

步骤5　复制刚才绘制好的眼睛，拖到右边。

步骤6　继续使用椭圆工具 ⬭ ，在眼睛下方绘制出熊猫的鼻子。

2.1.6　多边形工具

　　多边形工具用于绘制不同边数的多边形，勾选该工具后在画面中单击，可在弹出的"多边形"对话框中设置所有创建的多边形的半径和边数。在拖动鼠标绘制路径的情况下，可按上、下方向键，增加或减少多边形路径的边数，也可在勾选该工具后单击画面，在弹出的对话框中对边数等属性进行设置。

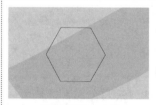

直接拖出的多边形

设置参数后的多边形

设置更多的参数值

"多边形"对话框

2.1.7　星形工具

　　星形工具用于绘制不同的边角数的星形路径，使用星形工具绘制星形时，按住Alt键可绘制正五角星，按住Ctrl键向内或向外拖动则可调整星形的尖角点半径。使用该工具单击画面，可在弹出的对话框中设置所要创建星形的角点数和半径值，绘制出多角点的星形路径。

直接拖出的星形

设置参数后的星形

设置更多的参数值

"星形"对话框

2.1.8　实战：绘制放射星星图像

💿 光盘路径：第2章 \Complete\绘制放射星星图像.ai

步骤1　勾选"文件｜新建"命令。在弹出的对话框中设置其参数并单击"确定"按钮，新建一个图形文件。

步骤2　设置填充色为浅蓝色（C58、M16、Y0、K0），并使用矩形工具▣在画板中绘制一个矩形。

步骤3　单击星形工具☆，在画面中绘制星形，并同时多次按向上方向键，绘制一个白色多角点星形，并调整其位置和大小。

步骤4　勾选星形，在属性中设置其"不透明度"为80%，以减淡星形的颜色。

步骤5　单击钢笔工具✐，在画面相应位置绘制一个绿色（C55、M13、Y87、K0）的山坡图形。

步骤6　继续在绿色山坡图形上绘制出一个黄绿色（C40、M0、Y79、K0）的山坡。

步骤7　单击矩形工具▣，在绿色山坡上绘制出一个棕色（C62、M71、Y100、K35）的矩形。按 Ctrl+[快捷键将矩形放置山坡后面。

步骤8　使用椭圆工具⬤在棕褐色矩形上绘制一个绿色（C76、M10、Y92、K0）椭圆。

步骤 9　继续绘制浅绿色（C52、M0、Y96、K0）椭圆和黄绿色（C30、M2、Y77、K0）椭圆，作为小树，完成小树的绘制后将其编组，然后复制小树至其他区域并调整大小，以丰富整个画面效果。

2.1.9　光晕工具

　　光晕工具▣用于创建光晕图形，其绘制的光晕来自一个光源的高度亮度显示或反射，使用该工具单击画面，弹出"光晕工具选项"对话框，在其中通过设置各项参数可绘制不同效果的光晕，也可直接在画面中拖动鼠标以绘制光晕。

❶ **"居中"选项组**：用于设置光晕的直径、不透明度和光晕中心的亮度。

❷ **"光晕"选项组**：用于设置光晕向外增大时淡化和模糊的程度，低模糊可创建清晰的光晕。

❸ **"射线"选项组**：用于设置光晕射线的数量、最长的射线长度和射线的模糊程度，数量为0时无射线。

❹ **"环形"选项组**：用于设置光晕的中心和照射环形中心的距离，还可设置环的数量、方向和环的大小。

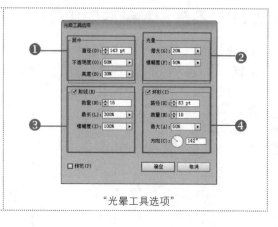

"光晕工具选项"

2.1.10 实战：为图像添加光晕效果

> 光盘路径：第2章 \Complete\为图像添加光晕效果.ai

步骤1 执行"文件丨新键"命令，在弹出的"新建文档"对话框中设置文件名称为"为图像添加光晕效果"，并设置其他相关参数。然后单击"确定"按钮。

步骤2 打开"为图像添加光晕效果.jpg"图像文件，将图像拖到新建文件里，并调整其大小和位置。单击光晕工具，在画面左上角的相应位置单击鼠标，在弹出的"光晕工具选项"对话框中设置各项参数。以调整光晕的形状和亮度等状态。完成对各项参数和属性的设置后，单击"确定"按钮，将光晕图形应用到画面中，以曾强画面效果。

2.2 线段与网格绘制

线段的绘制工具主要包括直线段工具、弧形工具、螺旋线工具、矩形网格工具、极坐标网格工具，应用这几个工具可绘制出丰富多彩的图案效果。

2.2.1 直线段工具

直线段工具用于绘制平直的线段路径，使用该工具绘制路径时按住鼠标左键并拖动，可调整线段的方向；按住Shift键将以水平方向或垂直方或45度角等规范的角度绘制线段；按住~键可连续绘制多个线段。使用该工具单击页面，可在弹出的对话框中设置相关选项的属性。在"直线段工具选项"对话框中，可设置所要绘制的直线段的长度和角度，以及对其应用当前填色。

按住~键　　　　　　　单击鼠标左键不放绘制直线　　　　"直线段工具选项"对话框

2.2.2 弧形工具

弧形工具 /⌐ 用于绘制弧线段，使用该工具单击页面，可在弹出的"弧线段工具选项"对话框中设置相关选项。以创建不同的弧线，如开放式弧线、封闭式弧线，以及不同斜率的弧线段等。

❶ "X轴长度"文本框：用于设置沿X轴倾斜的长度。

❷ "Y轴长度"文本框：用于设置沿Y轴倾斜的长度。

❸ "类型"选项：用于设置弧线为开放或闭合的路径。

❹ "基线轴"选项：用于设置倾斜的方向为X轴或Y轴。

❺ "斜率"选项：用于设置弧线为凹或凸的倾斜，可拖动滑块进行设置或输入数值进行设置。

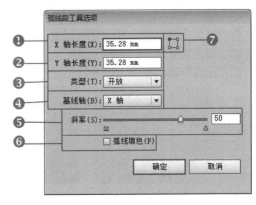

"弧线段工具选项"对话框

❻ "弧线填色"复选框：勾选该复选框，将以弧线两端直线连接封闭的方式填充弧线当前设置的填色。

❼ 起始点定位：指定弧线起始点的位置。

原图

绘制的弧线段

2.2.3 实战：绘制彩虹效果

💿 光盘路径：第2章 \Complete\绘制彩虹效果.ai

步骤1 执行"文件｜新建"命令。在弹出的对话框中设置其参数并单击"确定"按钮，新建一个图形文件。

步骤2 单击矩形工具 ▣，在画面中绘制一个矩形，再单击渐变工具 ▣，打开渐变面板，设置相应的参数值和颜色。在矩形里拖出渐变。

步骤3 单击弧形工具 /⌐，在画面中拖出一条红色（C0、M93、Y88、K0）的弧线。

步骤4 复制多个刚绘制的弧线并设置不同的颜色。

步骤5 单击钢笔工具 ✐，在画面中绘制出草坪，并填充颜色为绿色（C60、M18、Y76、K0）。

步骤6 结合使用矩形工具 ▣ 和椭圆工具 ●，绘制出小树，并设置不同的颜色，以丰富画面效果，最后进行群组。

2.2.4 螺旋线工具

　　螺旋线工具 用于绘制不同的效果路径，使用该工具绘制螺旋线路径时，按住Ctrl键拖动可调整螺旋线的密度；按向上或向下键可增加或减少螺旋线的段数；按住~键可连续绘制螺旋路径。使用螺旋线工具单击页面，可在弹出的对话框中设置其选项。

❶ "半径"文本框：用于设置螺旋半径值。

❷ "衰减"文本框：用于设置螺旋半径递减的百分比。

❸ "段数"数值框：用于设置螺旋线环绕的段数。

设置参数后绘制的螺旋线

绘制默认螺旋线

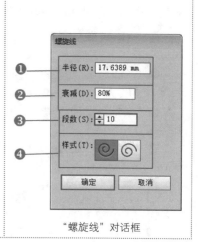

"螺旋线"对话框

2.2.5 实战：绘制花卉图形

💿 光盘路径：第2章 \Complete\绘制花卉图形.ai

步骤1 执行"文件 | 新键"命令，在弹出的"新建文件档"对话框中，设置文件名称为"绘制花卉图形"，并设置其他相关参数。完成后单击"确定"按钮，新建一个空白图像文件。

步骤2 单击矩形工具，在画面中绘制出一个褐色（C60、M72、Y60、K61）的矩形，再单击圆角矩形工具，在画面下方绘制出一个墨绿色（C53、M41、Y84、K17）的小圆角矩形。

步骤3 单击矩形工具，在下方绘制出花的根，然后结合使用钢笔工具在画面绘制出花的形状，并填充不同的颜色。

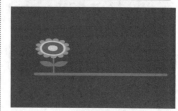

步骤4 单击螺旋线工具，在画面中单击鼠标，在弹出的对话框中设置数值。颜色填充为橘黄色（C0、M58、Y91、K0），在画面中拖出螺旋线。再复制一个刚绘制的花根。

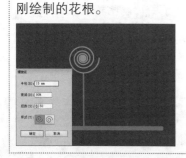

步骤5 单击钢笔工具，在花根两边绘制出花的叶子，颜色填充为墨绿色（C53、M41、Y84、K17）。

步骤6 复制两个之前绘制好的花，并调整颜色及大小。放置在右边位置，以丰富整个画面。

2.2.6 矩形网格工具

矩形网格工具 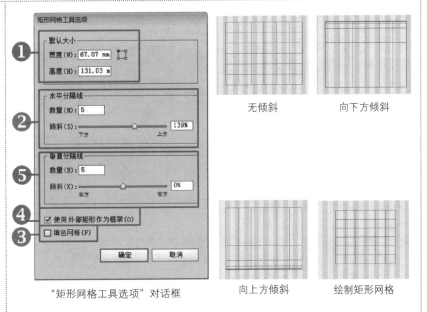 用于绘制网格图形，使用该工具在画面中拖动可绘制矩形网格；同时按住Shift键并拖动可绘制正方形网格；单击页面可在弹出的"矩形网格工具选项"对话框中设置其属性。网格由多个线段和形状组编构成，因此可将路径拆分为单个对象。

❶ "默认大小"选项组：设置宽度和高度值，同时通过起始点图标定义网格起始点的位置。

❷ "水平分隔线"选项组：设置水平分隔线数量和上下倾斜程度，百分比为负值时向下方倾斜，为正值时向上方倾斜。

❸ "垂直分隔线"选项组：设置垂直分隔线的数量和左右倾斜程度百分比为负值时向下左方倾斜，为正值时向右方倾斜。

❹ "使用外部矩形作为框架"复选框：勾选该复选框后，使矩形成为网格的框架。

❺ "填色网格"复选框：使用默认的填充，填充网格。设置描边颜色决定网格线的颜色。

"矩形网格工具选项"对话框

无倾斜　　　向下方倾斜

向上方倾斜　　　绘制矩形网格

2.2.7 实战：绘制棋牌效果

💿 光盘路径：第2章 \Complete\绘制棋牌效果.ai

步骤1 勾选"文件|新建"命令。在弹出的对话框中设置其参数并单击"确定"按钮，新建图形文件。

步骤2 单击矩形网格工具 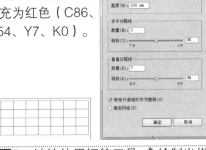，在画面中单击鼠标，在弹出的对话框中设置各项参数值，然后在画面拖出网格。颜色填充为红色（C86、M54、Y7、K0）。

步骤3 复制一个刚绘制好的网格，放置在画面下方。

步骤4 单击钢笔工具 ✐ 在上方中间两个格子和下方中间绘制出两条直线。

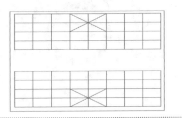

步骤5 继续使用钢笔工具 ✐ 绘制出棋盘里的放置点。

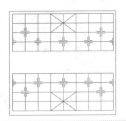

步骤6 单击直排文字工具 |T|，在画面中间输入相应的文字，在属性栏中设置字体和大小，颜色为红色（C0、M96、Y89、K0）。

2.2.8 极坐标工具

极坐标网格工具 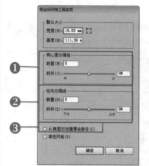也称为雷达网格，用于创建极坐标网格图形。极坐标网格工具与矩形网格工具选项的设置相似，使用该工具单击页面，可弹出"极坐标网格工具选项"对话框。与矩形网格一样，极坐标网格中的路径也为编组状态，通过将其取消编组可拆分网格路径，也可对网格的形状和路径进行填色和描边。

❶ **"同心圆分隔线"选项组**：用于设置同心圆分隔线的数量和内外倾斜程度。

❷ **"径向分隔线"选项组**：用于设置径向分隔线的数量和上下倾斜程度。

❸ **"从椭圆图形创建复合路径"复选框**：勾选该复选框，从椭圆创建一个复合路径。

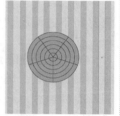

"极坐标网格工具选项"对话框　　绘制的极坐标网格　　填充极坐标网格颜色

2.2.9 实战：绘制箭靶效果

💿 光盘路径：第2章 \Complete\绘制箭靶效果.ai

步骤1 勾选"文件丨新建"命令。在弹出的对话框中设置其参数并单击"确定"按钮，新建一个图形文件。

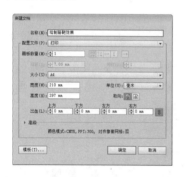

步骤2 单击极坐标网格工具 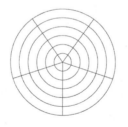，在画面中按住鼠标左键不放，拖出一个箭靶的形状。

步骤3 选中图形，单击鼠标右键，在弹出的快捷菜单中勾选"取消编组"，再次"取消编组"。选中最外侧的圆，并填充颜色为黑色。

步骤4 再继续选中里面的圆，依次为圆填充颜色为黑色和白色。

步骤5 选中最里面的圆，颜色填充为红色（C0、M96、Y94、K0）。

步骤6 单击矩形工具 ▣，在画面中绘制出一个黄色（C14、M21、Y82、K0）的矩形。按 Ctrl+[快捷键，将矩形放置在最底层。

2.3 徒手绘制图形

在Illustrator CS6中，可以使用一些徒手绘制和编辑工具，如铅笔工具 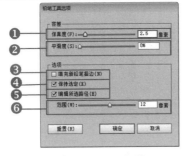、平滑工具 、橡皮擦工具 、剪刀工具 和美工刀工具 等，绘制矢量图形或对图形进行编辑，通过使用这些工具编辑对象，可制作出随意的路径效果。

2.3.1 铅笔工具

铅笔工具可模拟铅笔绘制的方式绘制矢量图形，使用该工具可绘制具有手绘效果的粗边或插图。通过直接在页面中拖动可绘制路径，双击工具箱中的铅笔工具将弹出"铅笔工具选项"对话框。

❶ **"保真度"选项**：用于设置曲线偏离绘制点的程度，数值设置范围为0.5~20像素。低数值表现尖锐的角点；高数值表现平滑曲线。

❷ **"平滑度"选项**：用于设置铅笔线条的平滑程度，低平滑度表现较生硬的路径；高平滑度表现更柔和的曲线，其锚点也较少。

"铅笔工具选项"对话框

绘制的路径效果

❸ **"填充新铅描笔边"复选框**：勾选该复选框，将应用当前设置的填色到新的路径描边。

❹ **"保持选定"复选框**：勾选该复选框，保持对最近绘制的路径的选定，防止对所绘制路径的更改。

❺ **"编辑所选路径"复选框**：勾选该复选框，可使用铅笔工具编辑路径；取消勾选该复选框则不能使用铅笔工具进行直接编辑。

❻ **"范围"文本框**：用于设置使绘制接近当前路径以进行编辑的范围。

2.3.2 平滑工具

平滑工具 用于调整路径的平滑度，使用该工具在路径中拖动可增加或减少锚点，从而使路径更加平滑。双击平滑工具，可在弹出的"平滑工具选项"对话框中，设置使用该工具时对路径的平滑应用强度。

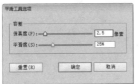
"平滑工具选项"对话框

使用铅笔工具绘制路径

使用平滑工具平滑路径

2.3.3 橡皮擦工具

橡皮擦工具 用于模拟真实橡皮擦擦除对象的效果。使用该工具可对对象进行随意擦除，被擦除后的对象将转换为新的路径，并自动闭合所擦除的边缘，以保持路径的平滑效果。双击橡皮擦工具，弹出"橡皮擦工具选项"对话框，从中可设置橡皮擦笔尖的状态。

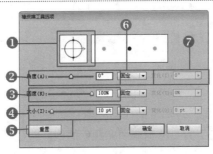
"橡皮擦工具选项"对话框

默认的橡皮擦

设置了"圆度"、"大小"后的橡皮擦笔尖

2.3.4 实战：制作个性擦除效果

🔘 **光盘路径**：第2章 \Complete\制作个性擦除效果.ai

步骤1 新建一个图形文件，使用矩形工具 ▣ 绘制一个橘色（C8、M38、Y91、K0）矩形。

步骤2 单击橡皮擦工具 ✐，在橘色矩形里拖动以擦出指定区域，然后使用勾选工具 ▶ 可查看路径状态。

步骤3 继续使用橡皮擦工具 ✐ 在椭圆其他区域拖动以擦出所需区域的路径，得到一个表情图形效果。

2.3.5 橡皮擦路径工具

橡皮擦路径工具用于擦除对象的路径和锚点，当对象填充了指定的颜色后，使用该工具擦除对象锚点时，对象的填充色将自动填充为路径起始点和终止点连接的内部填充效果，因此使用路径橡皮擦工具可擦出路径的连接区域，以打断路径线段。

2.3.6 剪刀工具

剪刀工具 ✂ 可以对路径的形状进行切割处理，通过使用剪刀工具在路径线段中单击可以切割图形，并将图形分割为具有填色和描边属性的独立对象。

绘制多边形

使用剪刀工具后的图形

多次剪切路径后的效果

2.3.7 美工刀工具

美工刀工具 ✐ 用于对图形进行任意的切割处理，使用该工具在图形中拖动即可进行切割，图形将被切割为多个独立的对象。美工刀工具对未填充颜色的线段路径不起作用。

2.3.8 实战：制作图形切割效果

🔘 **光盘路径**：第2章 \Complete\制作图形切割效果.ai

步骤1 执行"文件 | 新键"命令，在弹出的"新建文件档"对话框中，设置文件名称为"制作图形切割效果"，并设置其他相关参数。完成后单击"确定"按钮，新建一个空白图像文件。

步骤2 单击星形工具 ⭐，在画面中绘制一个五角星，然后单击美工工具 🖋，在五角星上拖动以切割图形。

步骤3 单击勾选工具 ▷，勾选左边的色块并移动，以查看切割效果。

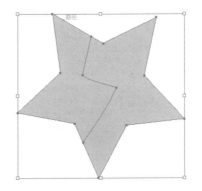
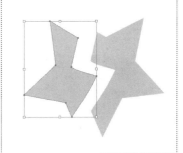

2.4 画笔工具绘制图形

　　Illustrator CS6中的画笔工具用于绘制矢量图形，画笔工具中的画笔刷有多种类型，通过应用"画笔库"中丰富的画笔类型可绘制出不同的笔刷效果；也可以自定义画笔并将其存储，以便在绘制图形过程中制作丰富的图形效果。

2.4.1 画笔工具

　　使用画笔工具 🖌 绘制图形，可直接按住鼠标左键并在画面中拖动以绘制路径。双击画笔工具可打开"画笔工具选项"对话框，在该对话框中可设置各种画笔的画笔容差和填充等属性。

　　画笔工具类型包括书法画笔、散点画笔、毛刷画笔、图案画笔和艺术画笔。

　　书法画笔可模拟书法笔尖状态；散点画笔可模拟喷溅效果的笔尖状态；毛刷画笔可模拟毛刷绘画的效果；图案画笔将指定的图案应用到画笔，并沿路径进行重复平铺；艺术画笔具有较强的艺术效果，执行"窗口 | 画笔库"命令，在弹出的子菜单中勾选相应的画笔笔刷选项，将弹出对应的画笔面板。

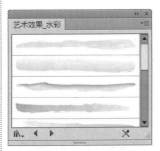
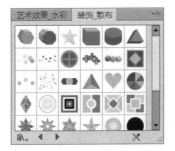
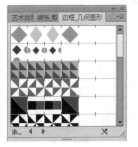

"艺术效果-水彩"面板 　　"装饰-散布"面板 　　"边框-几何图形"面板

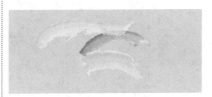
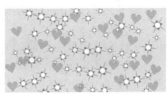

绘制的水彩画笔笔触 　　绘制的装饰画笔笔触 　　绘制的几何图形笔触

2.4.2 实战：绘制个性图像

📀 光盘路径：第2章 \Complete\制作个性图像.ai

步骤1 执行"文件 | 新键"命令，在弹出的"新建文件档"对话框中设置文件名称为"制作个性图像"，并设置其他相关参数。完成后单击"确定"按钮以新建一个空白图像文件。

步骤2 单击矩形工具 🔲，在画面中拖出一个黄色（C5、M13、Y65、K0）矩形。

步骤3 在右边的菜单栏中打开画笔面板，勾选"水彩描边6"笔刷，设置颜色为（C85、M60、Y0、K0）。

步骤4 继续使用该工具绘制出山坡、树和云，设置其不同的颜色并调整画笔大小。

步骤5 单击星形工具 ⭐，在画面中单击鼠标，在弹出的对话框中设置各项参数值。再单击矩形工具 🔲，拖出矩形框住图形，然后打开画笔面板中，勾选"前卫画笔笔刷"。再单击矩形工具 🔲，全选中所有图形，单击鼠标右键，在弹出的菜单中勾选"建立剪切蒙版"命令，以创建剪切蒙版效果。

2.4.3 认识画笔库

使用画笔库里的各种画笔，用户可通过应用"画笔库"中丰富的画笔类型绘制不同的笔刷效果，以便在绘制图形过程中制作丰富的图形效果。

2.4.4 "画笔"面板

使用画笔工具绘制图形，可直接按住鼠标左键并在画面中拖动以绘制路径，双击画笔工具，可打开"画笔工具选项"对话框。在弹出的对话框中，可设置画笔的画笔容差和填充等属性。

❶ **"保真度"选项**：用于设置画笔的保真度，以像素为单位。

❷ **"平滑度" 选项**：用于设置使用画笔工具绘制路径时的平滑度，参数越高，路径越平滑。

❸ **"填充新画笔描边"选项**：用于设置画笔工具在绘制的同时填充路径。

❹ **"保持选定"选项**：保持当前绘制路径时的选定状态。

❺ **"编辑所选路径"选项**：使用画笔工具编辑所选路径。

❻ **"范围"选项**：用于设置编辑路径的范围。

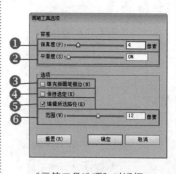

"画笔工具选项"对话框

2.4.5　新建画笔

在Illustrator CS6中自定义画笔，可将自制或已有的图形新建为画笔，以满足在绘制新图形时的需求，勾选要创建新画笔的图形，在"画笔"面板中单击"新建画笔"按钮，在弹出的对话框中勾选画笔类型并设置相应的选项，完成后单击"确定"按钮即可。

打开的图形文件　　　　　　　　"新建画笔"对话框　　　　　"设置画笔属性"对话框

2.4.6　实战：绘制涂鸦文字效果

🔘 **光盘路径：** 第2章 \Complete\绘制涂鸦文字效果.ai

步骤1　执行"文件 | 新键"命令，在弹出的"新建文档"对话框中，设置文件名称为"绘制涂鸦文字效果"，并设置其他相关参数。完成后单击"确定"按钮以新建一个空白图像文件。

步骤2　打开"绘制涂鸦文字效果.jpg"图像文件。将图像拖至当前图像文件中，并调整图像大小和位置。

步骤3　单击椭圆工具，在小孩头左上方绘制一个椭圆，再结合钢笔工具绘制出指示箭头，并填充为黄色（C9、M5、Y61、K0）。

步骤4　单击画笔工具，在画面单击，打开画笔面板，单击新建按钮，在弹出的对话框中勾选"书法画笔"单选钮，在弹出的对话框中设置笔刷名称，然后单击"确定"按钮，即新建画笔笔刷完成。

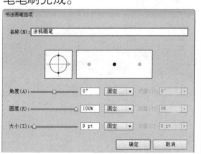

步骤5　在画笔面板中勾选新建的画笔，在椭圆形中绘制涂鸦文字，颜色为紫色（C45、M52、Y0、K0）。描边颜色为绿色（C50、M0、Y100、K0）。

步骤6　继续使用画笔绘制出颜色不一样的涂鸦文字，以丰富文字效果。至此，本实例制作完成。

专家看板："画笔选项"对话框

使用画笔工具绘制图形时，勾选的画笔笔刷不同，弹出的"画笔选项"对话框就不同。单击右边的下拉列表 ，在弹出出的菜单中勾选"画笔选项"命令，将弹出"艺术画笔选项"对话框，在其中可进行各项参数值的设置。

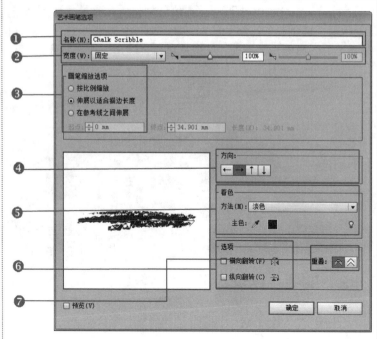

"艺术画笔选项"对话框

1. 艺术画笔选项

❶ "名称"选项：设置新的画笔笔刷名称。

❷ "宽度"选项：相对于原宽度对比调整图稿的宽度，可使用宽度选项滑块指定宽度。艺术画笔宽度弹出菜单具有光笔输入板选项，可用于调整比例变化。

❸ "画笔缩放选项"选项组：在缩放图稿时保留比例，包括按比例缩放、伸展以适合描边长度、在参考线之间伸展3个单选钮。

❹ "方向"选项：设置图稿相对于线条的方向，单击箭头以设置方向，← 为将描边端点放在图稿左侧；→ 为将描边端点放在图稿右侧；↑ 为将描边端点放在图稿顶部；↓ 为将描边端点放在图稿底部。

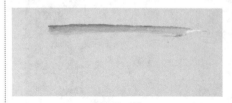
原画笔形状

将描边端点放在图稿顶部

将描边端点放在图稿底部

❺ "着色"选项：选取描边颜色和着色方法，可在下拉列表中勾选不同的着色方法，这些选项是色阶、色调和色相转换。

原画笔笔刷

着色"色相转换"

着色"淡色和暗色"

❻ "横向翻转"或"纵向翻转"选项：改变图稿相对于线条的方向。

原画笔形状

横向翻转

纵向翻转

❼ "重叠"选项：若要避免对象边缘的连接和皱折重叠，可勾选"重叠调整"按钮 。

2. 书法画笔选项

打开画笔面板，勾选"书法画笔"选项，单击右上角的"扩展"按钮 ，在弹出的菜单中勾选"画笔选项"命令，将弹出"艺术画笔选项"对话框。再进行设置各项参数值的设置。

❶ "角度"选项：设置画笔旋转的角度，拖移预览区中的箭头，或在"角度"框中输入一个值。

❷ "圆度"选项：设置画笔的圆角，将预览区中的黑点朝向或背离中心方向拖移，或者在"圆角"框中输入一个值，该值越大，圆角就越大。

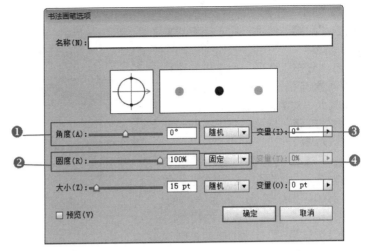

"书法画笔选项"对话框

❸ "随机"选项组：创建角度、圆角或直角含有随机变量的画笔，在"变量"框中输入一个值，指定画笔特征的变化范围。

直径： 决定画笔的直径，请使用"直径"滑块，或在"直径"框中输入一个值。

压力： 根据绘图光笔的压力，创建不同角度、圆角或直角的画笔。此选项与"直径"选项一起使用时非常有用，仅当有图形输入板时，才能使用该选项，在"变量"框中输入一个值，指定画笔特征性将在原始值的基础上有多大变化，例如，当"圆度"值为75%而"变量"值为25%时，最细的描边为50%，而最粗的描边为100%，压力越小，画笔描边越尖锐。

原画笔

角度"压力50%"

角度"旋转30%"

光笔轮： 根据光笔轮的操作情况，创建具有不同直径的画笔，只有在钢笔喷枪的笔管中具有光笔轮且能够检测到该钢笔的图形输入板时，该选项才可使用。

倾斜： 根据绘图光笔的倾斜角度，创建不同的角度、圆角或直径的画笔，此选项与"圆角"一起使用时非常有用，仅当具有可以检测钢笔垂直程度的图形输入板时，此选项才可用。

方位： 根据钢笔的受力情况，创建不同角度、圆角或直径的画笔，此选项对于控制书法画笔的角度非常有用，仅当具有可以检测钢笔倾斜方向的图形输入板时，此选项才可用。

原画笔

圆角85%

圆角80%（倾斜）

旋转： 根据绘图光笔尖的旋转角度，创建不同的角度、圆角或直径的画笔，此选项对于控制书法画笔的角度非常有用，仅当具有可以检测钢笔倾斜方向的图形输入板时，此选项才可用。

❹ "固定"选项：创建具有固定角度、圆角或直角的画笔。

3. 散点画笔选项

❶ "大小"选项：控制对象的大小。

❷ "间距"选项：用于控制对象间的间距。

❸ "分布"选项：用于控制路径两侧对象与路径之间的接近程度，数值越大，对象离路径越远。

❹ "旋转"选项：用于控制对象的旋转角度。

❺ "旋转相对于"选项：设置散布对象页面或路径之间的旋转角度。例如，如果勾选"页面"，取0旋转，则对象将指向页面的顶部，如果勾选"路径"，取0旋转，则对象将与路径相切。

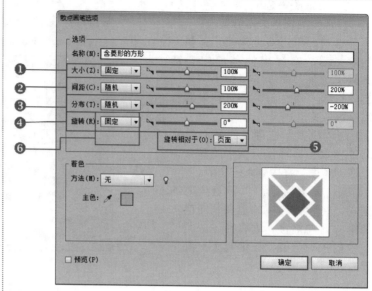

"散点画笔选项"对话框

可以通过每个选项右侧的弹出列表控制画笔形状的变化，勾选其中的选项之一。

❻ "固定"选项组：创建具有固定大小、间距、分布和旋转特征的画笔。

随机：创建具有固定大小、间距、分布和旋转特征的画笔。在"变量"框中输入一个值，指定画笔特征的变化范围。

压力：根据绘图光笔的压力，创建不同的角度、圆度或直径的画笔，该选项仅适用于有图形输入板的情形。

原图

大小"压力396%"

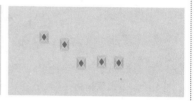

大小"压力25%"

光笔轮：根据光笔轮的操作情况，创建具有不同直径的画笔，只有当有一个笔管中有光笔轮，并且能够检测到来自该钢笔输入的图形输入板时，此选项才可用。

原图

大小 400%（光笔轮）

倾斜：根据绘图光笔的倾斜角度，创建不同的角度、圆度或直径的画笔，仅当具有可以检测钢笔垂直程度的图形输入板时，此选项才可用。

方位：根据绘图光笔的方位，创建不同角度、圆度或直径的画笔，该选项在控制画笔角度时最有用。

旋转：根据绘图光笔尖的旋转角度，创建不同角度、圆角或直径的画笔。该选项在控制画笔角度时最有用。仅当具有可以检测这种旋转类型的图形输入时，才能使用此选项。

2.4.7 画笔的修改

在绘画的时候，可能需要修改画笔笔刷，我们可以通过打开"画笔"面板，勾选"所选对象的选项"按扭 ▣，在弹出的对话框中设置各项参数值，进行画笔的设置。

❶ "选项"选项组：对画笔的大小、间距、分布、旋转参数等进行设置。

❷ "旋转相对于"选项：设置散布对象页面或路径之间的旋转角度。

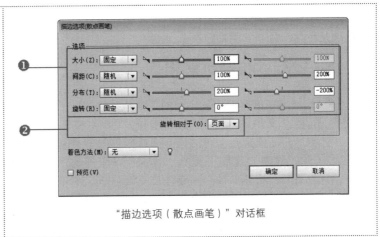

"描边选项（散点画笔）"对话框

2.4.8 删除画笔

在"画笔"面板中，勾选需要删除的画笔笔刷，单击"删除画笔"按钮 🗑，然后在弹出的对话框中单击"删除描边"按钮，即可删除画笔笔刷。

"画笔"面板   "删除描边"对话框

2.4.9 复制画笔

打开"画笔"面板，勾选右上角的下拉菜单按钮 ▾☰，在弹出的菜单中选择"复制画笔"选项，即可复制一个画笔笔刷。

2.4.10 储存与载入画笔

在绘画的时候，用户可以进行存储，先新建一个画笔笔刷，打开"画笔"面板，在面板中单击"新建画笔"按钮 ▣。在弹出的"新建画笔"对话框中选择新建画笔的类型，单击"确定"按钮，即弹出"图案画笔选项"对话框，设置好相关选项后，单击"确定"按钮，即可新建画笔笔刷。

然后再勾选右上角的下拉菜单按钮 ▾☰，在弹出的菜单中勾选"存储画笔库"选项，弹出对话框，在其中勾选所要存储的位置，即可将画笔存储。

在"画笔"面板中，勾选右上角的下拉菜单按钮 ▾☰，在弹出的菜单中执行"打开画笔库丨其他库"命令，在弹出的对话框中打开已新建好的画笔笔刷，即可载入刚勾选的画笔笔刷。

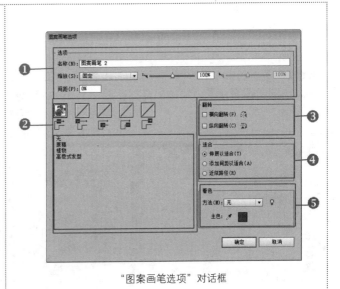

"图案画笔选项"对话框

❶ "选项"选项组：设置画笔的名称、缩放大小和间距等参数值。

❷ "图案"预览框：勾选不同的选项进行设置。

❸ **"翻转"** 选项组：改变图像相对于线条的方向。

❹ **"适合"** 选项组：勾选不同的选项进行设置。

❺ **"着色"** 选项组：选取描边颜色和着色方法，可使用下拉列表从不同的着色方法中进行勾选，这些选项是色阶、色调和色相转换。

2.4.11 实战：绘制可爱相框

🔘 光盘路径：第2章 \Complete\绘制可爱相框.ai

步骤1 执行"文件｜新键"命令，在弹出的"新建文档"对话框中设置文件名称为"绘制可爱相框"，并设置其他相关参数。完成后单击"确定"按钮以新建一个空白图像文件。

步骤2 单击椭圆工具 ⬭，在画面中绘制一个椭圆形状，在其上面绘制一个椭圆，按Ctrl+Alt+F原位复制粘贴，按Shift键选中两个图形，然后打开"路径查找器"面板，勾选"交集"选项。再继续绘制其他圆，并填充不同的颜色。

步骤3 打开"画笔"面板，在面板中单击"新建画笔"按钮 🔲。在弹出的"新建画笔"对话框中勾选"图案画笔"单选钮，单击"确定"按钮。

步骤4 继续上一步骤，在弹出的对话框中给画笔命名，设置好其他选项后，单击"确定"按钮。

步骤5 在打开的"画笔"面板中，勾选右上角的下拉菜单按钮 ▼≡，在弹出的菜单中勾选"存储画笔库"，即弹出对话框，在其中选择存储的位置，单击"保存"按钮。

步骤6 在"画笔"面板中勾选右上角的下拉菜单按钮 ▼≡，在弹出的对话框中执行"打开画笔库｜其他库"命令，在弹出的对话框中打开刚存储好的画笔笔刷。

步骤7 单击画笔工具 ✏，在画面四周绘制出图案效果，绘制出画框的效果。

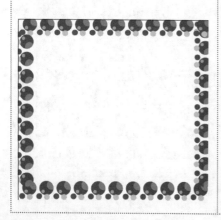

步骤8 执行"文件｜打开"命令，打开本书配套光盘中的"第2章 \Complete\绘制可爱相框.ai"文件。将图像拖至画面中，并调整大小和位置。

步骤9 单击矩形工具 ▢，使用勾选工具 ▸ 框选画面中的所有对象，单击鼠标右键，在弹出的菜单中 执行"建立剪切蒙版"命令，以创建剪切蒙版效果。

2.4.12　斑点画笔工具

斑点画笔工具与画笔工具的不同之处在于，其可绘制填充色的闭合面，且具有轮廓描边属性，而画笔工具则只能绘制路径。使用斑点画笔工具绘制的路径，可与有相同填充色的其他对象建立闭合的路径，且在保证没有描边属性的前提下匹配。

使用斑点工具绘制图形　　　　进行描边颜色设置

2.4.13　实战：绘制斑点图形效果

🔘 光盘路径：第2章 \Complete\绘制斑点图形效果.ai

步骤1 执行"文件｜打开"命令，打开本书配套光盘中的"第2章 \Media\绘制斑点图形效果.eps"文件。

步骤2 设置填充色为蓝色（C54、M0、Y22、K0），单击斑点画笔工具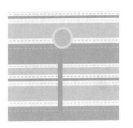，在画面中绘制一个图形。然后将描边颜色填充为黄色（C10、M0、Y83、K0）。再设置颜色为绿色（C52、M7、Y87、K0），继续在画面中绘制树干。

步骤3 使用相同的方法，绘制出更多的图形。

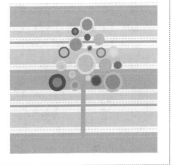

2.5 图像描摹

图像描摹功能可对图形进行快速的描摹，方便用户操作，执行"对象｜图像描摹｜建立"命令，即可对打开的图片进行图像描摹。

原图像

图像描摹后的图像

2.5.1　认识图像描摹

在需要一些特殊的图案效果时，就需要"图像描摹"功能来完成此项操作，描摹出一个黑白对比明显的图案效果。

2.5.2 创建描摹预设

对图像进行描摹，可以根据图形所需要的效果进行设置，执行"窗口 | 图像描摹"命令，将打开"图像描摹"面板。在面板中可以进行"预设"设置、视图的转换、模式的更改，阈值的设置。

❶**选项按钮**：设置各种模式包括自动着色、高色、底色、灰色、黑白、轮廓几个选项。

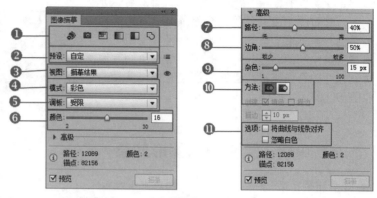

"图像描摹"面板

❷**"预设"选项组**：对图像进行预设，包括灰度、黑白微标、线稿图等设置。

❸**"视图"选项组**：设置不同的描摹效果，包括描摹结果、轮廓、源图像等。

❹**"模式"选项组**：对图像进行色彩设置。

❺**"调板"选项组**：进行整个图像的设置。

❻**"颜色"选项组**：对描摹的图像进行颜色设置。

❼**"路径"选项组**：通过设置参数来调整路径。

❽**"边角"选项组**：设置的值越大，表示角越多。

❾**"杂色"选项**：通过忽略指定像素大小的区域来减少杂色。

❿**"方法"选项组**：设置描边方法。

⓫**选项**：将稍微弯曲的线变为直线。

2.5.3 实战：绘制可爱动物插画

💿 光盘路径：第2章 \Complete\绘制可爱动物插画.ai

步骤1 执行"文件	打开"命令，打开本书配光盘中的"第2章\Media\绘制可爱动物插画.jpg"图像文件。	**步骤2** 执行"对象	图像描摹"命令。	**步骤3** 单击画笔工具 ✎，执行"窗口	画笔库	边框	边框几何图"命令，然后勾选"几何图形2"。按Shift键同时拖动鼠标，绘制出画框。

2.5.4 释放描摹对象

进行了描摹的图像可以恢复原始图像的状态，方便用户返回，执行"图像描摹 | 释放"命令。

描摹图像

释放的图像

2.6 操作答疑

本章通过对Illustrator CS6中路径的绘制和编辑进行讲解，使用户了解矢量图形的基本构成元素及图形实现的基本过程，为之后的图形绘制尊定了基础。接下来就一些本章中的重点和难点进行基础的知识考查，并做些习题进行巩固。

2.6.1 专家答疑

（1）如何绘制出正方形以及起始点为中心的矩形？

答：使用矩形工具绘制路径时，按住Shift键将绘制出正方形；按住Alt键可以起始点为中心绘制矩形；同时也可以按Shift+Alt组合键绘制以起始点为中心的正方形。

（2）什么是宽度工具？

答：宽度工具用于调整路径轮廓的局部宽度，使用该工具向外拖动路径局部线段，将以所拖动的点为最宽区域，对对象进行不同宽度大小的调整。

（3）什么是透视网格工具？

答：透视网格工具用于辅助查看对象的透视效果，也可以在绘制图像时使用该工具对所绘制的对象进行约束，以正确建立透视图形，执行"视图｜透视网格"命令，可在弹出的子菜单中执行"显示网格"、"对齐网格"或"锁定网格"等命令，以显示或调整网格。也可以单击工具箱中的透视网格工具以显示网格。通过使用该工具和透视选区工具，可拖动网格中的相应控制点，以调整网格透视状态。

（4）怎样打开封套扭曲变形对象？

答：执行"对象｜封套扭曲"命令，在弹出的子菜单中执行"用变形建立"、"用网格建立"或"用顶层对象建立"命令，可使用不同的封套形对对象进行扭曲变形处理。

2.6.2 操作习题

1. 选择题

（1）椭圆工具用于绘制不同形态的椭圆及正圆，使用椭圆工具绘制椭圆时，使用该工具在画面中单击，可在弹出的对话框中设置椭圆的宽度和高度，也可以通过按住（　　）键绘制正圆形，按住Alt键则围绕起始点绘制椭圆。

    A. Ctrl+Alt   B. Shift   C. Alt

（2）螺旋线工具（　　）用于绘制不同的效果路径，使用该工具绘制螺旋线路径时，按住Ctrl键拖动可调整螺旋线的密度；按向上或向下键可增加或减少螺旋线的段数；按住~键可连续绘制螺旋路径。使用螺旋线工具单击页面，可在弹出的对话框中设置其选项。

    A. ⊚   B. ⊛   C. ✎

（3）以下不属于矩形工具的是（　　）。

    A.椭圆工具   B.多边形工具   C. 星形工具

（4）在绘制路径时，要快速切换钢笔工具和转换描点时，可按住（　　）键。

    A. Shift   B. Ctrl   C. Alt

（5）用于辅助绘制透视图形的工具是（　　）。

    A. 网格工具   B. 透视网格工具   C.矩形网格工具

2. 填空题

（1）钢笔工具组包括＿＿＿＿＿、＿＿＿＿＿、＿＿＿＿＿和＿＿＿＿＿种路径的绘制和调整工具。

（2）直线工具组包括_____、_____、_____、_____和_____种工具。

（3）矩形工具组包括_____、_____、_____、_____、_____和_____6种工具。

3. 操作题

使用变形工具扭曲图形。

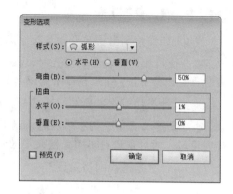

（1）打开一个矢量图像文件。

（2）执行"对象｜封套扭曲｜用变形建立"命令，在弹出的对话框中设置好选项和各种参值。单击"确定"按钮。

第3章

图形的造型编辑

本章重点：

本章主要介绍基本图形绘制工具，包括基本形状路径的绘制方法，精确路径的绘制方法、控制和变形路径的方法，以及路径编辑命令和控制封套扭曲图形的应用。

学习目的：

本章的学习目的主要是掌握矢量图形的绘制。路径是组成各种图形的基础，只有了解了不同路径的绘制方法和绘制工具的使用方法才能绘制出各种形状的图形，才能真正掌握图形绘制的方法。

参考时间：42分钟

主要知识	学习时间
3.1　认识路径	5分钟
3.2　路径编辑工具	5分钟
3.3　对象的变形	7分钟
3.4　变形工具	7分钟
3.5　路径编辑命令	6分钟
3.6　封套扭曲图形	4分钟
3.7　图形的选择	4分钟
3.8　图形的位置关系	4分钟

3.1 认识路径

在Illustrator CS6中，路径是可以打印的，因为这是一个矢量绘图软件。路径是通过绘图工具绘制的任意线条，它可以是一条直线，也可以是一条曲线，还可以是多条直线和曲线组成的线路。

3.1.1 路径的基本概念

一般情况下，路径是由锚点和锚点之间的线段组成的。锚点标记路径段的端点，在曲线段上，每个选中的锚点显示一条或两条方向钱，方向线以方向点结束。方向线和方向点的位置决定曲线段的大小和形状。移动这些元素将改变路径中曲线的形状。

3.1.2 路径的填充

路径是图形的基础，而颜色则是表现图形灵魂的重要因素。设置图形的填充颜色并用其填充图形是基本的填充形式；而使用相关的填色工具如渐变工具、混合工具、吸管工具、形状生成器工具和实时上色工具等填充对象的颜色，则以不同的填充方式和填充效果应用颜色到图形对象中。

3.1.3 边线色的设定

使用位于工具箱下端位置的相关按钮，可设置对象的描边颜色，双击描边颜色图标，可弹出"拾色器"对话框，在该对话框中设置颜色，即可完成边线色的设定。

3.2 路径编辑工具

本节主要讲解Illustrator CS6中的基本路径编辑工具，如钢笔工具、添加锚点工具、删除锚点工具、转换锚点工具、创建复合路径、释放复合路径、复合形状和路径查找器和形状生成器等。通过使用这些基本路径编辑工具，可以创建丰富的图形效果。

3.2.1 钢笔工具

钢笔工具是最基本的路径绘制工具，运用它可以绘制出各种形状的直线和平滑流畅的曲线路径，既可以创建复杂的形状，又可以在绘制路径的过程中对路径进行简单的编辑。

3.2.2 实战：绘制可爱卡通图形

光盘路径：第3章\Complete\绘制可爱卡通图形.ai

步骤1 执行"文件丨新建"命令，在弹出的对话框中设置各项参数，设置完成后单击"确定"按钮，新建一个图形文件。	步骤2 单击矩形工具，设置"填色"为粉色（C0、M29、Y4、K0）、"描边"为无，绘制背景。	步骤3 单击钢笔工具，设置"填色"为紫色（C49、M49、Y0、K0），绘制出可爱小羊的大体轮廓。
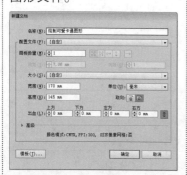	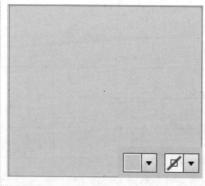	

步骤4　设置"填色"为淡黄色（C1、M5、Y15、K0），"描边"为咖啡色，粗细为3pt，使用钢笔工具，绘制出可爱小羊的身体。

步骤5　采用相同的方法设置"填色"为肉色（C0、M14、Y21、K0），"描边"为咖啡色，粗细为3pt，使用钢笔工具，绘制出可爱小羊的脸。

步骤6　继续使用钢笔工具，设置"填色"为深肉色（C1、M18、Y34、K0），"描边"为无，绘制出可爱小羊身上的阴影部分，增加其立体效果。

步骤7　设置"填色"为咖啡色（C49、M82、Y100、K20），"描边"为咖啡色，粗细为3pt，绘制出可爱小羊的四肢。

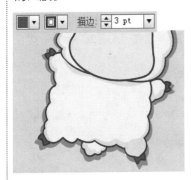

步骤8　设置"填色"为无，"描边"为咖啡色，设置不同的粗细，绘制出可爱小羊的眼睛和眉毛。

步骤9　单击星形工具，设置"填色"为蓝色（C60、M0、Y14、K0），"描边"为无，并适当在小羊的眼睛下方绘制可爱星形。

步骤10　设置"填色"为红色（C0、M72、Y42、K0），"描边"为咖啡色，粗细为3pt，绘制出可爱小羊的嘴巴。

步骤11　设置"填色"为黄色（C7、M6、Y77、K0），"描边"为咖啡色，粗细为3pt，绘制出可爱小羊的棉角。

步骤12　按快捷键Ctrl+C+F，原位复制并粘贴路径，单击鼠标右键，执行"变换 I 对称"命令，在弹出的对话框中选择垂直旋转90°，并使用选择工具将其放置于另一边。

专家看板：认识"首选项"对话框中的"选择和锚点显示"对话框

"首选项"对话框中的"选择和锚点显示"对话框。设置在使用选择工具时锚点的选择容差和显示大小，以便在有大量描点的情况下快速选择对象。执行"新建｜首选项｜选择和锚点显示"命令，弹出"选择和锚点显示"对话框，在对话框中可设置参数并更改"锚点"和"手柄"的显示状态。

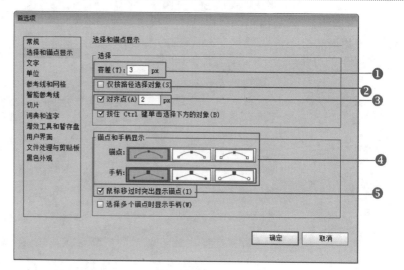

"选择和锚点显示"对话框

❶ **"容差"选项**：指定用于选择锚点的像素范围。较大的值会增加锚点周围区域的宽度。数值越大越好选，但是在锚点密集的时候数值过大不宜操作。

❷ **"仅按路径选择对象"选项**：勾选此选项时，只有点上图形的路径才能将其选中，一般不勾选此项。选中此选项会增加选择对象的难度。

❸ **"对齐点"选项**：将对象对齐到锚点和参考线。指定在对齐时对象与锚点或参考线间的距离。

❹ **"锚点和手柄显示"选项组**：包括"锚点"、"手柄"选项。选择所需"锚点"和"手柄"显示状态即可。

❺ **"鼠标移过时突出显示锚点"选项**：突出显示位于鼠标光标正下方的锚点。

3.2.3 添加锚点工具

选择要修改的路径。若要添加锚点，按住Alt键单击钢笔工具 ✐ 可得到添加锚点工具 ✐⁺，并将指针置于路径段上，然后单击鼠标便可添加锚点。

3.2.4 删除锚点工具

选择要修改的路径。若要删除锚点，按住Alt键双击钢笔工具 ✐ 可得到删除锚点工具 ✐⁻，将指针置于路径段要删除的锚点上，单击鼠标便可删除锚点。

3.2.5 实战：简化路径上的锚点

💿 **光盘路径**：第3章\Complete\简化路径上的锚点.ai

步骤1 打开"简化路径上的锚点.ai"文件，将其拖拽到当前图像中，放至于画面适当位置。

步骤2 双击钢笔工具 ✐ ，得到删除锚点工具 ✐⁻，选择要修改的路径。

步骤3 使用转换锚点工具 ⊾，简化路径上的锚点，调整出完整的图形。

3.2.6 转换锚点工具

使用转换锚点工具可准确转换锚点，按住Alt键单击3次钢笔工具 ，可得到转换锚点工具 。将指针置于路径段要转换的锚点上，然后单击鼠标左键可转换锚点，按快捷键Shift+C可转换锚点。

3.2.7 实战：绘制漂亮花卉

 光盘路径：第3章\Complete\绘制漂亮花卉.ai

步骤1 执行"文件丨新建"命令，在弹出的对话框中设置各项参数，设置完成后单击"确定"按钮，新建一个图形文件。

步骤2 单击矩形工具 ，设置"填色"为肉色（C0、M19、Y22、K0）、"描边"为无，按快捷键Ctrl+C+F原位复制并粘贴路径，设置"填色"为"植物"。打开"效果"面板，设置其"不透明度"为20%，制作背景。

步骤3 单击钢笔工具 ，设置不同的颜色，绘制出花朵，结合转换锚点工具 在其锚点上拉伸，绘制出漂亮的花卉。

3.2.8 创建复合路径

复合路径可以使两个图形相交部分产生镂空效果，使两个图形成为了一个整体,无论用选择工具或是直接选择工具都只能使图形整体移动。即使编辑了复合路径的锚点，也还可以通过释放复合路径使它们重新变成独立的个体。

3.2.9 实战：绘制个性标志

 光盘路径：第3章\Complete\绘制个性标志.ai

步骤1 执行"文件丨新建"命令，在弹出的对话框中设置各项参数，设置完成后单击"确定"按钮，新建一个图形文件。

步骤2 单击椭圆工具 ，设置"填色"为黄绿色（C20、M0、Y100、K0）、"描边"为无，在图上绘制竖状椭圆。

步骤3 按快捷键Ctrl+C+F原位复制并粘贴路径，将其旋转一定的角度，按快捷键Ctrl+D，继续上次的操作。

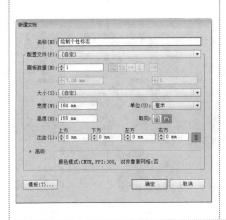

步骤4 使用选择工具 ⬚，分别单击每一个椭圆，并设置不同的颜色。	**步骤5** 单击星形工具 ⭐，按住Shift键绘制一个五角星将其置于图层上的适当位置。	**步骤6** 使用选择工具 ⬚，全选所有图层，单击鼠标右键选择"创建复合路径"选项，绘制个性标志。

3.2.10 释放复合路径

建立复合路径之后，可以在任何时候将它打散，但是个别路径物件的原始属性将无法还原。释放复合路径即打散组合好的复合路径。

3.2.11 复合形状和路径查找器

复合路径是将多个路径结合在一起，成为一个整体，可以通过释放直接解组。路径查找器对图形进行裁剪，属性会随着底下图形属性发生变化。复合路径不能直接还原到原来。复合形状作为一个整体来编辑，路径查找器是作为单独个体来编辑的，后者更具有灵活性。

3.2.12 形状生成器

使用"形状生成器"工具 ⬚，可以将绘制的多个简单图形，合并为一个复杂图形；还可以分离、删除重叠的形状，快速生成新的图形，使复杂图形的制作更加灵活、快捷。

3.2.13 实战：绘制镂空图案

 光盘路径：第3章\Complete\绘制镂空图案.ai

步骤1 执行"文件|打开"命令，打开"绘制镂空图案.ai"文件。	**步骤2** 单击星形工具 ⭐，按住Shift键绘制多个五角星，覆盖于画面。	**步骤3** 使用选择工具 ⬚，全选所有图层，单击鼠标右键，选择"创建复合路径"选项，绘制镂空图案。

专家看板：使用"路径查找器"控制面板编辑对象

　　路径查找器用于对选定的路径做修剪、焊接、分割或合并等编辑。执行"窗口｜路径查找器"命令，或者按组合键Shift+Ctrl+F9，就会弹出"路径查找器"面板。通过对选定的对象应用该面板中的相应按钮，可以编辑对象路径。

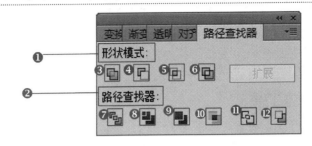

"路径查找器"控制面板

　　❶ **"形状模式"选项组**：包含 5个按钮，从左到右分别是："联集"按钮 、"减去顶层"按钮 、"交集"按钮 、"差集" 按钮和扩展按钮。前四个按钮可以通过不同的组合方式在多个图形间制作出对应的复合图形，而扩展按钮则可以把复合图形转变为复合路径。

　　❷ **"路径查找器"选项组**：包含6个按钮，从左到右分别是分割、修边、合并、裁剪、轮廓、减去后方对象。这组按钮主要是把对象分解成各个独立的部分，或者删除对象中不需要的部分。

　　❸ **"联集"按钮**：描摹所有对象的轮廓，就像它们是单独的、已合并的对象一样。此选项产生的结果形状会采用顶层对象的上色属性。

　　❹ **"减去顶层"按钮**：选择指定对象后单击该按钮，可减去上方对象重叠在下方对象的交叉部分，且只保留下方对象未重叠的部分。

　　❺ **"交集"按钮**：描摹被所有对象重叠的区域轮廓。

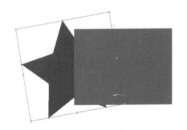 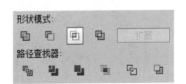 

绘制两个不同原色图形　　　　使用"路径查找器"的"交集"按钮　　得到对象重叠区域的轮廓

　　❻ **"差集"按钮**：描摹对象所有未被重叠的区域，并使重叠区域透明。若有偶数个对象重叠，则重叠处会变成透明。而有奇数个对象重叠时，重叠的地方会填充颜色。

　　❼ **"分割"按钮**：将一份图稿分割为其构成成分的填充表面（表面是未被线段分割的区域）。
　　注：使用"路径查找器"面板中的"分割"按钮时，可以使用直接选择工具或编组选择工具来分别处理生成的每个面。应用"分割"命令时，还可以选择删除或保留未填充的对象。

　　❽ **"修边"按钮**：删除已填充对象被隐藏的部分。它会删除所有描边，且不会合并相同颜色的对象。

　　❾ **"合并"按钮**：删除已填充对象被隐藏的部分。它会删除所有描边，且会合并具有相同颜色的相邻或重叠的对象。

　　❿ **"裁剪"按钮**：将图稿分割为其构成成分的填充表面，然后删除图稿中所有落在最上方对象边界之外的部分。这还会删除所有描边。

　　⓫ **"轮廓"按钮**：将对象分割为其组件线段或边缘。在准备需要对叠印对象进行陷印的图稿时，此命令非常有用

⚘ **注意：**

　　使用"路径查找器"面板中的"轮廓"按钮时，可以使用直接选择工具或编组选择工具来分别处理每个边缘。应用"轮廓"命令时，还可以选择删除或保留未填充的对象。

　　⓬ **"减去后方对象"按钮**：从最前面的对象中减去后面的对象。应用此命令，您可以通过调整堆栈顺序来删除插图中的某些区域。

3.3 | 对象的变形

在Illustrator CS6中包括一些用于变换路径或变形的工具，如旋转工具 ↻、镜像工具 ⊠、比例缩放工具 ⊡、倾斜工具 ⊿、整形工具 ⊻、自由变换工具 ⊞等，使用这些工具可变换对象的路径形态，也可变换路径的角度和位置等属性。

3.3.1 旋转工具

旋转工具 ↻ 使对象围绕指定的中心点进行旋转。选中旋转工具，简单拖动就可以实现物体的旋转。默认变换点是在边界框的中心，所以默认旋转是物体的自转，可以按住Alt键单击来改变变换点。在旋转时，按住Shift键可以以45°的增量来旋转。如果需要精确旋转可以双击旋转工具，输入精确数值。正值是逆时针方向，负值是顺时针方向。

3.3.2 镜像工具

Illustrator CS6中的镜像工具 ⊠，是一个稍微复杂的变换工具。它可以让物体在任何方向上翻转，既可以是水平或垂直方向，也可以是任意角度，镜像结果与变换点及变换轴有关。

3.3.3 实战：绘制酒瓶阴影效果

💿 光盘路径：第3章\Complete\绘制酒瓶阴影效果.ai

步骤1 执行"文件	打开"命令，打开"绘制酒瓶阴影效果.ai"文件。	**步骤2** 单击选择工具 ▶，选择酒瓶，并单击镜像工具 ⊠，然后单击酒瓶下方定位轴点。	**步骤3** 按住Alt键，拖动酒瓶旋转，以向下垂直镜像复制酒瓶，压扁复制的对象，并打开"效果"面板，设置其"不透明度"为50%，绘制酒瓶阴影效果。

3.3.4 比例缩放工具

Illustrator CS6中的比例缩放工具 ⊡ 用于对象做等比例或不等比例的缩放调整，同时可对对象进行镜像处理。双击该工具或按住Alt键单击画面，可在弹出的"比例缩放"对话框中设置等比例或不等比例的参数，以及缩放描边效果等属性。

❶ **"等比"和"不等比"单选钮**：用于设置图形的比例缩放是等比或不等比。

❷ **"水平"和"垂直"单选钮**：用于设置比例缩放为水平方向还是垂直方向。

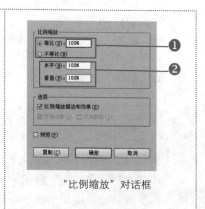

"比例缩放"对话框

3.3.5 实战：缩放图形效果

🔘 光盘路径：第3章\Complete\缩放图形效果.ai

步骤1 执行"文件 | 打开"命令，打开"缩放图形效果.ai"文件。 | **步骤2** 单击选择工具 ⬚，选择指定的花朵对象。 | **步骤3** 单击等比例缩放工具 ⬚，向内拖动花朵对象，以缩小图形效果。

3.3.6 倾斜工具

Illustrator CS6中的倾斜工具 ⬚ 操作是另一个相对复杂的变换操作，它意味着基于一个轴让一个物体"歪斜"，这个倾斜结果也是根据轴的不同而不同，轴可以是水平、垂直或者任意角度的。Illustrator CS6中的倾斜操作可以通过命令或工具进行。

3.3.7 整形工具

Illustrator CS6中的整形工具 ⬚ 和缩放工具 ⬚ 是存放在一块的，这个工具可以非常方便地改变物体的形状，比如用整形工具拖动一条曲线，它会自动调节曲线附近的锚点，以保持大致的形状不变。如果手动移动锚点，则可能需要执行很多操作。

3.3.8 实战：改变花卉图形形状

🔘 光盘路径：第3章\Complete\改变花卉图形形状.ai

步骤1 执行"文件 | 打开"命令，打开"改变花卉图形形状.ai"文件。 | **步骤2** 单击选择工具 ⬚，选择需要改变花卉图形的对象，并适当拖大。 | **步骤3** 单击整形工具 ⬚，按住Alt键向外拖动花瓣对象，以改变花卉图形形状，增加层次感。

🪶 **提示：**

AI中整形工具 ⬚ 在比例缩放工具 ⬚ 栏黑三角的下拉菜单里，类似于三维软件3ds Max或Maya的"软选择"。在Illustrator CS6中，每个变换工具基本上都有快捷键，除了倾斜工具和整形工具没有快捷键。

3.3.9 自由变换工具

Illustrator CS6中的自由变形工具可以自由地变换物体，包括前面介绍的移动、旋转、缩放、反射、倾斜等一系列操作，同时它允许执行透视操作。

3.3.10 实战：变换图形效果

光盘路径：第3章\Complete\变换图形效果.ai

步骤1 执行"文件|打开"命令，打开"变换图形效果.ai"文件。

步骤2 单击选择工具，选择需要改变的图形对象。

步骤3 单击鼠标右键，执行"变换|旋转"命令，在弹出的对话框中设置参数，变换图形效果。

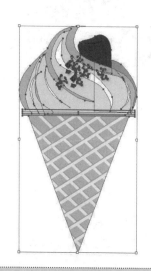
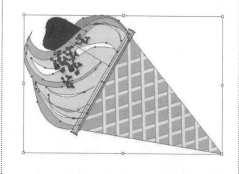

知识链接：

3.4.4 旋转扭曲工具，使用旋转扭曲工具可对图像进行变形。

旋转扭曲工具用于对对象做螺旋旋转的扭曲变形。使用该工具在对象上按住鼠标左键，即可进行旋转扭曲的操作，按住的时间越长，对象的旋转扭曲程度越强。若使用该工具在对象内部，并未选择路径线段的区域进行变形，则不做任何变化。要设置该工具的笔尖大小，可按住Alt键并拖动鼠标来调整画笔。

3.4 变形工具

使用工具箱中相应的液化变形工具对对象做变形扭曲处理，可获取丰富的路径效果。包括宽度工具、变形工具、旋转扭曲工具、缩拢工具、膨胀工具、扇贝工具、晶格化工具和皱褶工具。

3.4.1 宽度工具

使用宽度工具可以对加宽绘制的路径描边，并调整为各种多变的形状效果。使用此工具还可以创建并保存自定义宽度配置文件，可将该文件重新应用于任何笔触，使绘图更加方便、快捷。

3.4.2 变形工具

使用变形工具在选取的图形上涂抹，可以得到相应的变形效果。双击变形工具，打开"变形工具选项"对话框。其中的"宽度"参数用于设置画笔的宽度；"高度"参数用于设置画笔的高度；"角度"参数用于设置画笔使用的角度；"强度"参数用于设置对角发生变形的程度。

3.4.3 实战：制作图形扭曲效果

💿 光盘路径：第3章\Complete\制作图形扭曲效果.ai

步骤1 执行"文件 | 打开"命令，打开"制作图形扭曲效果.ai"文件。

步骤2 单击选择工具 ![],选择需要扭曲的矩形对象。

步骤3 单击变形工具 ![],拖动要扭曲的矩形对象，制作图形扭曲效果。

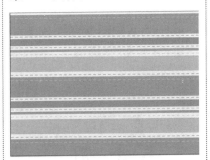
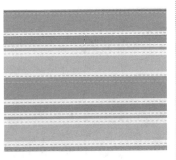
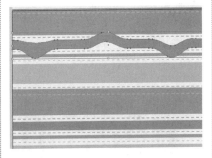

专家看板："变形工具选项"对话框

在Illustrator CS6中，变形工具通过在对象中以拖动的方式伸展或拉动对象指定区域，以获取液化扭曲的效果。使用变形工具从对象内部向外拖动，可使对象膨胀变形；从对象外部向内拖动，可挤压扭曲对象。双击变形工具，在弹出的对话框中可设置画笔的尺寸和变形细节等选项。

❶ **"宽度"选项**：用于设置画笔的宽度。

❷ **"高度"选项**：用于设置画笔的高度。

❸ **"角度"选项**：用于设置画笔使用的角度。

❹ **"强度"选项**：用于设置对角发生变形的程度。

❺ **"变形选项"选项组**：选项组用于设置画笔的细节和简化度。

❻ **"显示画笔大小"复选框**：勾选该复选框可在画面中直观地看到设置画笔的形状大小。

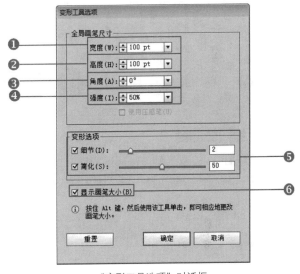

"变形工具选项"对话框

🌐 **知识链接：**

3.3 对象的变形。使用变形工具 ![]可大面积变形对象。

原始图形文件 | 使用变形工具 ![]按住Alt键增大画笔 | 拖动以变形对象

3.4.4 旋转扭曲工具

旋转扭曲工具 🔄 可创建漩涡状的变形效果。使用该工具时，按住鼠标的时间越长，产生的漩涡越多，拖动鼠标可在拉伸对象的同时生成漩涡。

3.4.5 实战：制作抽象纹理图形

💿 光盘路径：第3章\Complete\制作抽象纹理图形.ai

步骤1 执行"文件 | 打开"命令，打开"制作抽象纹理图形.ai"文件。

步骤2 单击选择工具 ▶，选择旋转扭曲的对象。

步骤3 单击旋转扭曲工具 🔄，拖动要扭曲的矩形对象，制作抽象纹理图形。

3.4.6 缩拢工具

缩拢工具 🎆 对路径做出收缩变形的效果，使用该工具在对象上按住鼠标左键，所按时间越长，变形程度越大。与旋转扭曲工具一样，该工具仅对路径进行变形扭曲，而对形状内部无路径区域不起作用。

3.4.7 膨胀工具

膨胀工具 🎇 对路径做出膨胀变形的效果，与缩拢工具 🎆 相反。将画笔光标移至对象路径上，将从画笔面积较大的一端向画笔面积较小的一端做膨胀处理。

3.4.8 扇贝工具

单击扇贝工具 🍴，将鼠标光标放到对象中合适的位置，在对象上拖拽鼠标，即可变形对象。

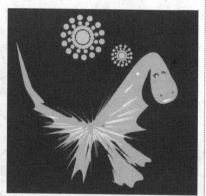

| 原始图像 | 增大画笔 | 单击鼠标变形对象 |

3.4.9 晶格化工具

晶格化工具 🖉 用于对对象做推拉延伸的扭曲处理，在对象上按住鼠标左键可推动路径，根据画笔中心所偏向的区域向内或向外推动路径。

专家看板："晶格化工具选项"对话框

双击晶格化工具 🖉，可在弹出的对话框中设置画笔的尺寸和变形细节等选项。

❶ **"宽度"选项**：用于设置晶格化工具画笔的宽度。

❷ **"高度"选项**：用于设置晶格化工具画笔的高度。

❸ **"角度"选项**：用于设置晶格化工具画笔使用的角度。

❹ **"强度"选项**：用于设置晶格化工具对角发生变形的程度。

❺ **"晶格化选项"选项组**：用于设置晶格化工具画笔的细节和复杂性等。

❻ **"显示画笔大小"复项框**：勾选该复选框可在画面中直观地看到设置晶格化工具画笔的形状大小。

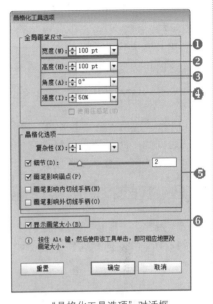

"晶格化工具选项"对话框

原图

局部晶格化效果1

局部晶格化效果2

局部晶格化效果3

提示：

在使用晶格化工具 🖉 画笔制作图像晶格化的过程中，使该工具在对象上按住鼠标左键，即可进行晶格化的操作，按住的时间越长，对象的旋转扭曲程度越强。

3.4.10 皱褶工具

皱褶工具 🖉 可使对象边缘呈现波浪起伏，表现出边缘参差的褶皱效果。使用该工具在对象上按住鼠标的时间越长，皱褶效果越明显。

3.4.11 实战：制作图形皱褶效果

🌐 **光盘路径**：第3章\Complete\制作图形皱褶效果.ai

步骤1 执行"文件|打开"命令，打开"制作图形皱褶效果.ai"文件。	**步骤2** 单击选择工具 ▶，选择制作图形皱褶的对象。	**步骤3** 单击皱褶工具 🖉，拖动要扭曲的对象，制作图形皱褶效果。
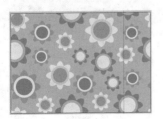	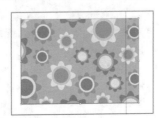	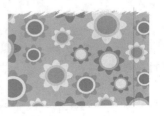

3.5 路径编辑命令

除了使用相关工具对路径进行编辑以外，还可应用一些路径编辑命令和选项对其进行编辑，如直接执行"对象"菜单中"路径"的"连接"命令、"平均"命令和调用"路径查找器"面板等，以及采用轮廓化描边、偏移路径和编组路径等应用方式，对路径进行高级编辑。

3.5.1 "连接"命令

执行"对象 | 路径 | 连接"命令或按快捷键Ctrl+J。如果有两个锚点，可以借助"连接"命令，把它们用一条直线路径连接起来。如果两个锚点完全重叠在一起了，Illustrator CS6会把它们并成一个锚点，这时可以选择把它转换为平滑点或角点。

3.5.2 "平均"命令

执行"对象 | 路径 | 平均"命令或按快捷键Alt+Ctrl+J。平均功能至少可以选择两个锚点，平均分布它们之间的间距后还可以移动它们的位置。可以横向或纵向平均锚点，也可以既横向又纵向平均锚点，同时平均的锚点数不受限制。

3.5.3 实战：使用平均连接路径

光盘路径：第3章\Complete\使用平均连接路径.ai

步骤1 执行"文件	打开"命令，打开"使用平均连接路径.ai"文件。	**步骤2** 单击选择工具，选择使用平均连接路径的对象。	**步骤3** 按快捷键Ctrl +Alt+J，可以同时执行"连接"功能。
	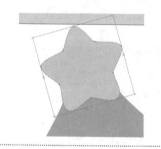	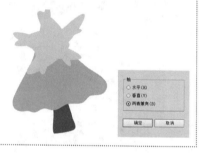

3.5.4 "轮廓化描边"命令

路径描边能够让路径变得更粗，但是却无法在画板上选择和操作。不过可以选择一个有描边的路径，然后执行"对象 | 路径 | 轮廓化描边"命令，这样该路径的描边就会扩展成填充形状。

3.5.5 实战：绘制轮廓路径

光盘路径：第3章\Complete\绘制轮廓路径.ai

步骤1 执行"文件	打开"命令，打开"绘制轮廓路径.ai"文件。	**步骤2** 单击选择工具，选择使用轮廓化描边的对象。	**步骤3** 执行"对象	路径	轮廓化描边"命令，这样该路径的描边就会扩展成填充形状。单击鼠标右键取消编组并查看效果。

3.5.6 "偏移路径"命令

"偏移路径"命令根据用户指定的偏移量偏移所选的对象，在原路径基础上创建新的矢量路径，而原路径并不受影响。执行"对象 | 路径 | 偏移路径"命令对开放路径应用"偏移路径"命令会偏移一定路径。

3.5.7 实战：制作CD效果

💿 光盘路径：第3章\Complete\制作CD效果.ai

步骤1 执行"文件	新建"命令，在弹出的对话框中设置各项参数，设置完成后单击"确定"按钮，新建一个图形文件，并设置背景色为橘黄色（C0、M51、Y47、K0）。	**步骤2** 单击椭圆工具 ⬭ ，打开"渐变"面板从左到右设置渐变色为橘黄色（C0、M51、Y47、K0）到黑色再到灰色的线性渐变填充颜色。按住Shift键绘制正圆。	**步骤3** 执行"对象	路径	偏移路径"命令，设置不同的颜色，制作CD效果。
	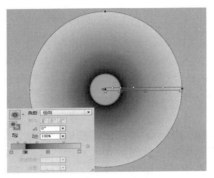	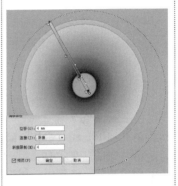

3.5.8 "简化"命令

"简化"命令是将路径尽可能干净简洁地反映所需要的形色组合，经过活性描摹得到的路径，尽可能保持更少的锚点数量。执行"对象 | 路径 | 简化"命令，在弹出的对话框中设置"曲线精度"和"角度阈值"等选项参数，将路径的锚点简化。

3.5.9 "移去锚点"命令

"移去锚点"命令与"简化"命令相似，它使活性描摹得到的路径尽可能保持更少的锚点数量。执行"对象 | 路径 | 移去锚点"命令即可移去锚点。

3.5.10 "分割下方对象"命令

"分割下方对象"命令可对多余的元素进行分割。选择一个对象，执行"对象 | 路径 | 分割下方对象"命令，可对其下方的对象进行分割。

3.5.11 "分割为网格"命令

在制作图稿时，矩形网格工具虽然可以快速创建好网格，但是它不好控制，特别是在增加行和列之间的间距时尤其如此。Illustrator CS6中的"分割为网格"命令却能在保留现有形状的同时，将网格分割为指定数量的相等矩形。执行"对象 | 路径 | 分割为网格"命令即可使用分割为网格功能。

3.5.12 "清理"命令

清理功能可删除多余的元素，执行"对象 | 路径 | 清理"命令可删除多余的元素。

3.6 | 封套扭曲图形

"封套扭曲工具"是从Illustrator CS6开始使用的一个新工具，该工具可以将图形对象基于一个路径生成路径的形状。封套扭曲工具还可以将图形对象做成具有褶皱或卷曲的效果。执行"对象 | 封套扭曲"命令，在弹出的子菜单中选择相应的变形命令，可以不同形式创建变形效果。子菜单中的命令包括用变形建立、用网格建立和用顶层对象建立命令。

3.6.1 用变形建立

在Illustrator CS6中执行"对象 | 封套扭曲 | 用变形建立"命令，可在弹出的"变形选项"对话框中设置变形扭曲的样式、方向以及弯曲程度等选项。

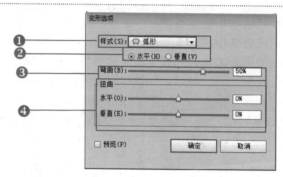

"变形选项"对话框

❶ **"样式"选项**：用于设置对象的变形样式，包括弧形、下弧形、拱形、凸出、旗形、波形、鱼形、鱼眼、膨胀和挤压等。

❷ **"水平"和"垂直"单选钮**：用于设置变形扭曲的中心轴为水平方向还是垂直方向。

❸ **"弯曲"文本框**：用于设置变形对象时的弯曲程度，数值越高，弯曲程度越强。

❹ **"扭曲"选项组**：用于设置水平方向或垂直方向的偏向扭曲变化。

原图   "旗形"变形   "鱼眼"变形   "弧形"变形

3.6.2 实战：变形文字效果

💿 光盘路径：第3章\Complete\变形文字效果.ai

步骤1 执行"文件 | 新建"命令，在弹出的对话框中设置各项参数，设置完成后单击"确定"按钮，新建一个图形文件。

步骤2 单击钢笔工具 ✎，绘制一个心形，设置"填充"为枚红色（C21、M95、Y9、K0）、"描边"为无。

步骤3 继续使用钢笔工具 ✎，设置填充为白色，描边为在心形上绘制分隔的图形。

  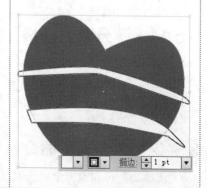

步骤4　全选这3个图形、在"路径查找器"里面实行"分割"，分割后取消编组，删掉那两条白色形状。

步骤5　单击文字工具 T，输入文字，在菜单栏中设置参数，单击"字符"选项，选择所需的字体，设置其颜色为黑色，分别输入3行自己喜欢的文字。

步骤6　首先来做心的第一部分，选择文字，按Ctrl+[键，把文字放在心的后面，然后使用选择工具 同时选择心的第一部分。

步骤7　执行"对象|封套扭曲|用顶层对象建立"命令，或按快捷键Ctrl+Alt+C，效果如下。

步骤8　使用相同的方法制作心形的第二部分。

步骤9　使用相同的方法制作心形的第三部分。

3.6.3　用网格建立

执行"对象|封套扭曲|用网格建立"命令，在弹出的"用网格建立"对话框中设置添加在对象上的网格行数和列数，并通过调整网格点对对象进行变形扭曲。要继续设置属性，可选定添加了网格封套的对象，设置属性栏中相应的参数。

3.6.4　实战：使用网格封套变形对象

💿 光盘路径：第3章\Complete\使用网格封套变形对象.ai

步骤1　执行"文件|打开"命令，打开"使用网格封套变形对象.ai"文件。

步骤2　单击选择工具 ，选择需要变形的对象。执行"对象|封套扭曲|用网格建立"命令，在弹出的对话框中设置参数，单击"确定"按钮。

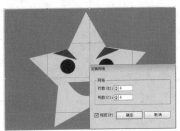

步骤3　单击转换锚点工具 ，选择网格封套中的锚点并进行拖动，以调整对象的扭曲效果。

3.6.5　用顶层对象建立

"用顶层对象建立"命令是以位于顶层的对象为基本轮廓，并将指定的对象插入到该对象中，形成扭曲变形的效果。以不同的顶层对象轮廓应用变形效果，得到不同的扭曲形态。

3.6.6　实战：使用顶层封套变形对象

🔵 光盘路径：第3章\Complete\使用顶层封套变形对象.ai

步骤1　新建图形文件，结合矩形工具绘制蓝色背景，单击直线段工具 ✏，在图像上绘制多个白色线条。

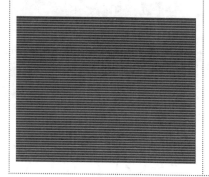

步骤2　单击选择工具 ▶，选择所有线条图形，执行"对象 | 封套扭曲 | 用变形建立"命令，将对象以顶层对象为轮廓创建封套扭曲效果。

步骤3　继续绘制矩形框，全选所有图形后单击鼠标右键，在弹出的快捷菜单中选择"建立剪切蒙版"选项。

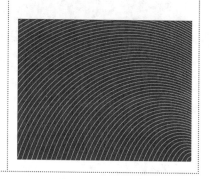

3.7 │ 图形的选择

图形的选择功能可以帮助用户在制作图像的过程中，有针对性地选择任一图形对象，方便单个图形图像的更改，图形的选择可以直接使用选择工具 ▶，还可以执行"选择"命令进行图形的选择。

3.7.1　选择工具

在Illustrator CS6中，选择工具包括选择工具 ▶、套索工具 ⌖、直接选择工具（选择节点的工具）▷、编组选择工具 ▷+ 等。下面将一一进行介绍。

选择工具 ▶ 的快捷键为V，用它在对象上单击就可以选择该对象，按住Shift键可以通过不断单击来选择多个对象。要注意的是，对于填充为无的对象，只能单击它的路径来选择它。当然也可以按住鼠标左键不放来画出一个矩形虚线框，画板上的对象只要有一部分进入了这个虚线框就会被选中。框选时，也可以按住Shift键来增加更多的被选择对象。若要取消选择，最简单的方法就是用选择工具在空白处单击，或者按Ctrl+Shift+A键，效果是一样的。如果已经选择了多个对象，想取消某个或某些对象的选择，直接去单击它们是不行的，仍然需要按住Shift键，被单击的对象会被取消选择。

打开文件的所有图层

使用选择工具 ▶ 选择图层

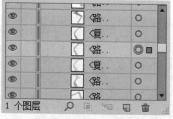

在"图层"面板上指定图层被选择

　　套索工具 位于工具箱右列上数第二个，与直接选择套索工具 共用一个位置。在Illustrator CS6中，套索工具与Photoshop中的套索工具很相似，也是按住鼠标左键不放并拖动出一个不规则的区域，只要有一部分处于这个区域中的对象都会被选择。在选择之前，还是应该想一想怎样选择最快速、最方便，同时多结合Shift键，可以起到事半功倍的效果。直接选择套索工具 的快捷键为Q，与套索工具 共用一个位置。在面对一个形状极不规则而且节点众多的对象时，如果要选择它的一部分节点，这个工具就会派上大用场了。

打开文件的所有图层

使用套索工具 圈选图层

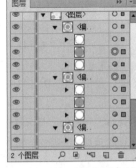

在"图层"面板上被圈选的图层被选择

　　直接选择工具 的快捷键为A。用它在节点的位置上单击，就选择了这个节点。如果这个节点是曲线型、圆滑型或复合型的，被选中时将同时出现它的手柄，可以用直接选择工具调整手柄。选择节点时有些要注意的问题，一是当对象处于被选择状态时，用直接选择工具直接单击节点是无法选择它的（当然按住Shift键单击可以取消对这个结点的选择）。二是Illustrator中的节点和手柄都非常小，建议执行"选择丨选择丨方向控制点"命令来选择节点。

　　与直接选择工具 共用一个位置的编组选择工具 ，顾名思义，按住Shift键可选择两个或两个以上的图层组。

打开文件的所有图层

使用直接选择工具 点击锚点选择图层

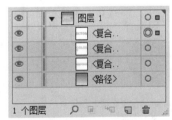

在"图层"面板上被选择的图层

3.7.2　"选择"命令

　　在使用选择工具 选择了一个图层之后，若还要对其相关图层进行操作，即可执行"选择"命令，选择其中的选项，对图层进行编辑。在其选项中包括"全选"、"全选画板上的全部对象"、"取消选择"、"重新选择"、"反向"、"上方的下一个对象"和"下方的下一个对象"选项等，选择这些选项可对图层进行编辑。

　　要全选画面中的所有图层，可执行"选择丨全选"命令，或按快捷键Ctrl+A全选画面中的所有图层。

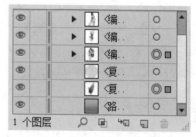

打开文件的所有图层　　　　使用编组选择工具 [图标] 选择图层组　　　　在"图层"面板上被选择的图层组

　　如果要全选画板上的所有图层，画板外的图层不会被选择，可执行"选择 | 全选画板上的全部对象"命令，或按快捷键Ctrl+Alt+A全选画面中的所有图层。

　　如果想要取消画面中的图层，选中想要取消选择的图层后，执行"选择 | 取消选择"命令，或按快捷键Ctrl+Shift+A取消选择的图层。

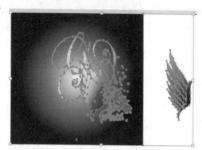

打开文件的所有图层　　　　　　执行"选择 | 全选"命令　　　　　在"图层"面板上被全选的图层

　　如果要选取除了某个或某组图层的图层组，可选择这些不需要的图层或图层组，执行"选择 | 反选"命令，或按快捷键l便可选取除了某个或某组图层的图层组。

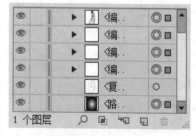

打开文件的所有图层　　　　执行"选择 | 全选画板上的全部对象"命令　　　全选画板上的所有图层

　　当想要选择的对象被另一个对象完全覆盖在下面时，用鼠标单击不到它。可选中其上方的对象，然后单击鼠标右键执行"选择 | 下方的下一个对象"命令，找到下方的下一个对象，再进行编辑。

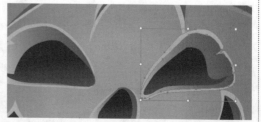

打开文件的所有图层　　　　　选择图层上方的图层　　　　执行"选择 | 下方的下一个对象"找到下方图层

3.8 图形的位置关系

图形的位置关系包括对齐对象、分布对象、用网格对齐对象、用辅助线对齐对象等。通过应用图形的位置关系命令，可对对象进行编辑管理，并可进行精确的调整。

3.8.1 对齐对象

要对对象进行对齐操作，可选择多个对象并单击属性栏中的"对齐"文字按钮，并在弹出的面板中单击其中的按钮，以调整排列对象的位置。"对齐对象"中的按钮包括水平左对齐🔲按钮、水平居中对齐🔲按钮、水平右对齐🔲按钮、垂直顶对齐🔲按钮、垂直居中对齐🔲按钮、垂直底对齐🔲按钮。

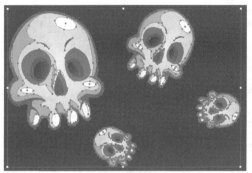
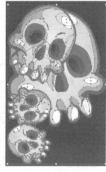
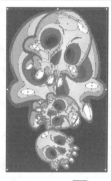
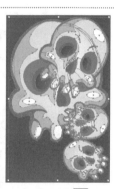

全选所有图层　　单击水平左对齐🔲按钮　单击水平居中对齐🔲按钮　单击水平右对齐🔲按钮

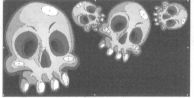

单击垂直顶对齐🔲按钮　　　单击垂直居中对齐🔲按钮　　　　　单击垂直底对齐🔲按钮

3.8.2 分布对象

要对对象进行分布操作，可通过选择多个对象并单击属性栏中的"对齐"文字按钮，并在弹出的面板中单击其中的按钮，以调整排列对象的位置。"分布对象"中的按钮包括垂直顶分布🔲按钮、垂直居中分布🔲按钮、垂直底分布🔲按钮、水平左分布🔲按钮、水平居中分布🔲按钮、水平右分布🔲按钮。

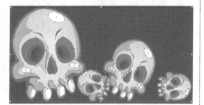

分布对象按钮选项

全选所有图层　　　　　单击垂直顶分布🔲按钮　　　　单击垂直居中分布🔲按钮

| 单击水平左分布 按钮 | 单击水平居中分布 按钮 | 单击水平右分布 按钮 |

3.8.3　实战：对齐与分布指定对象

💿 光盘路径：第3章\Complete\对齐与分布指定对象.ai

| **步骤1**　打开"对齐与分布指定对象.ai"文件。使用选择工具 ，选择所有对象。 | **步骤2**　单击属性栏中的"对齐"文字按钮，在弹出的面板中单击"垂直居中对齐"按钮 。 | **步骤3**　打开"对齐"面板并单击水平居中分布 按钮，调整所选对象的位置。 |

3.8.4　用网格对齐对象

　　使现有对象与像素网格对齐，打开"变换"面板，勾选"对齐像素网格"选项。 如果"对齐像素网格"选项处于选中状态，则每次修改对象时，都会轻推该对象以对齐像素网格。例如，如果移动或变换一个像素对齐对象，则该对象将根据其新坐标重新对齐像素网格。若要使现有对象与像素网格对齐，选择该对象并在"变换"面板的底部选中"对齐像素网格"复选框。选择此选项时，将轻推对象路径的垂直和水平分段。因此，此类分段的外观在所有笔触宽度和位置中，总是显示为清晰对齐的笔触。选择此选项的对象总具有整数值的笔触宽度。启用"使新建对象与像素网格对齐"选项时，将未对齐对象引入到文档中时不会自动对齐像素。若要使此类对象对齐像素，选择该对象，后从"变换"面板中选择"对齐像素网格"选项。有些对象（如栅格、栅格特效和文本对象）是无法对齐的，因为这些对象没有实际路径。

3.8.5　用辅助线对齐对象

　　要用辅助线对齐对象，可以按快捷键Ctrl+R，界面上会显示X轴和Y轴的标尺，拉出辅助线，将要对齐的对象使用选择工具 拖动到辅助线上，会显示对齐的亮条，以对齐对象。

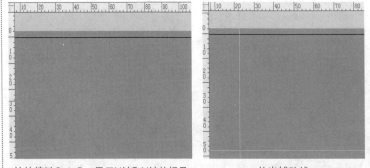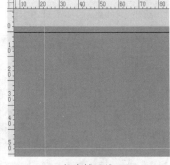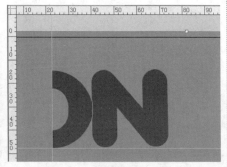

| 按快捷键Ctrl+R，显示X轴和Y轴的标尺 | 拉出辅助线 | 对齐对象 |

3.9 操作答疑

这儿将举出多个常见问题并对其进行一一解答。并在后面添加多个习题，以方便读者学习了前面的知识后，做做习题进行巩固。

3.9.1 专家答疑

（1）AI中复合路径与复合形状的差别？

答：复合路径可以使两个图形相交部分产生镂空效果，这两个图形成为了一个整体，无论用选择工具 或直接选择工具 都只能使图形整体移动。即使编辑了复合路径的锚点，也还可以通过释放复合路径使它们重新变成独立的个体。复合形状虽然也可产生镂空效果，但是用直接选择工具 选中其中一个图形，就会发现这两个图形其实是独立的，它们可以单独移动（如果用选择工具选中复合形状，可以整体移动这两个图形），单独修改锚点位置，单独删掉其中一个图形。编辑复合形状后，为了减少文件大小，单击扩展，使复合形状成为普通图形。两者的区别主要为一个是作为整体进行编辑，另一个是作为单独个体来编辑，后者更具有灵活性。

（2）在Illustrator CS6中，执行"对象 | 封套扭曲 | 用变形建立"命令，都有哪些效果？

答：用于设置对象的变形样式，包括弧形、下弧形、拱形、凸出、旗形、波形、鱼形、鱼眼、膨胀和挤压等。

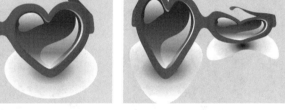

| 原图 | "鱼形"变形 | "挤压"变形 |

（3）AI的扩展和轮廓化描边命令的区别？

答：轮廓化描边作用是将描边转换为复合路径，这样就可以修改描边的轮廓了。而扩展不只针对描边，例如，如果扩展一个简单对象，例如一个具有实色填色和描边的圆，那么，填色和描边就会变为离散的对象。如果扩展更加复杂的图稿，例如具有图案填充的对象，则图案会被分割为各种截然不同的路径。简单来说，轮廓化描边只针对描边，而扩展针对的比较多，如效果、填充、描边和图案等，使单一对象分割为若干个对象，便于编辑。

（4）AI中执行"对象 | 路径 | 平均"命令的快捷键是什么？

答：AI中执行"对象 | 路径 | 平均"命令的快捷键是Alt+Ctrl+J。

3.9.2 操作习题

1. 选择题

（1）执行"对象 | 路径 | 连接"命令或按快捷键（　　），如果有两个锚点，便可以借助"连接"命令，把它们用一条直线路径连接起来。如果两个锚点完全重叠在一起，Illustrator CS6会把它们并成一个锚点，这时可以选择把它转换为平滑点或角点。

A.Ctrl+J　　　　　　B.Alt+Ctrl+J　　　　　　C.Shift+J

（2）Illustrator CS6中的自由变形工具可以自由地变换物体，包括前面介绍的移动、（　　）、缩放、反射、倾斜等一系列操作。

A.旋转　　　　　B.变形　　　　　　　C.凹凸

（3）（　　）用于对象做推拉延伸的扭曲处理，在对象上按住鼠标左键可推动路径，根据画笔中心所偏向的区域向内或向外推动路径。

A.钢笔工具　　　B.晶格化工具　　　　C收拢工具

2．填空题

（1）"＿＿＿＿＿＿"命令是以位于顶层的对象为基本轮廓，并将指定的对象插入到该对象中，形成扭曲变形的效果。以不同的顶层对象轮廓应用变形效果，得到不同的扭曲形态。

（2）在Illustrator CS6中，包括一些用于变换路径或变形的工具，如旋转工具、＿＿＿＿＿＿、比例缩放工具、倾斜工具、整形工具和自由变换工具等。

（3）执行"窗口｜路径查找器"命令，或者按＿＿＿＿＿＿，就会弹出"路径查找器"面板。通过对选定的对象应用该面板中的相应按钮，可以编辑对象路径。

（4）使用转换锚点工具准确转换锚点，按住Alt键单击＿＿＿＿＿＿钢笔工具，可得到转换锚点工具，并将指针置于路径段要转换的锚点上，然后单击鼠标左键转换锚点。

3．操作题

增加镂空的花纹。

（1）执行"文件｜打开"命令，打开"增加镂空的花纹.ai"文件。

步骤1　　　　　　　　步骤2　　　　　　　　步骤3

（2）再打开一个矢量素材，按快捷键Ctrl+C+F原位复制并粘贴路径，使用选择工具，适当旋转缩小，并放置于画面中的合适的位置。

（3）全选所有图层，单击鼠标右键，选择"创建复合路径"选项，增加镂空的花纹。

第4章

图层与蒙版的应用

本章重点：

本章主要讲解"图层"面板及其组成，"图层"面板的基本操作，图层的创建和编辑方法，图层的转换方式，蒙版的相关类型和基本应用。

学习目的：

通过本章的学习，使读者掌握Illustrator CS6中对象的图层管理和蒙版使用方法。图层的管理与应用，主要内容包括图形的选择、图形的位置关系、认识图层、编辑图层。通过认识蒙版，以及对剪切蒙版和不透明蒙版的应用来掌握蒙版，从而制作出丰富、美观的图形效果。

参考时间：21分钟

主要知识	学习时间
4.1　认识图层	5分钟
4.2　编辑图层	8分钟
4.3　认识蒙版	8分钟

4.1 认识图层

图层用于管理图形文件中的各个对象，以便在编辑过程中更快捷地查询和组织对象。"图层"面板中的基本结构为集合图层、编辑图层和路径图层。创建对象后，每个集合图层下允许存在编组图层和路径图层，被称为子图层，而编辑图层中允许存在其他编辑图层。

4.1.1 "图层"面板

"图层"面板用于排列所绘制图形的各个对象。可在该面板中查询对象状态，也可对对象及相应的图层进行编辑，如锁定、隐藏和排序等。

专家看板："图层"面板快捷菜单

默认工作区域的"图层"面板位于工作区的右下角区域，在面板中可对图形的各个对象进行颜色标记，通过设置指示路径或锚点的颜色，可更好地区分和查找各个图层中的对象。图形对象的定界框匹配面板中相应图层的标记颜色。

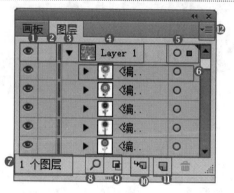

"图层"面板快捷菜单

❶**"切换可视性"按钮**：当某图层的前面有"切换可视性"图标 👁 时，表明对应的图层处于可见状态。单击该按钮可切换为空白状态，则对应图层中的对象在图像预览窗口中被隐藏。

❷**"切换锁定"按钮**：当某一图层前面有"切换锁定"图标 🔒 时，表明对应的图层处于锁定状态，此时该图层不能被编辑或者修改。

❸**扩展图层箭头**：显示该箭头时，表示下方包含子图层。单击该扩展图层箭头可展开图层，以显示其中的子菜单。

❹**图层缩览图及图层名称**：该区域用于排列对象的集合图层和子图层，在缩览图中可查看对应图层中的对象状态。每个图层都可以定义不同的名称以便区分。

❺**定位调整按钮**：单击"确定"按钮 🔍，可选中该图层中的对象。

❻**编组图层和路径图层**：扩展图层后可显示该图层中的编辑图层和路径图层。

❼**图层个数**：用于显示图层文件中的图层个数

❽**"建立/释放剪切蒙版"按钮**：主要用于为当前图层中的所有对象创建或释放蒙版，该按钮功能与"对象|蒙版|制作"命令是等效的。

❾**"创建新子图层"按钮**：可以创建一个嵌套在任意一个图层之下的次级图层，而其下还可以再嵌套下一级的图层。

❿**"创建新图层"按钮**：单击该按钮，可以建立一个新图层。

⓫**"删除所选图层"按钮**：单击该按钮，可以删除当前图层或选定的图层。

⓬**扩展菜单按钮**：单击该按钮，可在弹出的菜单中应用相关命令，用于控制和调整图层，包括新建图层、创建新子图层、建立/释放剪切蒙版等。

4.1.2 新建图层

新建图层有两种方法。方法一是在"图层"控制面板中单击"创建新图层"按钮 🗒 ；方法二是单击"图层"控制面板右上角的扩展菜单按钮 ▼≡，选择"新建图层"选项，弹出控制面板，从中选择"新建图层"命令，创建新图层。

4.1.3 设定"图层选项"对话框

双击图层的名称，可在弹出的"图层选项"对话框中设置图层名称、图层显示颜色和锁定等属性。

❶**名称设置**：双击后面的白色矩形框，可设置该图层的名称。

❷**颜色设置**：可设置在"图层"面板上的显示颜色。

❸**其他选项**：勾选图层上需要显示的选项，设置其属性。

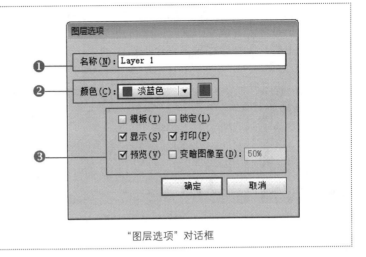

"图层选项"对话框

4.1.4 更改图层选项

更改图层选项是在"图层选项"对话框中进行的，在该对话框中可设置图层的相关选项，如"图层"面板中的行大小和缩览图大小等属性。单击"图层"面板右上角的扩展菜单按钮，并在弹出的菜单中选择"面板选项"命令，可弹出对话框。

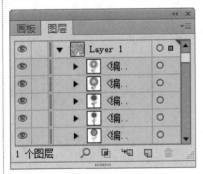

查看"图层"面板

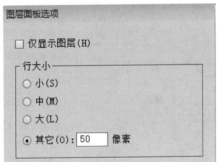

设置面板选项

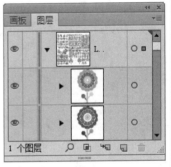

设置后的图层缩览图

4.1.5 图层查看模式

图层的查看模式即图形效果的查看模式。在Illustrator CS6中，具备"预览"、"轮廓"、"叠印预览"和"像素预览"几种查看模式。

打开图像文件

查看轮廓路径

查看像素化效果

查看叠印预览

4.2 编辑图层

图层是图形对象的基本存在形式，也是绘制过程中编辑管理对象的基本应用要求。编辑图层包括调整图层顺序、锁定图层、隐藏图层、合并图层、收集图层、编组图层等。编辑图层不仅用于管理对象，还可将图层转换为模板，并借助模板编辑对象，十分方便。

4.2.1　调整图层顺序

在Illustrator CS6中要改变图层顺序，只能在图层面板中上下移动图层。上下调整图形的快捷方式是，按Shift+[键向下移动一层，按Shift+]键向上移动一层，按Ctrl+Shift+[键放到最底层，按Ctrl+Shift+]键放到最上层。另外，如果是一个群组内的一小部分，那么最下层与最上层只是那个群组内的最上层和最下层。

所有图层

选定要上移的图层

按Shift+]键向上一层，改变图层顺序

4.2.2　锁定图层

单击"图层"控制面板中的图层显示标志右侧的空格，使其出现"切换锁定"图标 🔒 即可锁定图层，使其不被编辑。

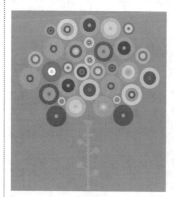
所有图层

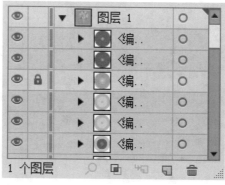
锁定图层

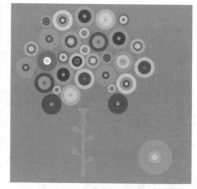
对其余图形进行缩小后

4.2.3　隐藏图层

图层的前面有"切换可视性"图标 👁 时，表明对应的图层处于可见状态。单击该按钮可切换为空白状态，则对应图层中的对象在图像预览窗口中被隐藏。

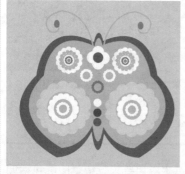
所有图层

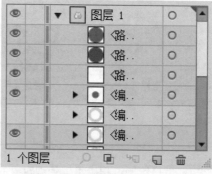
隐藏图层

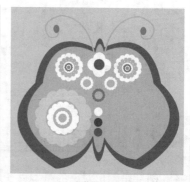
隐藏图层后

4.2.4　合并图层

　　过多的图层将会占用大量的内存资源，所以在确定图形位置、相互间的层次关系无误后，可以将图层合并。在"图层"面板上按住Ctrl键选择需要合并的图层，单击扩展菜单按钮 ，可在弹出的菜单中选择"合并所选图层"选项，合并图层。

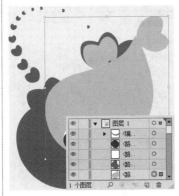
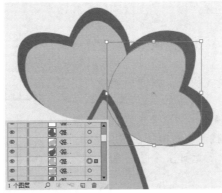

选择一个对象　　　　　　　　　　选择另一个对象　　　　　　　　　　合并图层后

4.2.5　收集图层

　　收集图层功能可以将若干个对象合并到一个组中，把这些对象作为一个单元同时进行处理。这样就可以同时移动或变换若干个对象，且不会影响其属性或相对位置。收集图层到新图层中，可单独合并所要合并的所有图层，方便于图像的进一步编辑，同时保留原始图层，便于再次查找使用原始图层。单击扩展菜单按钮，可在弹出的菜单中选择"收集图层到新图层中"选项，收集合并图层。

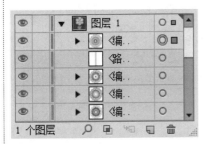
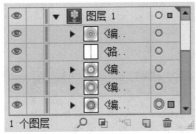

选择一个对象　　　　　　　　　　选择另一个对象　　　　　　　　　　收集图层后

4.2.6　编组图层

　　编组图层在图层的编辑中起着非常重要的作用，更加方便图层的管理和编辑。按住Shift键同时单击鼠标左键选择需要合并的两个或两个以上的图层，按快捷键Ctrl+G即可编组图层。

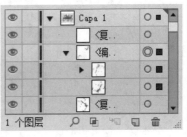

选择一个对象　　　　　　　　　　选择另一个对象　　　　　　　　　　编组两个对象

4.2.7 找出"图层"面板中扩展菜单的对象

单击"图层"面板右上角的扩展菜单按钮 ，可在弹出的菜单中选择相关的菜单命令，用于图层的基本操作和高级编辑，包括复制图层、新建图层、建立/释放剪切蒙版、定位对象、释放图层、轮廓化图层以及隐藏或锁定图层等操作。下面对扩展菜单栏中的相关命令进行介绍。

❶**"Capa 1"的选项**：应用该命令可在弹出的"图层选项"对话框中设置图层名称、路径显示颜色和图层的显示和锁定等属性。

❷**建立剪切蒙版**：应用该命令将为选定的图层对象建立剪切蒙版。

❸**进入隔离模式**：进入隔离模式状态，以便于编辑，防止图层对象范围超过组的底部。

❹**退出隔离模式**：应用该命令将退出隔离模式范围的状态。

❺**定位对象**：应用该命令以查找选定对象所在图层范围。

❻**合并所选图层**：应用该命令将选择多个图层合并到一个图层。

❼**拼合图稿**：与合并所选图层相似。

❽**收集到新图层中**：将选定的图层移动到新的图层中。

❾**释放到图层（顺序）**：按顺序分离选定图层中对象上应用的效果，并将其显示为独立的图层。

❿**释放到图层（积累）**：按积累分离选定图层中对象上应用的效果。

⓫**反向顺序**：可翻转选定图层的堆叠顺序，所选图层必是邻近的。

⓬**模板**：将选定的图层转换为模板。

⓭**隐藏其他图层**：用于隐藏所有的图层。

⓮**轮廓化所有图层**：将所有未被选定的图层对象转化为"轮廓"视图模式状态。

⓯**锁定所有图层**：锁定所有图层。

⓰**粘贴时记住图层**：将所有对象粘贴到复制它们的图层上。

⓱**面板选项**：应用该命令可在弹出的"面板选项"对话框中设置"行大小"、"缩览图"视图以及是否"仅显示图层"。

"图层"面板中的扩展菜单

🌐 *知识链接：*

4.1.4 更改图层选项，在弹出的"面板选项"对话框中设置"行间距大小"。

默认面板间隔

减小面板选项中的行间距

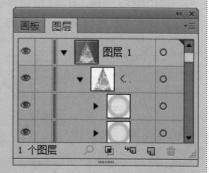

增加面板选项中的行间距

4.2.8 实战：使用"图层"面板菜单栏中的释放图层

💿 光盘路径：第4章\Complete\使用"图层"面板菜单栏中的释放图层.ai

步骤1 打开"使用"图层"面板菜单栏中的释放图层.ai"文件。

步骤2 按住Shift键并使用选择工具 ▶ 选择画面中的图形，然后双击混合工具 ◐，在弹出的对话框中设置参数。

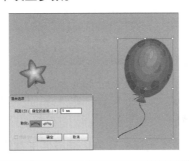

步骤3 完成设置后单击"确定"按钮，并分别单击画面中的4个图形，将其混合在一起。

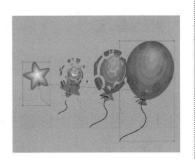

步骤4 混合对象后，由于生成了更多的对象，"图层1"中出现了与混合效果一致的"混合"子图层及其中的图形路径。

步骤5 选择"混合"图层，并单击"图层"面板右上角的扩展菜单按钮 ▼≡，在弹出的菜单中选择"释放到图层（顺序）"命令，释放为图层。

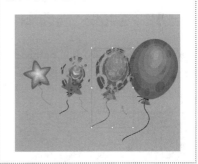

步骤6 释放图层后，每一个对象单独创建一个图层。可使用选择工具 ▶ 选择指定的对象，以将其单独选定。

4.2.9 在当前的图层上粘贴对象

选择图层，单击"图层"面板右上角的扩展菜单按钮 ▼≡，在弹出的菜单中选择"粘贴时记住图层"命令，按快捷键Ctrl+C+V 即可在当前的图层上粘贴对象。

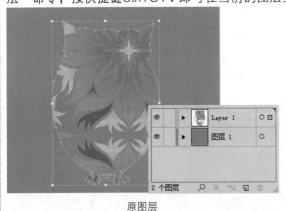

原图层　　　　　　　　　　　　　　　在当前的图层上粘贴对象

4.2.10 使用"图层"面板复制对象

选择图层，单击"图层"面板右上角的扩展菜单按钮 ▼≡，在弹出的菜单中选择"复制图层"命令，复制对象。

打开原始文件的图层　　　　　　使用"图层"面板复制对象　　　　　　复制后的图层面板

4.2.11　在图层上创建模板

在Illustrator CS6中，可将图像转换为模板，使用模板便于在绘制图像时保持对象比例一致或获取合适的角度。创建模板的对象将被锁定，而不能被选择或编辑。

选择要创建为模板的对象，单击"图层"面板右上角的扩展菜单按钮，在弹出的菜单中选择"模板"命令，将对象转换为模板；也可双击"图层"面板中指定的图层，在弹出的"图层选项"对话框中选择"模板"复选框，在图层上创建模板。

4.2.12　实战：创建图像为模板

📀 光盘路径：第4章\Complete\创建图像为模板.ai

步骤1 打开"创建图像为模板.ai"文件。	**步骤2** 双击"图层1"，并在弹出的"图层选项"对话框中选择"模板"复选框，将对象转换为模板。	**步骤3** 完成设置后，单击"确定"按钮，可看到图像模板显示状态。
	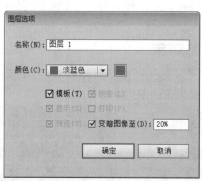	

🖎 **提示：**

创建矢量对象为模板后，可恢复其普通属性；创建位图图像为模板后，同样可通过单击图层中的相关按钮以调整模板的位置，但该图像的显示状态为降低了颜色浓度的效果。

4.2.13　使用模板描摹对象

使用模板描摹对象时，结合使用钢笔工具或椭圆工具等描摹图形的工具，描摹对象的边缘，再使用吸管工具取样模板图形的颜色，填充描摹后的路径，达到快速描摹图像效果的目的。

4.2.14　实战：描摹插画

📀 光盘路径：第4章\Complete\描摹插画.ai

步骤1　打开"描摹插画.ai"文件。

步骤2　使用选择工具 ，选择打开的图形，按住Shift +Alt键将其等比例缩放至画板中的所需位置。

步骤3　双击"图层1"，在弹出的"图层选项"对话框中选择"模板"复选框，将对象转换为模板。

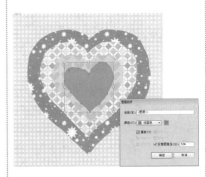

步骤4　新建"图层2"，单击钢笔工具 ，绘制出外边的大心形。

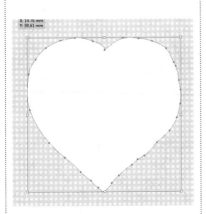

步骤5　单击吸管工具 ，再单击外边心形的颜色图案部分，取样描摹绘制出外边的大心形。

步骤6　按快捷键Ctrl+C+F，原位复制并粘贴路径，按住Shift +Alt键将其等比例缩放。

步骤7　单击吸管工具 ，再单击外边心形向内一个心形的颜色图案部分，取样描摹绘制出外边向内的一个心形。

步骤8　使用相同的方法绘制出所有心形。

步骤9　单击矩形工具 ，绘制出背景后使用相同方法，使用选择工具 ，将其移至图层的最下方，完成描摹。

4.3 | 认识蒙版

蒙版用于遮罩对象的局部区域。下面介绍剪贴蒙版、不透明蒙版、创建蒙版、栅格化蒙版、释放蒙版、在复合路径中创建蒙版等，可使用不同的蒙版编辑对象的遮罩效果。要创建蒙版，蒙版遮罩层应位于要应用蒙版效果的对象上。

在Illustrator CS6中，蒙版包括剪贴蒙版和不透明蒙版两种，这两种蒙版都用于对对象的局部区域进行遮罩处理，不同的是前者仅限于轮廓遮罩，而后者可用于创建对象不透明度效果的遮罩。

4.3.1 剪贴蒙版

剪贴蒙版通过路径形状为轮廓创建蒙版遮罩。被剪贴蒙版遮罩的区域为可见对象。而遮罩区域外的对象则会不见。要应用剪贴蒙版，剪贴蒙版遮罩应位于所有要应用剪贴蒙版的对象上，并将其覆盖。

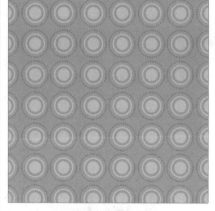 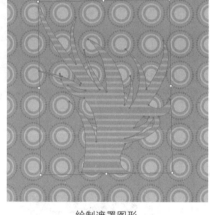 

打开的图形文件　　　　　　　　　绘制遮罩图形　　　　　　　　　创建剪贴蒙版

4.3.2 不透明蒙版

不透明蒙版可创建类似于剪贴蒙版的遮罩效果。也可以创建透明和渐变透明的蒙版遮罩效果。该类型蒙版的原理是蒙版的黑色区域为透明区域，白色区域为显示对象区域，灰色区域为不同透明度的区域。不透明蒙版可结合"透明度"面板进行设置，也可结合使用"渐变"面板进行设置。

4.3.3 实战：将不透明蒙版新建为剪贴蒙版

🔵 光盘路径：第4章\Complete\将不透明蒙版新建为剪贴蒙版.ai

步骤1 打开"将不透明蒙版新建为剪贴蒙版.ai"文件。	步骤2 使用选择工具 ▶，选择所有对象。	步骤3 打开"透明度"面板，单击"制作蒙版"按钮，设置其"不透明度"为60%。

4.3.4 创建蒙版

创建蒙版包括创建剪贴蒙版和创建不透明蒙版两种。

　　剪贴蒙版，所谓剪贴指裁剪出用户需要的那部分。创建一个图形，然后把这个图形放在要被裁剪的图形上。同时选中这两个图形，执行快捷键Ctrl+7。显示的部分就是用户自己创建的那部分。

　　不透明蒙版类似于Photoshop中的图层蒙版，通过黑白渐变，可以让图形由透明到不透明。用法如下：首先创建一个物体，然后执行黑白渐变，黑色是隐藏，白色就是显示。然后把创建的这个图形放到想要改变的图上，同时选中这两个物体。找到透明蒙版，然后单击其右上角的按钮，选择创建不透明蒙版即可。

4.3.5　实战：建立不透明蒙版

　　💿 光盘路径：第4章\Complete\建立不透明蒙版.ai

步骤1 打开"建立不透明蒙版.jpg"文件。	步骤2 单击椭圆工具 ，设置"填色"为无、"描边"为无，在画面中绘制一个椭圆。	步骤3 打开"渐变"面板，从左到右设置渐变色为白色到黑色的线性渐变，填充颜色。
		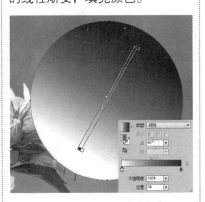
步骤4 使用选择工具 ，框选所有对象，单击"透明度"面板右上角的扩展菜单按钮 ，在弹出的菜单中选择"建立不透明蒙版"命令。	步骤5 在"透明度"面板中单击蒙版缩览框，选中不透明蒙版的遮罩椭圆路径。	步骤6 单击星形工具 ，绘制多个大小不一的星形图案，以显示椭圆路径外的其他颜色。

　　✏️ 提示：
　　应用不透明蒙版后，可进一步对不透明面板的蒙版状态和对象效果进行调整。通过选中"透明度"面板中的蒙版缩览框，并在画面中绘制图形可调整画面中的蒙版对象的效果，这取决于绘制图形的颜色。

4.3.6　设置不透明蒙版

　　对象的不透明蒙版效果由蒙版遮罩层的颜色色调决定。应用不透明蒙版后，"透明度"面板中将显示蒙版对象和蒙版状态。单击图像缩览框可编辑被遮罩的对象；单击蒙版则可编辑蒙版路径及其颜色。在选中蒙版的状态下，将不可选中或编辑蒙版外的其他对象，取消选择蒙版时可继续编辑其他对象。

不透明蒙版通常与渐变工具和"渐变"面板结合使用。因此调整蒙版路径的渐变颜色可同时调整不透明蒙版中的效果。

原图

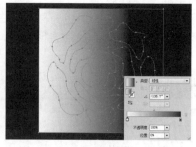

绘制不透明蒙版遮罩层

创建不透明蒙版后的效果

4.3.7 释放蒙版

释放蒙版包括释放剪贴蒙版和释放不透明蒙版两种。

（1）释放剪贴蒙版。选择应用了剪贴蒙版的对象，执行"对象 | 剪切蒙版 | 释放"命令，或单击鼠标右键，在弹出的菜单中选择"释放剪贴蒙版"命令。

（2）释放不透明蒙版。选择应用了不透明蒙版的对象，单击"透明度"面板右上角的扩展按钮 ，在弹出的菜单中选择"释放不透明蒙版"命令。

4.3.8 在复合路径中创建蒙版

在复合路径中创建蒙版，首先把两个或者两个以上的对象变成一个对象。再创建剪贴蒙版或创建不透明蒙版。

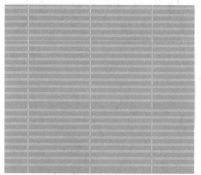

打开一个路径对象

打开另外一个路径对象

合并两个路径对象

打开需要创建蒙版的路径对象

全选所有路径对象

在复合路径中创建不透明蒙版

4.3.9　实战：绘制节日贺卡

光盘路径：第4章\Complete\绘制节日贺卡.ai

步骤1　执行“文件 | 新建”命令，在弹出的对话框中设置各项参数，设置完成后单击“确定”按钮，新建一个图形文件。

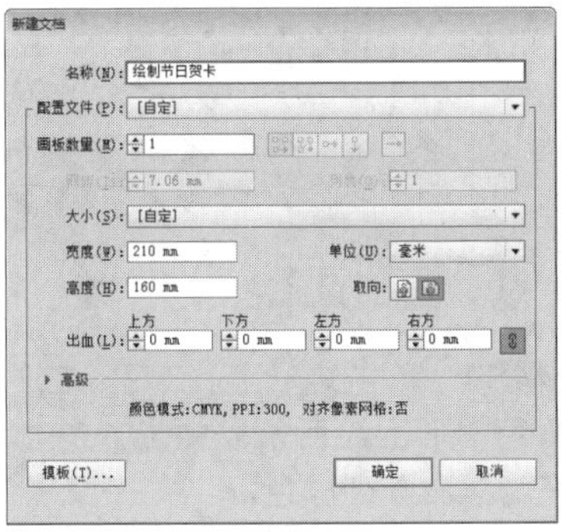

步骤2　单击矩形工具，在画面中拖动以绘制矩形。

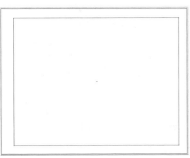

步骤3　打开“渐变”面板，从左到右设置渐变色为黄色（C0、M0、Y86、K0）到橘红色（C11、M54、Y95、K0）再到玫红色（C16、M85、Y0、K0）的线性渐变填充颜色。

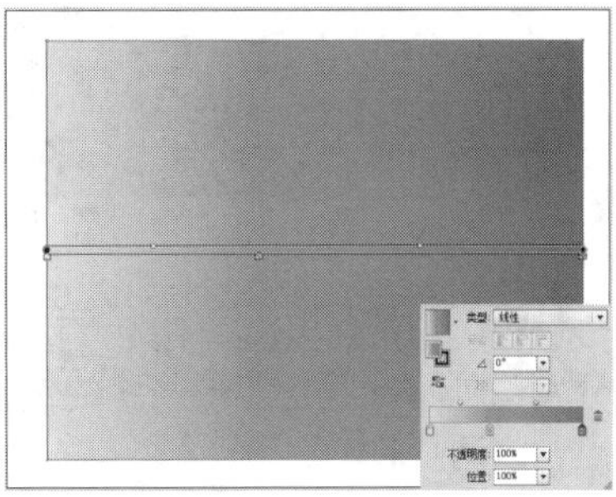

步骤4　单击钢笔工具，在画面底端绘制图形。并填充从粉色（C0、M65、Y0、K0）到橘白色的渐变颜色。

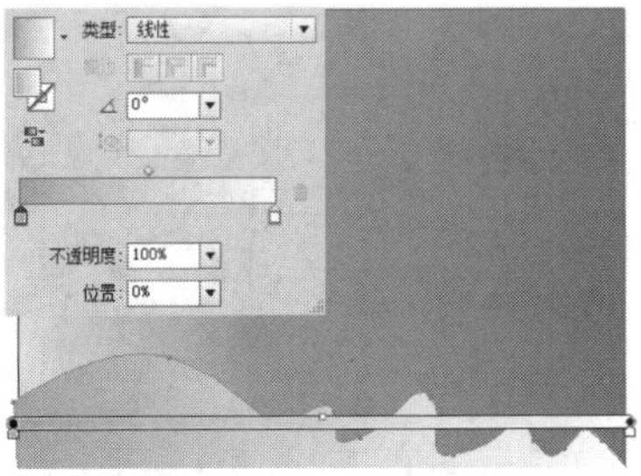

步骤5　单击椭圆工具，在画面右上角绘制一个椭圆，打开“渐变”面板，从左到右设置渐变色为粉色（C0、M65、Y0、K0）到黑色的径向渐变填充颜色。

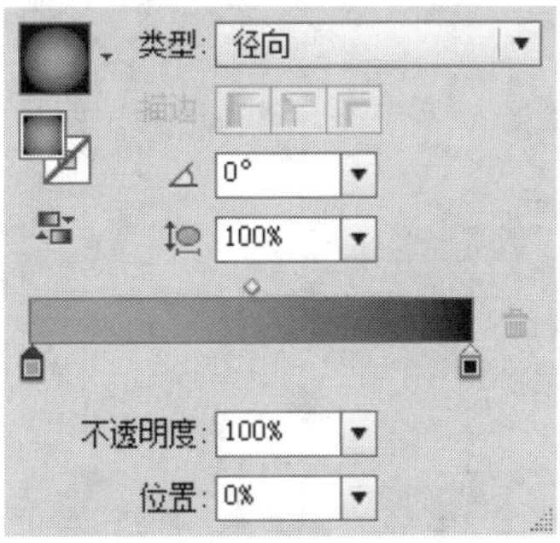

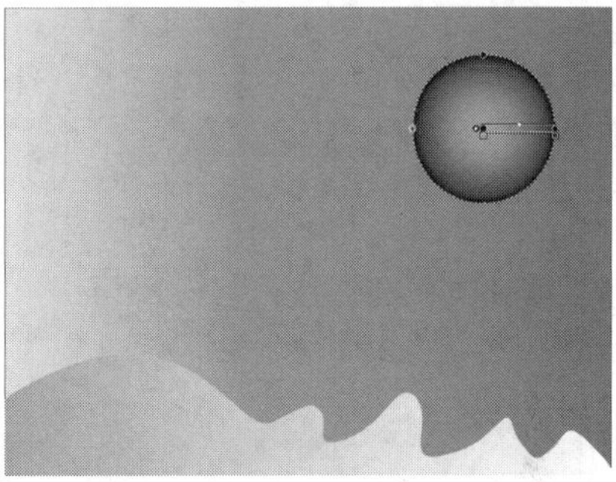

步骤6　在“透明度”面板中设置椭圆的混合模式为“滤色”，“不透明度”为40%，调整椭圆颜色。

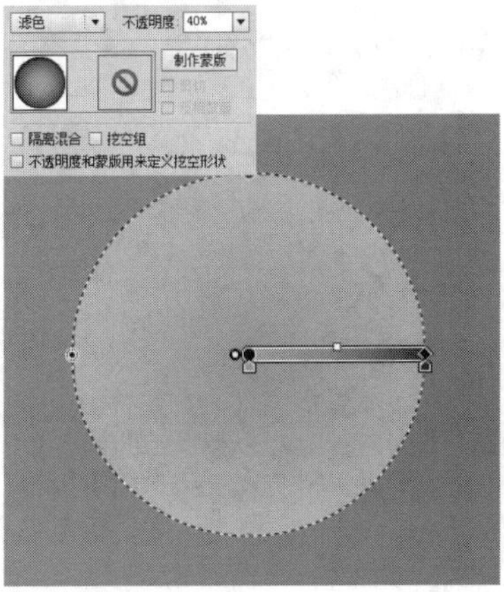

步骤7　单击选择工具，选择椭圆，按住Alt键拖动将其复制。然后多次复制并分别调整椭圆的大小、位置和透明度。

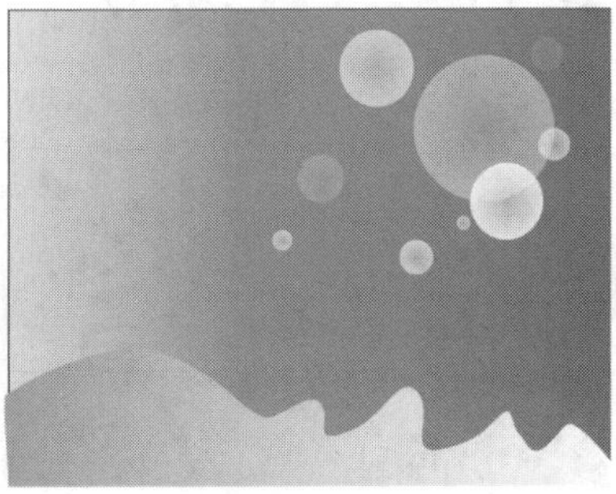

步骤8　继续复制椭圆并将其缩小至点状，然后复制这些点状椭圆并分别调整其位置和不透明度效果。

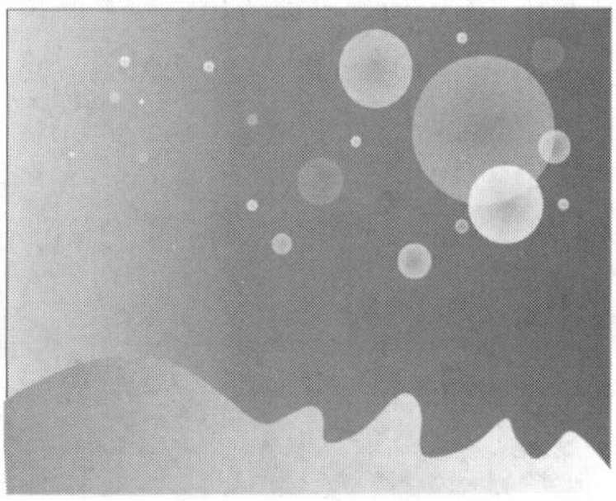

步骤9 打开01.ai件。使用选择工具 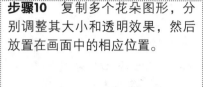，将其拖曳到当前图层。

步骤10 复制多个花朵图形，分别调整其大小和透明效果，然后放置在画面中的相应位置。

步骤11 使用圆角矩形工具 ，在画面左下角绘制一个圆角矩形，然后填充从粉色（C19、M55、Y0、K0）到淡蓝色（C54、M4、Y0、K0）的径向渐变颜色。

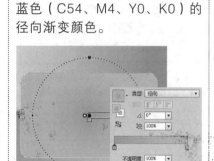

步骤12 单击直接选择工具 ，分别向外拖动圆角矩形边缘的锚点，以调整形状。

步骤13 单击钢笔工具 ，在调整后的橙色渐变图形上描绘一个白色的图形。

步骤14 单击矩形工具 ，在淡蓝色图形上绘制一个矩形，并填充为黑白渐变颜色。

步骤15 在"图层"面板中，选择黑白渐变矩形和下层的白色图形，单击"透明度"面板右上角的扩展按钮 ，在弹出的菜单中选择"建立不透明蒙版"命令。

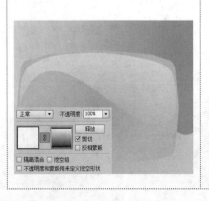

步骤16 继续在淡蓝色图形底端绘制月牙状图形，然后填充从深蓝色（C100、M100、Y51、K2）到淡蓝色（C54、M4、Y0、K0）的渐变填充颜色。

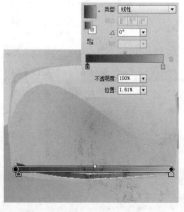

步骤17 单击矩形工具 ，在淡蓝色图形上绘制一个矩形填充为黑色到白色的渐变颜色。

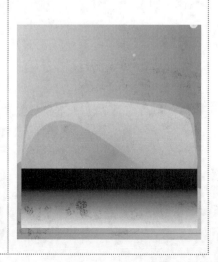

步骤18 在"图层"面板中选择黑白渐变矩形和下层的白色图形,单击"透明度"面板右上角的扩展菜单按钮，在弹出的菜单中选择"建立不透明蒙版"命令。

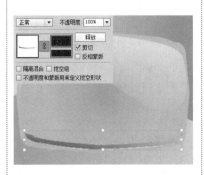

步骤19 单击钢笔工具，在调整后的淡蓝色渐变图形下方描绘图形。

步骤20 单击矩形工具，在淡蓝色图形上绘制一个矩形,填充为白色到黑色的渐变颜色。

步骤21 在"图层"面板中,选择黑白渐变矩形和下层的白色图形,单击"透明度"面板右上角的扩展按钮，在弹出的菜单中选择"建立不透明蒙版"命令。

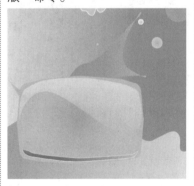

步骤22 按快捷键Ctrl+C+F原位复制并粘贴路径,将其拖动到淡蓝色图形上,并调整其透明度。

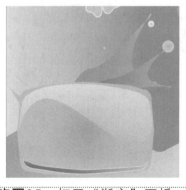

步骤23 使用圆角矩形工具，在画面相应位置绘制圆角矩形,再使用自由变换工具，将其旋转一定角度。

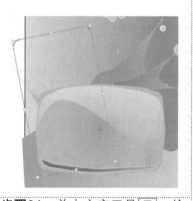

步骤24 单击直接选择工具，分别向外拖动圆角矩形边缘的锚点,以调整形状。

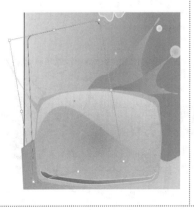

步骤25 打开"渐变"面板,从左到右设置渐变色为紫色(C74、M94、Y0、K0)到黄色(C58、M54、Y100、K8)的线性渐变填充颜色。

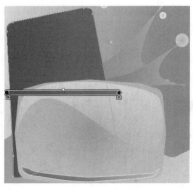

步骤26 单击文字工具，输入文字,在其菜单栏中设置参数,单击"字符"选项,选择所需的字体,设置其颜色为白色。

步骤27 单击文字工具 T ，输入文字，在其菜单栏中设置参数，单击"字符"选项，选择所需的字体，设置其颜色为白色。

步骤28 单击斑点画笔工具 ，在绘制的图形下方绘制阴影图形。

步骤29 打开"渐变"面板，从左到右设置渐变色为蓝灰色（C100、M100、Y56、K10）到白色的渐变，并绘制其阴影。

步骤30 打开02.ai件。使用选择工具 ，将其拖曳到当前图层。并适当缩小其大小，将其放置于画面合适的位置。

步骤31 按快捷键Ctrl+C+F原位复制并粘贴路径，按住Shift键将其缩小，适当旋转后放置于画面合适的位置。

步骤32 打开"02.ai"文件。使用选择工具 ，将其拖曳到当前图层。并适当缩放其大小，将其放置于画面中的合适位置。

步骤33 单击文字工具 T ，输入文字，在菜单栏中设置参数，单击"字符"选项，选择所需的字体，设置颜色为白色。

步骤34 单击文字工具 T ，输入文字，在菜单栏中设置参数，单击"字符"选项，选择所需的字体，设置颜色为绿色，"描边"为黄绿色，粗细为2pt 。

步骤35 单击矩形工具 ，沿画面背景绘制一个任意颜色的矩形。全选所有图层，单击鼠标右键，在弹出的菜单中选择"建立剪切蒙版"命令，以隐藏边缘多余的图形。

4.4 │ 操作答疑

　　本章采取理论与实际应用相结合的方式，用通俗易懂的语言，详细讲解了如何利用图层的各种功能实现图形和图像的处理，从而进一步创作出具有完整性的平面设计作品。使读者在掌握软件的各种操作方法和技巧之后，能够在将来的实际工作中，灵活运用软件中的不同功能创作设计作品。

4.4.1　专家答疑

　　（1）在Illustrator CS6中 对齐对象的作用是什么？

　　答：打开"对齐"面板和"控制"面板中的对齐选项可沿指定的轴对齐或分布所选对象。可以使用对象边缘或锚点作为参考点，并且可以对齐所选对象、画板或关键对象。关键对象指的是选择的多个对象中的某个特定对象。当选定对象时，"控制"面板中的对齐选项可见。如果未显示这些选项，请从"控制"面板菜单中选择"对齐"。 默认情况下，Illustrator 会根据对象路径计算对象的对齐和分布情况。不过，当处理具有不同描边粗细的对象时，可以改为使用描边边缘来计算对象的对齐和分布情况。若要执行此操作，请从"对齐"面板中选择"使用预览边界"。

　　（2）在Illustrator CS6中图层的作用是什么？

　　答：在制作一个非常复杂的图形的时候，可以需要将不同种类的对象（参考线、文字、插图、背景……）划分到不同的图层当中去，如果需要编辑其中的一种，可以方便地将无用的部分关闭，使其不干扰当前的操作。图层还有另外一种作用就是分页，如果制作一个多页刊物，可以将不同的页数作到不同的图层当中去，以免相互干扰。而且结合图层复制、原位粘贴等功能，可以同时对多个页面中的对象同时进行操作。

　　（3）AI的剪贴蒙版有哪些不同形式？

　　答：图层剪贴蒙版在图层面板的功能按钮里的作用是盖住所有容器范围以外的图案，让它看不见，这种蒙版用得比较少。自定义色板，AI的自定义功能很强大，把图案拖进色板里，就成了一种"颜色"，可以直接对图形附加这个"颜色"，其实这是剪贴蒙版的另一种形式，图案可自动拼接，还可以在移动、旋转、缩放菜单窗口里选择图形图案一起变化，且是分别变化。

　　另一类剪贴蒙版是利用透明度蒙版来完成的，也没有直接剪贴蒙版的那种缺点，先将图形也就是"容器"按Ctrl+X快捷键剪下来，然后选中图案，进入透明度面板，双击其中的图示，建立透明度蒙版，确保在操作蒙版的状态下，按Ctrl+F快捷键将容器复制进来，颜色换成白色，就可以实现剪贴蒙版的效果。

原始两个路径

创建剪贴蒙版后

创建不透明蒙版后

4.4.2　操作习题

1. 选择题

　　（1）如果选择了多个对象，想取消其中某个或某些对象的选择，直接去单击它们是不行的，仍然需要同时按住（　　）键，被单击的对象会被取消选择。

　　A.Ctrl　　　　　　　　B.Alt　　　　　　　　C.Shift

（2）直接选择工具 的快捷键为（　　　）。用它在节点的位置上单击，就选择了这个节点。如果这个节点是曲线型、圆滑型或复合型的，被选中时将同时出现它的手柄，可以用直接选择工具调整手柄。

　　A．A　　　　　　B．Z　　　　　　C．X

（3）选择图层，单击"图层"面板右上角的扩展菜单按钮 ，在弹出的菜单中选择"粘贴时记住图层"命令，按快捷键（　　　）即可在当前的图层上粘贴对象。

　　A．Ctrl+C+V　　　　B．Ctrl+D　　　　C Ctrl+C+F

2. 填空题

（1）不透明蒙版可创建类似于剪贴蒙版的遮罩效果。也可以创建透明和渐变透明的蒙版遮罩效果。该类型蒙版的原理是蒙版的黑色区域为透明区域，白色区域为显示对象区域，灰色区域为不同透明度的区域。不透明蒙版可结合＿＿＿＿＿＿进行设置，也可结合使用"渐变"面板进行设置。

（2）＿＿＿＿＿＿用于排列所绘制图形的各个对象。可在该面板中查询对象状态，也可对对象及相应的图层进行编辑，如锁定、隐藏和排序等。

（3）过多的图层将会占用大量的内存资源，所以在确定图形位置、相互间的层次关系无误后，可以将图层合并。在"图层"面板上按住＿＿＿＿＿＿键选择需要合并的图层，单击扩展按钮 ，可在弹出的菜单中选择"合并所选图层"选项，合并图层。

（4）用辅助线对齐对象可以按快捷键＿＿＿＿＿＿，界面上会显示X轴和Y轴的标尺，拉出辅助线，将要对其的对象使用选择工具 将其拖动到辅助线上，会显示对齐的亮条，以对齐对象。

3. 操作题

创建剪切蒙版。

（1）打开一张图形文件。

（2）使用钢笔工具 ，绘制一棵圣诞树图形。

（3）使用选择工具 ，框选所有对象，单击鼠标右键，在弹出的菜单中选择"建立剪切蒙版"命令。创建剪切蒙版。

步骤1

步骤2

步骤3

第5章

颜色填充与描边

本章重点：

    本章主要学习用填色工具填充对象的颜色，可通过不同填充形式填充对象，并获取颜色丰富、层次清晰的颜色效果。例如，使用渐变工具填充对象渐变颜色；使用网格工具对对象局部进行填色；使用吸管工具快速取样并填充颜色；使用实时上色工具创建上色组以便编辑和管理等。通过使用不同方式调整颜色，可更加便捷地进行操作和管理。

学习目的：

    掌握填充路径颜色的方法，掌握路径描边的方法，认识路径填充的应用形式，了解与路径相关的填充效果，了解填充图案效果和编辑描边的方法。

参考时间：32分钟

主要知识	学习时间
5.1　填充纯色	4分钟
5.2　填充渐变色	5分钟
5.3　利用网格填充	7分钟
5.4　认识实时上色工具	8分钟
5.5　填充图案效果	5分钟
5.6　编辑描边	3分钟

5.1 填充颜色

通过使用 Illustrator 中的各种工具、面板和对话框为图稿填充颜色。如何选择颜色取决于图稿的要求。例如，如果希望使用公司认可的特定颜色，则可以从公司认可的色板库中选择颜色；如果希望颜色与其他图稿中的颜色匹配，则可以使用吸管或拾色器拾取颜色或输入准确的颜色值。

5.1.1 "颜色"控制面板填充颜色

"颜色"控制面板提供了色谱、各个颜色值滑块（如青色滑块）和颜色值文本框。可以利用"颜色"面板来指定填充颜色和描边颜色。从"颜色"面板菜单中，可以创建当前填充颜色或描边颜色的反色和补色，并利用选定颜色创建一个色板。

"颜色"控制面板

| 使用矩形工具 绘制矩形 | 使用吸管工具 在"颜色"控制面板吸取颜色 | 填充颜色的矩形 |

🌐 **知识链接：**

颜色参考面板可提供一些颜色协调规则，以便从中选择相应的规则，使用选择的基色创建颜色组。可以使用淡色和暗色、暖色和冷色或亮色和柔色创建各种颜色变化。

5.1.2 "色板"控制面板填充颜色

"色板"控制面板包含色板面板和色板库面板，提供不同的颜色和颜色组。可以从现有的色板和库中选择颜色，也可以创建自己的颜色，还可以将自定义的颜色导入库。

❶**色板库面板**：包含不同的颜色可以从现有的库中选择颜色，也可以创建自己的颜色，还可以将自定义的颜色导入库。

❷**灰度**：显示颜色的灰度变化，可选择不同的灰度设置颜色。

❸**明度**：显示颜色的明度变化，可选择不同的明度设置颜色。

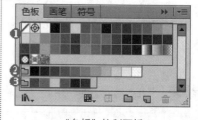

"色板"控制面板

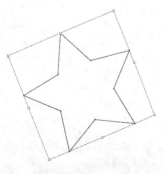
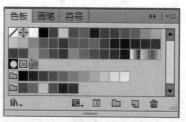

| 使用星形工具 绘制星形 | 使用选择工具 在选择色板上的颜色 | 填充颜色的星形 |

5.1.3 使用颜色工具填充颜色

使用颜色工具填充颜色，一是单色填充，二是渐变填充。单色填充可使用吸管工具 把对象的填充和边线属性复制到工具箱的"填充|笔触"中，吸管工具 的快捷键为I。使用油漆桶工具 可以将所设定的颜色属性填充到对象上，油漆桶工具的快捷键为K。

5.1.4 实战：使用颜色工具为图像填充颜色

光盘路径：第5章\Complete\使用颜色工具为图像填充颜色.ai

步骤1 执行"文件｜新建"命令，在弹出的对话框中设置各项参数，设置完成后单击"确定"按钮，新建一个图形文件。	步骤2 单击矩形工具 ，在画面中绘制矩形。	步骤3 打开"色板"控制面板，使用选择工具 ，选择色板上的颜色为矩形填充颜色。

步骤4 单击钢笔工具 ，绘制猫头鹰的身体，使用油漆桶工具 设置颜色为深绿色，并为其填充颜色。	步骤5 使用相同方法，绘制猫头鹰身体的其他部分，并填充颜色。	步骤6 打开"使用颜色工具为图像填充颜色.ai"文件。将其拖曳到当前文件中来，放置于画面合适的位置。
	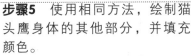	
步骤7 按快捷键Ctrl+C+F，原位复制并粘贴路径，结合剪切蒙版，制作出猫头鹰的羽毛。	步骤8 单击椭圆工具 ，按住Shift键绘制出正圆，打开"颜色"控制面板，使用吸管工具 填色，按快捷键Ctrl+C+F原位复制并粘贴路径，按住Shift +Alt键将其等比例缩放，继续使用吸管工具 填色，绘制出眼睛。	步骤9 选择眼睛的所有图层，按快捷键Ctrl+G合并图层，按快捷键Ctrl+C+F原位复制并粘贴路径，使用选择工具 ，制作出另一只眼睛。
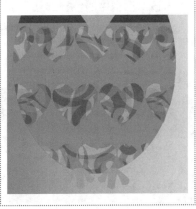		

专家看板：颜色工具与"拾色器"对话框

要设置图形的填充颜色，可通过工具箱底端的填色和描边缩览图选项进行设置。双击填色缩览图或描边缩览图选项。可在弹出的"拾色器"对话框中设置相应的颜色。选择填色缩览图，将以当前填色创建图形；选择描边色缩览图，则以当前描边色创建图形。

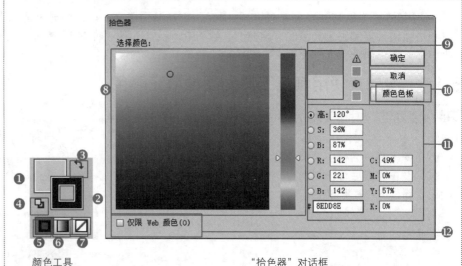

颜色工具　　　　　　　　　　　"拾色器"对话框

❶ **"填色"选项**：双击并在弹出的"拾色器"对话框中设置颜色路径内部的填充颜色。

❷ **"描边"选项**：双击并在弹出的"拾色器"对话框中设置颜色路径内部的描边颜色。

❸ **"互换填色和描边"按钮**：将填充色与描边色的设置效果进行互换。

❹ **"默认填色和描边"按钮**：单击该按钮可恢复填色和描边色的默认设置，即黑白颜色设置。

❺ **"颜色"按钮**：将填色或描边色应用到对象。

❻ **"渐变"按钮**：将渐变色或描边色应用到对象。

绘制圆角矩形　　　　　　　设置渐变色　　　　　　　应用到对象

❼ **"无"按钮**：单击该按钮将取消填色或描边色，从而无填充效果。

❽ **色相条和颜色选取器**：通过在色相条中单击或拖动滑块，可选择指定的色相；在颜色选取器中单击或拖动，可选择指定色相中不同色调的颜色。

❾ **新旧颜色对比**：可预览当前选择的颜色与之前选择颜色的对比状态。位于上端的缩览图为当前选择的颜色，位于下端的缩览图为之前选择的颜色。

❿ **"颜色色板"按钮**：单击该按钮可切换至"颜色色板"对话框。单击该对话框中的色板选项可选择颜色，拖动颜色滑块可切换颜色。

⓫ **颜色通道**：可在对应的颜色通道文本框中输入数值以设置当前颜色。

⓬ **"仅限web 颜色"复选框**：选择该复选框后，将仅限web 颜色。

🐦 **提示：关于拾色器**

在Illustrator拾色器中，可以基于 HSB（色相、饱和度、亮度）、RGB（红色、绿色、蓝色）颜色模型选择颜色，或者根据颜色的十六进制值来指定颜色。在Illustrator中，还可以基于 Lab 颜色模型选择颜色，并基于 CMYK（青色、洋红、黄色、黑色）颜色模型指定颜色。可以将Illustrator 拾色器设置为只从 Web 安全色或几个自定颜色系统中选取。Illustrator拾色器中的色域可显示 HSB 颜色模式、RGB 颜色模式和Lab 颜色模式中的颜色分量。

5.2 | 填充渐变色

渐变填充是为所选图形填充两种或多种颜色，并且使各种颜色之间产生逐渐过渡的效果。在为对象进行渐变填充时，可使用工具箱中的渐变工具 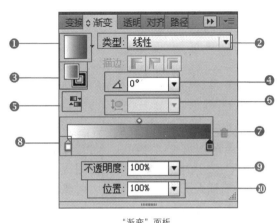，或通过渐变调板填充直线渐变、径向渐变。灵活地运用渐变效果，可以方便快捷地表现出空间感及物体的体积感，使作品的效果更加丰富。

5.2.1 使用工具填充渐变（讲解渐变面板）

渐变工具用于对一个或多个封闭图形进行填充，设置渐变的方向是单一的，只能对封闭图形填充，不能设置轮廓线。"渐变"面板和工具填充渐变可结合使用。

执行"窗口|渐变"命令，可打开"渐变"面板。在该面板中可设置对象不同的渐变颜色类型，并可设置颜色渐变的角度、长宽比和不透明度效果等属性。

"渐变"面板

❶ **"渐变填色"选项**：可预览当前选择的渐变颜色，默认为黑白颜色状态。单击右边的下拉按钮，可在弹出的选取器中选择预设的渐变颜色。

❷ **"类型"选项**：单击右边的下拉按钮，可在弹出的选项中选择"线性"或"径向"渐变类型。

❸ **"颜色/描边"选项**：设置填充色与描边色的颜色效果。

❹ **"反向渐变"按钮** ：单击该按钮可翻转当前渐变颜色的方向。

❺ **"角度"文本框**：用于设置渐变颜色的角度。

❻ **"长宽比"文本框**：用于设置渐变颜色的长宽比。

❼**渐变滑块**：拖动渐变滑块可调整渐变颜色的过渡效果。双击渐变滑块可弹出颜色选取器；单击颜色条下方的空白处可添加新的渐变滑块。

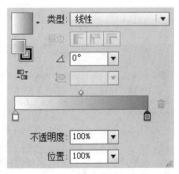

双色渐变滑块

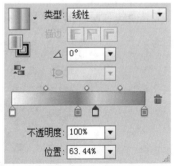

添加更多的渐变滑块

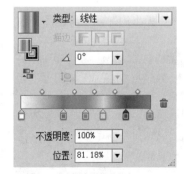

改变渐变滑块的颜色

❽ **"删除色标"按钮** ：选择一个渐变滑块并单击该按钮可将其删除。

❾ **"不透明度"文本框**：用于设置渐变颜色的不透明度。

❿ **"位置"文本框**：用于设置渐变颜色的位置。

5.2.2 实战：制作水晶播放器

🔵 光盘路径：第5章\Complete\制作水晶播放器.ai

步骤1 执行"文件|新建"命令，在弹出的对话框中设置各项参数，设置完成后单击"确定"按钮，新建一个图形文件。

步骤2 单击矩形工具 ▢，在画面中绘制矩形。

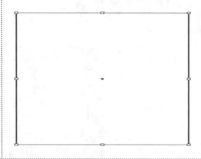

步骤3 打开"渐变"面板，从左到右设置渐变色为白色到橘黄（C15、M50、Y92、K0）的线性渐变填充颜色。

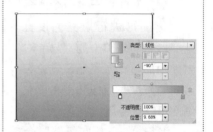

步骤4 使用相同方法，从左到右设置渐变色为白色到橘黄（C15、M78、Y93、K0）的线性渐变填充颜色。单击椭圆工具 ◕，绘制椭圆于矩形上。

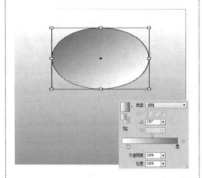

步骤5 继续使用相同方法，选择椭圆，按快捷键Ctrl+C+F原位复制并粘贴路径，按住Shift +Alt键将其等比例缩放。

步骤6 继续使用相同方法，设置不同渐变颜色，并使用钢笔工具 ✎和椭圆工具 ◕，绘制水晶播放器。

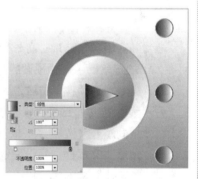

5.2.3 渐变填充的类型

执行"窗口|渐变"命令，可打开"渐变"面板。在该面板中设置渐变的类型，单击扩展菜单按钮 ▤，在弹出的选项中可选择"线性"或"径向"两种渐变类型。

应用填色效果

应用"线性"渐变效果

应用"径向"渐变效果

5.2.4 使用渐变库填充渐变

使用渐变库填充渐变，渐变库提供了不同的渐变颜色。可以从现有的库中选择颜色，也可以创建自己的颜色，并将其导入渐变库。

5.3 | 利用网格填充

网格工具▣用于为对象任意添加网格，并可对网格中的锚点进行任意变形。使用网格工具添加对象网格后，将根据对象的形态应用网格线的效果，还可根据需要选择网格的指定区域并填充颜色，以获取自然的填充效果。下面讲解利用网格填充的网格工具▣，建立网格和编辑渐变网格。

5.3.1　网格工具

网格工具▣可为填充了单纯色的对象添加网格，并可对网格中的锚点进行变换编辑，也可对指定的区域进行颜色填充。

5.3.2　建立网格

使用网格工具▣在填充了单纯色的对象上单击可添加网格，单击一次所添加的网格包括水平轴、垂直轴以及它们相交的锚点；选择锚点并拖动可编辑网格的形态；还可指定该点的颜色应用。通过拖动填充了颜色的锚点，可改变该区域的颜色效果。

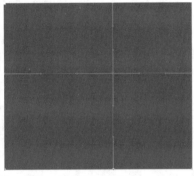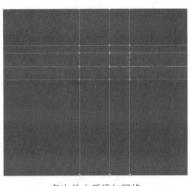

原图　　　　　　　　　　单击以添加网格　　　　　　　　多次单击后添加网格

5.3.3　编辑渐变网格

在绘制好填充了单纯色的对象后，执行"对象 | 创建渐变网格"命令，在弹出的对话框中设置"行数"和"列数"，单击"确定"按钮，这样就将矩形转变为一个最简单的渐变网格，在此基础上可以添加更多的细节，创建各种各样的渐变效果。

5.3.4　实战：绘制梦幻四叶草

💿 光盘路径：第5章\Complete\绘制梦幻四叶草.ai

步骤1　打开"绘制梦幻四叶草.ai"文件。

步骤2　使用网格工具▣，添加锚点。

步骤3　设置锚点颜色为黄色，绘制梦幻四叶草效果。

5.3.5 实战：制作立体图标效果

🌐 **光盘路径：** 第5章\Complete\制作立体图标效果.ai

步骤1 执行"文件 | 新建"命令，在弹出的对话框中设置各项参数，设置完成后单击"确定"按钮，新建一个图形文件。

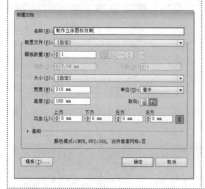

步骤2 单击椭圆工具 ，打开"渐变"面板，从左到右设置渐变色为淡黄色（C4、M0、Y28、K0）到粉红色（C0、M53、Y29、K0）的线性渐变填充颜色。

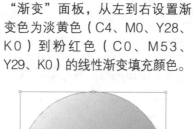

步骤3 按快捷键Ctrl+C+F原位复制并粘贴路径，按住Shift +Alt键将其等比例缩放，设置不同的渐变角度。

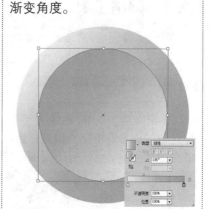

步骤4 使用相同方法，设置不同的角度方向。

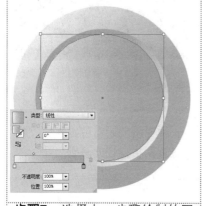

步骤5 继续使用相同方法，设置不同的角度方向。绘制图标的立体效果。

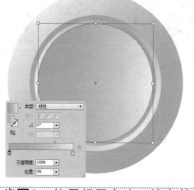

步骤6 继续绘制圆形，并填充单一颜色，使用网格工具 ，制作内部立体效果。

步骤7 选择上一步骤绘制的圆形，按快捷键Ctrl+C+F原位复制并粘贴路径，按住Shift +Alt键将其等比例缩放，填充单一的淡黄色。

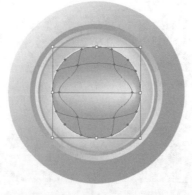

步骤8 使用相同方法，填充单一颜色，使用网格工具 ，制作内部立体效果。

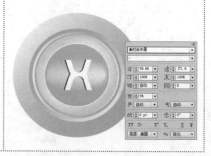

步骤9 单击文字工具 T ，输入文字，在菜单栏中设置参数，单击"字符"选项，选择所需的字体，设置其颜色为黑色。按快捷键Ctrl+C+F原位复制并粘贴路径，设置其颜色为白色。

专家看板：网格锚点的创建与删除

网格锚点的创建使用网格工具 🔲 在填充了单纯色的对象上单击可添加网格，单击一次添加的网格包括水平轴、垂直轴以及它们相交的锚点；选择锚点并拖动可编辑网格的形态；还可指定该点的颜色应用。通过拖动填充了颜色的锚点，可改变该区域的颜色效果。

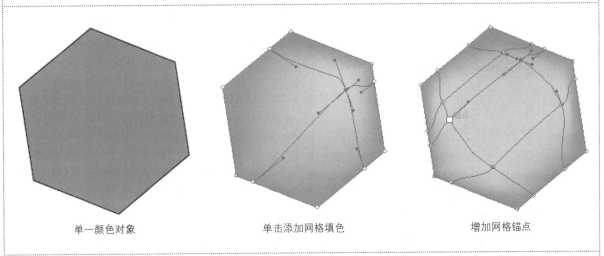

单一颜色对象　　　　　　单击添加网格填色　　　　　　增加网格锚点

网格锚点的删除。在对对象添加了网格锚点后，若想对锚点进行增减或删除网格锚点，可使用网格工具 🔲，选择需要删除的锚点，然后按Delete键便可删除网格锚点。

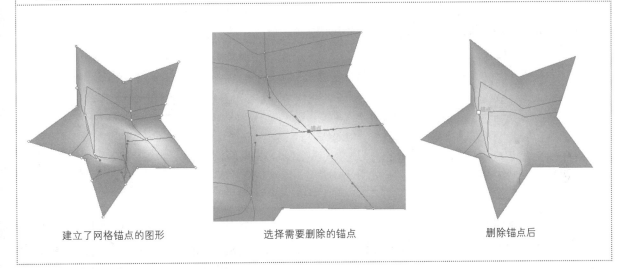

建立了网格锚点的图形　　　　选择需要删除的锚点　　　　删除锚点后

5.4 | 认识实时上色工具

使用实时上色工具 🖌 功能时，上色的地方应是封闭的路径，选中需要上色的对象，然后进行实时上色，按快捷键Ctrl+Alt+X，再选择一个颜色，用工具箱里的实时上色工具填色即可。选中所有对象，执行"对象|实时上色"命令然后再上色。

5.4.1 实时上色工具

实时上色工具 🖌 可以对矢量图形进行快速、准确、便捷、直观地上色，即是实时上色。如果需要对图形进行实时上色，首先需要将此图形创建为一个实时上色组。在实时上色组中，图形与图形相交叠的区域，可以为其填充色彩、图案或者渐变，使对矢量图形色彩的编辑更加便捷。

专家看板："实时上色工具选项"对话框

使用实时上色工具，可以用当前填充和描边属性为实时上色组的表面和边缘上色。工具指针显示为一种或三种颜色方块，表示选定填充或描边的颜色；如果使用色板库中的颜色，则还表示库中所选颜色的两种相邻颜色。通过按向左或向右箭头键，可以访问相邻的颜色以及这些颜色旁边的颜色。双击实时上色工具，将弹出"实时上色工具选项"对话框，在对话框中设置属性后单击"确定"按钮完成设置。

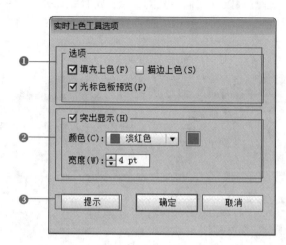

"实时上色工具选项"对话框

❶ **"选项"选项**：包含"填充上色"、"描边上色"和"光标预览选项"3个复选框，勾选其中选项将在画面中呈现与选项相应的状态。

❷ **"突出显示"选项**：包含"颜色"和"宽度"选项，勾选该选项后单击颜色下拉列表选择需要突出显示的颜色，将会突出显示该颜色；"宽度"选项用于设置突出显示的宽度。

❸ **"提示"按钮**：单击该按钮弹出提示，帮助完成操作。

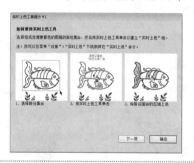
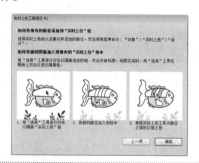

5.4.2 创建实时上色组

创建实时上色组应先全选对象，将其取消编组，并执行"对象丨实时上色丨建立"命令，再执行"对象丨实时上色丨释放"命令。按住Shift键使用选择工具，执行"对象丨实时上色丨建立"命令，创建实时上色组，选择要设置的颜色，使用实时上色工具上色。

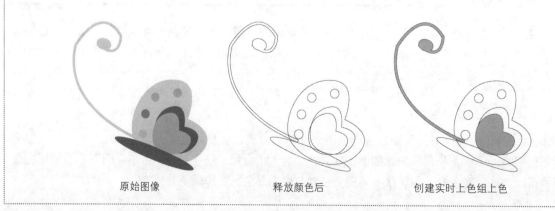

原始图像　　　　　　　　　释放颜色后　　　　　　　　创建实时上色组上色

专家看板:"重新着色图稿"对话框

在选定了图稿的情况下,当通过单击"控制"面板、"色板"面板或"颜色参考"面板中的"编辑或应用颜色"图标❂访问此对话框时,或在选择"编辑 | 编辑颜色 | 重新着色图稿"命令时,将打开"重新着色图稿"对话框,可以在其中访问"指定"选项卡和"编辑"选项卡。在未选定图稿的情况下,通过单击"控制"面板、"色板"面板或"颜色参考"面板中的"编辑或应用颜色"图标❂访问此对话框时,将打开"编辑颜色"对话框,此时只能在其中访问"编辑"选项卡。无论对话框顶部出现的是哪个名称,它的右侧总是显示当前文档的颜色组,以及两个默认颜色组:"印刷色"和"灰度"。可以随时选择和使用这些颜色组。

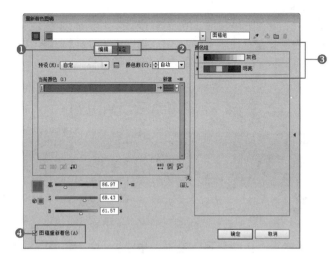

"重新着色图稿"对话框

❶**"编辑"选项卡**:使用"编辑"选项卡创建新颜色组或编辑现有颜色组。使用"协调规则"菜单和色轮对颜色协调进行试验。色轮将显示颜色在颜色协调中是如何关联的,同时颜色条可让您查看和处理各个颜色值。此外,可以调整亮度、添加和删除颜色、存储颜色组以及预览选定图稿上的颜色。

❷**"指定"选项卡**:使用"指定"选项卡可以查看和控制颜色组中的颜色如何替换图稿中的原始颜色。只有在文档中选定图稿的情况下,才能指定颜色。可以指定用哪些新颜色来替换当前颜色、是否保留专色以及如何替换颜色。使用"指定"可以控制如何使用当前颜色组对图稿重新着色或减少当前图稿中的颜色数目。

原图

"重新着色图稿"对话框

重新着色后的图

❸**"颜色组"列表**:为打开的文档列出所有存储的颜色组(这些相同的颜色组将在"色板"面板中显示)。当处于此对话框中时,可以使用"颜色组"列表编辑、删除和创建新的颜色组。所做的所有更改将会反映在"色板"面板中。选定的颜色组会指示当前编辑的颜色组。可以选择并编辑任何颜色组或使用它对选定图稿重新着色。存储某个颜色组 会将该颜色组添加到此列表。

❹**"图稿重新着色"选项**:通过对话框底部的"重新着色图稿"选项,可以预览选定图稿上的颜色,并指定在关闭此对话框时是否对图稿重新着色。

📝 **提示:**

若要显示或隐藏"颜色组"列表,请单击"编辑颜色"|"重新着色图稿"对话框右侧的"隐藏颜色组存储区"图标。若要重新显示列表,请再次单击此图标。

5.4.3 实战：使用实时上色选择工具为图像着色

💿 光盘路径：第5章\Complete\使用实时上色选择工具为图像着色.ai

步骤1 打开"使用实时上色选择工具为图像着色.ai"文件。

步骤2 全选对象，将其取消编组，并执行"对象丨实时上色丨建立"命令。

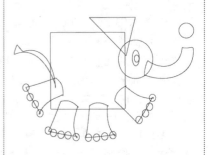

步骤3 再执行"对象丨实时上色丨释放"命令。去掉图形的颜色。

步骤4 双击填色拾色器，设置图形颜色为玫红色（C27 M88 Y0 K0）。

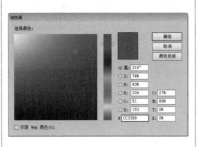

步骤5 单击实时上色工具，选择将要着色的一部分图形。

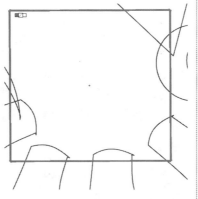

步骤6 使用实时上色工具为图形填色。

步骤7 使用相同方法，为图形部分填色。

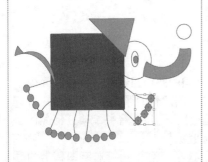

步骤8 使用相同方法，为图形部分填色。

步骤9 使用相同方法，为图形部分填色。

提示：

在Illustrator中，有一种可以对矢量图形进行快速、准确、便捷、直观的上色的方法，那就是实时上色。当线条群被实时上色以后，它会群组成一个上色组，如果想后期继续添加线条并上色，可以双击鼠标进入该群，然后再添加线条，再退出群组编辑状态，可多次使用实时上色工具。

5.5 填充图案效果

应用对象的图案填充效果，可通过执行"窗口丨色板库丨图案"命令并载入预设图案或自定义图案，再将图案应用到对象填色或描边即可。下面介绍图案填充，如何创建图案填充、图案库类型和定义图案。

5.5.1 图案填充

应用图案填充功能可填充不同样式的图案。包括图形图案、自然图案和装饰图案。应先载入图案，执行"窗口丨色板库丨图案"命令，在弹出的子菜单中选择相应的命令，以打开对应的图案面板。通过单击图案面板左下角的"色板库"菜单按钮，在弹出的子菜单中选择相应的命令以切换至对应的图案面板，进行图案填充。

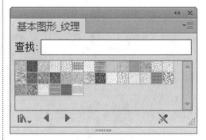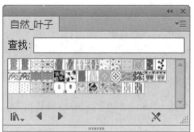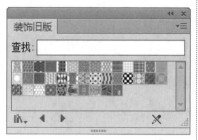

"基本图形_纹理"面板　　　　　"自然_叶子"面板　　　　　"装饰旧版"面板

5.5.2 创建图案填充

Illustrator CS6中的图案会让你的复杂的设计工作变得更加轻松，并且所得到的结果也是非常棒的。打开图像文件后单击选择工具，选择需要填充图案的图形。执行"窗口丨色板库丨图案丨"命令，打开所需的图案面板，选择所需的图案样式，创建图案填充。

5.5.3 实战：填充图像个性图案

🔵 光盘路径：第5章\Complete\填充图像个性图案.ai

步骤1　打开"填充图像个性图案.ai"图像文件。	步骤2　单击选择工具，选择需要填充图案的图形。执行"窗口丨色板库丨图案丨自然丨叶子"命令。	步骤3　单击打开的"自然丨叶子"面板中的"三色堇颜色"图案，填充图像个性图案。

5.5.4 图案库类型

在图案库中包括不同类型的色板，它们都具有强烈的个性色彩，可应用这些色板对对象进行填色。例如"公司"、"中性"、"艺术史"、"食品"等风格，都根据其各自的个性列举了相应的颜色。

专家看板："图案选项"面板

全新的"图案选项"面板应当是CS6最有代表性的增强之一了。AI CS6为图案新增了一个面板来配置，可以轻松建立"四方一连添补"。在"色板"中双击一个图案就可以打开"图案选项"面板，经由它可以快速建立出无缝拼贴的结果，另有充实的参数可以设置。

❶**"图案拼贴工具"按钮**：单击该按钮后，可在图像上拖动矩形框改变图案之间的间隔。

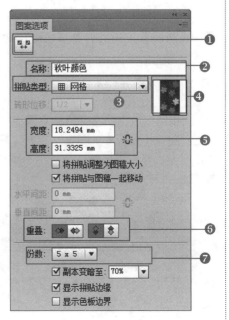

"图案选项"面板

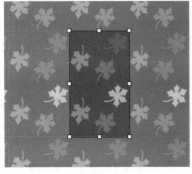

单击"图案拼贴工具"选项后

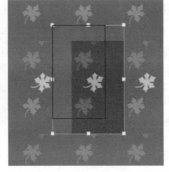

拖动矩形框改变图案之间的间隔

❷**"名称"选项**：双击该选项可以设置图案的名称。

❸**"拼贴类型"选项**：单击其右侧下拉列表可设置图案的拼贴类型。

"网格"拼贴类型

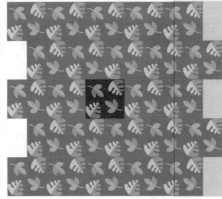

"砖形（按行）"拼贴类型

"十六进制（按列）"拼贴类型

❹**"色板预览"**：可以预览图案在图像上的整体效果。

❺**"宽度"和"高度"选项**：双击该选项可以设置图案的"宽度"和"高度"。

❻**"重叠"对话框**：可选择设置图案的重叠样式。

❼**"份数"选项**：单击其右侧下拉菜单可设置图案的拼贴份数。

5.5.5 定义图案

在 Illustrator CS6中，有很多各种类型的默认库，比如，颜色和渐变色板库、符号库、画笔库、图形样式库。当然也有图案库，有简单的圆点到复杂的鳄鱼皮。执行"窗口菜单 | 色板库 | 图案"命令，选择需要调用的库，或导入其他的图案库，例如，从网上下载导入，执行"窗口菜单 | 色板库 | 其他库"命令，选择保存在硬盘上的文件名（扩展名.ai）。通常，使用其他库里的色板时，该色板就会自动显示于色板调板中。若只想显示色板调板里的图案色板，则在色板调板中，单击最底部的"显示图案色板"图标即可。

5.6 | 编辑描边

编辑描边是指为对象轮廓路径进行描边颜色的设置。对象的描边属性由设置描边粗细、设置描边颜色和设置描边样式三部分构成。

5.6.1 "描边"属性栏

使用增强的"描边"属性栏可以指定线条是实线还是虚线、虚线顺序及其他虚线调整、描边粗细、描边对齐方式、斜接限制、箭头、宽度配置文件和线条连接的样式及线条端点。

"描边"属性栏

❶颜色：单击右侧下拉列表可设置描边颜色。
❷粗细：单击右侧下拉列表可设置描边粗细。
❸样式：单击右侧下拉列表可设置描边样式。
❹不透明度：单击右侧下拉列表可设置描边不透明度。

5.6.2 实战：制作个性复古相框

🔘 光盘路径：第4章\Complete\制作个性复古相框.ai

步骤1 执行"文件 | 新建"命令，在弹出的对话框中设置各项参数，设置完成后单击"确定"按钮，新建一个图形文件。

步骤2 单击矩形工具（▢），设置"填色"为灰色、"描边"样式为"高卷式发型"图案，粗细为8pt。

步骤3 按快捷键Ctrl+C+F原位复制并粘贴路径，按住Shift +Alt键将其等比例缩放。

步骤4 更改设置"填色"为白色、"描边"粗细为6pt。

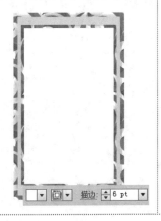

步骤5 再次按快捷键Ctrl+C+F原位复制并粘贴路径，按住Shift +Alt键将其等比例缩放。

步骤6 更改设置"填色"为"自然—叶子"面板中的"雏菊颜色"图案，"描边"粗细为4pt，制作个性复古相框。

专家看板：认识"描边"面板

要设置描边的属性，可在路径栏中对路径轮廓宽度和笔画样式等进行设置，也可在"描边"面板中设置描边画笔的端点样式、连接样式、斜接限制和虚线图案等属性。执行"窗口|描边"命令，打开"描边"面板。

❶ **"粗细"选项**：单击其右侧下拉列表设置宽度值，或直接输入宽度值，可调整路径描边的粗细。

应用描边粗细

"描边"面板中设置参数

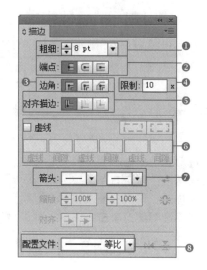
"描边"面板

❷ **"端点"选项**：用于设置描边端点的样式，包括平头端点、圆头端点和方头端点。

❸ **"边角"选项**：用于设置描边路径的连接角状态，包括斜接链接、圆角链接、斜角链接。

❹ **"限制"选项**：用于设置斜接超过指定数值时扩展倍数的描边粗细。

❺ **"对其描边"选项**：用于设置描边如何与路径对齐，可以在路径上、路径内部或外部进行居中。

❻ **"虚线"复选框及选项**：选择该复选框后激活相关选项，可为最多3种虚线和间隔长度输入不同的值，以调整路径不同的虚线描边效果。

❼ **"箭头"选项**：用于设置路径两端端点的箭头。

❽ **"配置文件"选项**：用于设置路径的变量宽度和翻转方向。

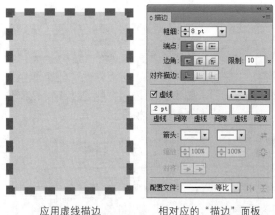
应用虚线描边

相对应的"描边"面板

应用变量宽度描边

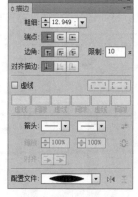
相对应的"描边"面板

提示：

设置描边颜色时，双击工具箱中的颜色设置选项的"描边"缩览图，可在弹出的"拾色器"对话框中设置描边颜色。

5.7 | 操作答疑

在Illustrator CS6中，颜色填充与描边在绘制图形的过程中非常重要，在前面了解了颜色填充与描边，下面将对一些知识难点进行解答并进行操作练习。

5.7.1 专家答疑

（1）在Illustrator CS6中，怎样从网上下载导入其他图案库？

答：从网上下载、导入图案库，执行"窗口菜单 | 色板库 | 其他库"命令，选择保存在硬盘上的文件名（扩展名.ai）。通常，当你使用的是其他库里的色板时，该色板就会自动显示于色板调板里。若只想显示色板调板里的图案色板，则在色板调板中，单击最底部的"显示图案色板"图标即可。

（2）在Illustrator CS6中怎样使用工具填充渐变？

答：渐变工具用于对一个或多个封闭图形的填充，设置渐变的方向是单一的时，只能对封闭图形填充，不能设置轮廓线。"渐变"面板和工具填充渐变可结合使用。执行"窗口 | 渐变"命令，打开"渐变"面板。在该面板中可设置对象不同的渐变颜色类型，并可设置颜色渐变的角度、长宽比和不透明度效果等属性。

  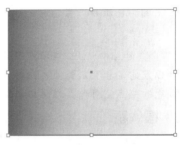

双色渐变滑块　　　　　　　　添加更多的渐变滑块　　　　　　　改变渐变滑块的颜色

（3）在Illustrator CS6中关于图案描边。

答：图案描边在Adobe Illustrator中是两种描边类型中的一个。如图案填充，可以利用外观调板，把图案描边和颜色描边组合起来。你也可以更改它的不透明度和混合模式。关于图案描边的变换，可以使用旋转、移动或者缩放工具，也可以变换图案、变换对象或者变换图案和对象。如果希望所有描边的效果是随对象同时缩放的，那么在变换调板的弹出菜单中选中"缩放描边和效果"即可。

描边的图形　　　　　　　　　　图案描边　　　　　　　　　　变换对象

5.7.2 操作习题

1. 选择题

（1）在对对象添加了网格锚点后，若想对其锚点进行增减或删除网格锚点，可使用网格工具 ，选择所需要删除的锚点，按键（　　　）便可删除网格锚点。

A. Ctrl　　　　　　　　B. Delete　　　　　　　C. Shift

（2）使用实时上色工具 功能时，上色的地方应是封闭的路径，选中需要上色的对象，然后进行实时上色，按快捷键（　　）即可。

A．ctrl+alt+x　　　　　B．ctrl+alt+z　　　　　C．ctrl+alt+d

（3）创建实时上色组须先全选对象，将其取消编组，并执行"对象｜实时上色｜建立"命令，再执行"对象｜实时上色｜释放"命令。按住（　　）键使用选择工具 ，执行"对象｜实时上色｜建立"命令。创建实时上色组，选择要设置的颜色，使用实时上色工具 上色。

A．Shift　　　　　　B．Ctrl　　　　　　C Alt

2．填空题

（1）使用_____，可以用当前填充和描边属性为实时上色组的表面和边缘上色。工具指针显示为一种或三种颜色方块，它们表示选定填充或描边颜色；如果使用色板库中的颜色，则还表示库中所选颜色的两种相邻颜色。通过按向左或向右箭头键，可以访问相邻的颜色以及这些颜色旁边的颜色。双击实时上色工具 ，将弹出"实时上色工具选项"对话框，在对话框中设置属性后单击"确定"按钮完成设置。

（2）应用图案填充，可填充对象不同样式的图案。包括图形图案、自然图案和装饰图案。应先载入图案，执行_____命令，在弹出的子菜单中选择相应的命令，以打开对应的图案面板。通过单击图案面板左下角的"色板库"菜单按钮 ，在弹出的子菜单中选择相应的命令以切换对应的图案面板，进行图案填充。

（3）使用_____在填充了单纯色的对象上单击可添加网格，单击一次所添加的网格包括水平轴、垂直轴以及它们相交的锚点；选择锚点并拖动可编辑网格的形态；还可指定该点的颜色应用。通过拖动填充了颜色的锚点，可改变该区域的颜色效果。

3．操作题

为图形重新上色。

　　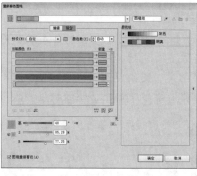　　

步骤1　　　　　　　　　　步骤2　　　　　　　　　　步骤3

（1）打开一张图案。

（2）全选图像，执行"编辑｜编辑颜色｜重新着色图稿"命令，为图像重新设置颜色。

（3）设置颜色后单击"确定"按钮，为图形重新上色。

第6章

基本外观

本章重点：

    本章针对图形的颜色应用进行讲解，通过设置图像的不透明度来表达整个画面效果，再对混合对象以及透视图进行详细地讲解，方便用户在编辑图形的时候，更好地掌握整个透视图的效果。

学习目的：

    作为学习软件的读者来说，只有了解调整对象的透明度和混合模式以及混合对象和透视图才可对图形的基本外观调整达到一定的标准，希望通过该章的学习，能帮助读者掌握Illustrator CS6的基本外观操作。

参考时间：30分钟

主要知识	学习时间
6.1　透明度和混合模式	10分钟
6.2　混合对象	10分钟
6.3　透视图	10分钟

6.1 透明度和混合模式

要为对象调整透明度效果，可直接在属性栏中进行调整，也可在"透明度"面板中进行调整。对象的填充、描边、画笔、文本、复合对象以及图层的透明度效果均可进行调整。

6.1.1 "透明度"面板

"透明度"面板不仅可用于调整对象单纯的透明度效果，还可用于为对象添加不透明蒙版效果，以及对象的颜色混合模式。选择"窗口 | 透明度"命令，可打开"透明度"面板。

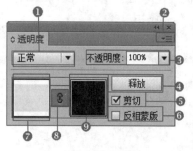

"透明度"面板

原图

设置透明度后的效果

❶**"混合模式"选项**：设置对象与下层对象的颜色混合效果，可在下拉列表框中选择正常、滤色、叠加、强光和色相等多种混合模式。

原图

混合模式变为"颜色加深"

混合模式变为"排除"

❷**扩展菜单按钮**：单击该按钮，可在弹出的菜单中选择相应的菜单命令，包括隐藏/显示缩览图、建立不透明蒙版和释放不透明蒙版等。

❸ **"不透明度"选项**：设置对象的颜色不透明度效果，数值越低，对象越透明。

❹ **"释放"按钮**：制作剪切效果。

❺ **"剪切"复选框**：将对象建立为当前对象的剪切蒙版。

❻ **"反相蒙版"复选框**：建立当前对象蒙版效果的反相蒙版。

❼**对象缩览图**：缩览当前所选对象的状态。

❽**"链接"按钮** ⌀：指示将不透明蒙版链接到图稿。

❾**不透明蒙版**：显示引用了不透明蒙版的对象蒙版状态。

6.1.2 "透明度"扩展菜单

打开"透明度"面板,在右边扩展菜单按钮 ▾≡ 可在弹出的子菜单中选择"隐藏缩览图"、"显示选项"、"建立不透明蒙版"、"页面隔离混合"等命令。

6.1.3 实战:半透明填充图形

💿 光盘路径:第6章 \Complete\半透明填充图形.ai

步骤1 执行"文件 | 新键"命令,在弹出的"新建文件档"对话框中设置文件名称为"半透明填充图形",并设置其他相关参数。完成后单击"确定"按钮,新建一个空白图像文件。

步骤2 单击星形工具 ☆,在画面中单击鼠标左键,在弹出的对话框中,设置好参数,按住鼠标左键拖出一个多边星形,然后使用直接选择工具 ▷,分别调整其尖角锚点,绘制花朵图形,并填充为黄色(C9、M16、Y85、K0)。

步骤3 使用选择工具 ▶ 选择黄色图形,分别按快捷键Ctrl+C+ F原位复制粘贴,然后选择上层花朵,按住快捷键Shift+ Alt缩小图形,填充颜色为黄色(C12、M0、Y82、K0)。

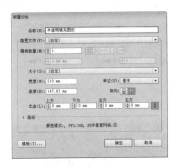
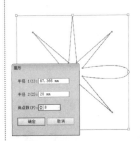

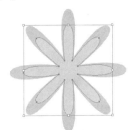

步骤4 继续使用星形工具 ☆,绘制一个星形并填充为橘黄色(C6、M20、Y81、K0)。然后选择橘黄色星形和黄色花朵,复制并原位粘贴,分别填充为橘红色(C1、M64、Y94、K0)和黄色(C14、M0、Y82、K0)。

步骤5 在"透明度"面板中,设置橘红色花朵图形的"不透明度"为50%,减淡其颜色的同时显示下方局部图形,然后使用椭圆工具 ◉ 在图形中心部分绘制一个椭圆,并填充为橘红色(C6、M20、Y81、K0)。

步骤6 选择所有绘制完的图形并复制,然后分别为复制的图形填充其他颜色,以制作出其他颜色效果的花朵图形。完成后分别将其群组,复制并缩小花朵图形,继续画更多的图案,以丰富画面效果。

6.1.4 加深型混合模式

加深型混合模式包含"变暗"、"正片叠底"、"颜色加深"、"线性加深"4种混合模式。其效果都是对图片进行重合或者增加图片效果,具有明显加深效果。

"变暗"模式将选择"基色"或"混合色"中较暗的颜色作为结果色。比混合色亮的像素被替换掉了,比混合色暗的颜色则保持不变。将下面的蜡烛图像和冰糖串图像进行混合。

基色

混合色

结果色

"变暗"混合模式

6.1.5 实战：制作图像艺术重叠效果

光盘路径：第6章\Complete\制作图像艺术重叠效果.ai

步骤1 执行"文件 | 打开"命令，打开本书配套光盘中的"第6章 \ Media\制作图像艺术重叠效果.jpg"文件。

步骤2 打开本书配套光盘中的"第6章\Media\制作图像艺术重叠效果2.jpg"图像文件。将图像拖至当前图像文件中，并调整图像大小和位置。

步骤3 执行"窗口 | 不透明"命令，在打开面板中，设置混合模式为"变暗"，将"不透明度"变为50%，以制作出艺术重叠的效果。

　　"正片叠底"模式是经常使用的加深型混合模式。在"正片叠底"模式中，通过查看每个通道的颜色信息，可将"基色"与"混合色"混合，而"结果色"总是较暗的颜色。任何颜色与黑色混合后只会产生黑色，与白色混合后则保持不变。

　　下面的动物图像的颜色为基色，需要将其和炫彩图像相混合，设置图层混合模式为"正片叠底"，整体加深图像效果，也可以适当降低图层的不透明度。

基色

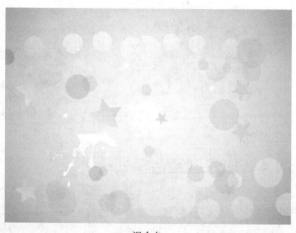
混合色

结果色　　　　　　　　　　　　　　　　　　降低混合色的不透明度

　　"颜色加深"模式是通过增加对比度使基色混合的图层功能，如果与白色混合，将不会产生变化。"颜色加深"模式具有不可预测性。

　　以下面的人物图像的颜色为基色，圣诞图案背景为混合色，混合模式为"颜色加深"，在混合的图像中，使图像更加突出。

基色　　　　　　　　混合色　　　　　　　结果色　　　　　　降低混合色的不透明度

6.1.6　减淡型混合模式

　　减淡型混合模式包括"变亮"、"滤色"、"颜色减淡"3种混合模式。与"加深"型混合模式相反，添加该类型的混合模式后，当前图像中的黑色将会消失，任何比黑色亮的区域都可能加亮底层图像。

　　（1）"变亮模式"与"变暗模式"的效果是相反的，它是将"基色"或"混合色"中较亮的颜色作为结果色，比混合色暗的像素被替换掉，比混合色亮的则保持不变。

　　以下面人物图像为基色，质地纹理图像为混合色，将两个图像"变亮"混合后，混合色中的亮度作用于基色上，使结果色变亮。

基色　　　　　　　　　　　混合色　　　　　　　　　　　结果色

（2）"滤色"模式与"正片叠底"模式效果相反，它将基色与混合色复合，结果色是较亮的颜色，任何颜色与白色复合产生白色，与黑色复合保持不变。

以下面的人物图像为基色，月色美景作为混合色，将这两个图像进行"滤色"混合，可以观察到，混合色中的黑色部分几乎全部被替换掉，只有白色部分存在于基色上。这种模式适合将图像颜色较深色的图像混合成较浅色的图像。

| 基色 | 混合色 | 结果色 |

（3）"颜色减淡"模式和"颜色加深"模式的效果是相反的。它是通过增加对比度使基色变亮，以反映混合色的。如果与黑色混合，将不会产生变化。

下面的动物添加了"颜色减淡"模式。

| 基色 | 混合色 | 结果色 |

6.1.7　实战：制作炫彩效果

光盘路径：第6章 \Complete\制作炫彩效果.ai

步骤1　执行"文件 | 打开"命令，打开本书配套光盘中的"第6章\Media\制作炫彩效果.jpg"文件。

步骤2　打开本书配套光盘中的"第6章\Media\制作炫彩效果2.jpg"图像文件，拖至图像中并调整大小和位置。

步骤3　执行"窗口 | 不透明"命令，在打开面板中，设置混合模式为"滤色"，制作出炫彩效果。

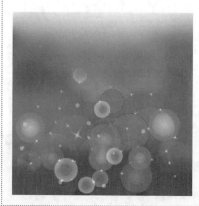

6.1.8 比较型混合模式

比较型混合模式包括"叠加"、"柔光"、"强光"3种混合模式。用于比较当前图像与底层图像，然后将相同的区域显示为黑色，不同的区域显示为灰色层次或彩色。

（1）"叠加"模式是经常使用的混合模式之一，是"正片叠底"和"滤色"的产物。"叠加"模式把图像的基色与混合色混合，产生一种中间色，比混合色颜色暗的颜色倍增，比"混合色"颜色亮度的颜色将被遮盖，而图像内的高亮部分和阴影部分则保持不变，"叠加"模式对黑白和白色不起作用。

以下面的人物图像为基色，炫彩气泡图像为混合色，将这两个图像进行"叠加"混合后，基色中深色部分被保留了些在结果色中，基色中浅色的部分被覆盖。

基色   混合色   结果色

（2）"柔光"模式会产生一种柔光照射的效果，如果混合色颜色比基色颜色更亮一些，则结果色更加亮；如果混合色的颜色比基色颜色的像素更暗一些，那么结果色颜色将更暗，使图像的亮度反差增大。

以下面的风景图像为基色，日落图像作为混合色，将这两个图像进行"柔光"模式混合后，混合色中的暗部使结果色更暗，混合色中的亮部使结果色更亮。

基色   混合色   结果色

6.1.9 实战：叠加图像纹理效果

🔵 光盘路径：第6章 \Complete\叠加图像纹理效果.ai

步骤1 执行"文件｜打开"命令，打开本书配套光盘中的"第6章 \Media \叠加图像纹理效果.jpg"文件。	**步骤2** 再次打开"叠加图像纹理效果2.jpg"文件。拖至图像中并调整大小和位置。	**步骤3** 执行"窗口｜不透明"命令，在打开面板中，设置混合模式为"叠加"，制作出叠加纹理效果。

（3）"强光"模式将产生一种强光照射的效果，如果混合色颜色比基色颜色更亮一些，则结果颜色将更亮；如果混合色的颜色比基色颜色的像素更暗一些，那么结果色则更暗。

以下面的古建筑图像为基色，日出图像作为混合色，将这两个图像进行"强光"模式混合后，由于混合色比基色更暗，所得到的结果色就更暗。

基色 混合色 结果色

6.1.10 异像型混合模式

异像型混合模式包括"差值"和"排除"两种混合模式。它将当前图层与底层图层混合，将相同的区域显示为黑色，不同的区域显示为黑色或彩色，它主要用于处理异像的图像中。

（1）"差值"模式，是从图像中基色的亮度值中减去混合色的亮度值，如果结果为负值，则取正值，产生相反的效果的模式。"差值"模式适用于模拟底片的效果，尤其可以用来在背景色中突出从一个区域到另一区域发生变化的图像中生成效果的情况。如果混合色为黑色，"差值"模式则不会有任何效果。

以下面的可爱小孩作为基色，海洋水图像作为混合色，将这两个图像进行"差值"模式混合，则结果色可模拟一种底片的效果。

基色 混合色 结果色

（2）"排除"模式与"差值"模式相似，但它具有高对比和低饱和度的特点，比用"差值"模式获得的颜色要更柔和、明亮一些。其中与白色混合将反转基色值，而与黑色混合则不发生变化。

将下面的海边图像分别设置基色和混合色，也就是两张一样的图像，然后通过"排除"模式进行混合，得到的结果色中除有底片效果外，还增强了图像的饱和度。

基色和混合色 结果色 "排除"模式

6.1.11　色彩型混合模式

色彩型混合模式包括4种混合模式，分别为"色相"、"饱和度"、"混色"、"明度"。色彩型混合模式的特点是可以使图像的某些区域变为黑白色，在混合色的同时保持底层图像的亮度和色相，它主要根据图像的色相和饱和度等基本属性完成图像的混合。

（1）"色相"模式只用于对混合色色相值进行着色，而使饱和度和亮度值保持不变，选择此模式进行图像混合，结果色像素由基色的亮度和饱和度以及混合色的色相值组成。"色相"模式十分便于操作，且适于对图像色相进行整体调整。

在下面的风景图像中，通过"色相"模式改变图像的整体色相是十分容易的。以风景图像为基色，以不同颜色的图像为混合色，然后将这两个图像进行"色相"混合，结果色的色相以混合色的颜色为主。

| 基色 | 混合色 | 结果色 |

| 基色 | 混合色 | 结果色 |

（2）"饱和度"模式的作用与"色相"模式相似，它只用混合色的饱和度值进行着色，而使色相值和亮度值保持不变。选择此模式时，结果色的像素值由基色的亮度和色相值以及混合色的饱和度值组成。

在下面的风景图像中，如果以风景图像为基色，以不同颜色的图像为混合色，将对比基色分别与饱和度比较高的蓝色和饱和度较低的深色图像相混合，和饱和度较高的图像混合，基色的饱和度会更高。此模式通常适合于饱和度不足的基色和饱和度较高的混合色相混合的情况，得到饱和度的适中图像效果。和饱和度较低的图像混合，基色的饱和度会降低，通过这种方式，能制作出很多怀旧的图像效果。

| 基色 | 混合色 | 结果色 |

基色　　　　　　　混合色　　　　　　　结果色

（3）"混色"模式是"饱和度"模式和"色相"模式结合的产物。该模式能够使灰度图像的阴影或轮廓透过着色的颜色显示出来，产生某种色彩化的效果，这样不但可以保留图像中的灰度，并且对于给单色图像上色和给彩色图像着色都会起作用。

在下面的图像中，人物图像作为基色，海边的沙滩图像作为混合色，然后将这两个图像进行"混色"混合，则结果色变得更加亮，混合色中的深色部分基本消失。亮色保留在基色中。

基色　　　　　　　混合色　　　　　　　结果色

（4）"明度"模式主要以混合色为主，选择亮度比较高的颜色与基色混合。如果混合色为白色，则基色不管是什么颜色，使用"明度"模式后，图像都不会产生混合现象。但是如果混合色为黑色，则会产生混合的现象。

以下面的海边图像为基色，沙滩图像为混合色。然后将这两个图像进行"明度"混合，则基色在结果色中基本被替换掉了，而混合色里的相同颜色依旧大部分保留。

基色　　　　　　　混合色　　　　　　　结果色

提示：

在Photoshop中可以连续设置几个图层的图层混合模式后再进行几个图层之间的混合。

规范好润肤油翻译　　　　"透明度"面板　　　多个图层混合模式后的效果

6.1.12 实战：制作淡雅图形

💿 光盘路径：第6章 \Complete\制作淡雅图形.ai

步骤1 执行"文件	新键"命令，在弹出的"新建文档"对话框中，设置文件名称为"制作淡雅图形"，并设置其他相关参数。完成后单击"确定"按钮，新建一个空白图像文件。	**步骤2** 打开"制作淡雅图形.jpg"文件，将图像拖至当前图像文件中，并调整图像大小和位置。单击矩形工具，在图像上绘制一个蓝色（C82、M67、Y0、K0）的矩形。	**步骤3** 将混合模式变为"色相"，"不透明度"为40%。以达到整个画面颜色舒适淡雅的效果。

6.2 混合对象

关于混合对象，可以混合对象以创建形状，并在两个对象之间平均分布形状。也可以在两个开放路径之间进行混合，在对象之间创建平滑的过渡；或组合颜色和对象的混合，在特定对象形状中创建颜色过渡。

6.2.1 混合工具

在对象之间创建了混合之后，就会将混合对象作为一个对象看待。如果移动了其中一个原始对象，或编辑了原始对象的锚点，则混合将会随之变化。此外，原始对象之间混合的新对象不会具有其自身的锚点。可以扩展混合，将混合分割为不同的对象。

6.2.2 使用"创建"命令创建混合

使用混合工具和"建立混合"命令可以创建混合，这是两个或多个选定对象之间的一系列中间对象和颜色。首先在画面中绘制两个要混合的图形，再选择要混合的对象，然后选择混合工具，执行"对象 | 混合 | 混合选项"命令，在弹出的对话框中，设置"间距"、"取向"选项，然后再执行"对象 | 混合 | 建立"命令，即可创建好混合对象。

6.2.3 "混合选项"对话框

在"混合选项"对话框中，可以设置混合对象的"间距"、"取向"，设置平滑颜色过渡所需的最适宜的步骤数。选择混合工具，执行"对象 | 混合 | 混合选项"命令，在弹出的对话框中设置各项参数值即可。

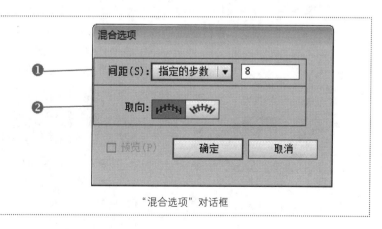

"混合选项"对话框

❶ **"距离"选项组**：确定要添加到混合的步骤数。包括"平滑颜色"、"指定的步骤"、"指定的距离"三个选项。

ⓐ **平滑颜色**：让Illustrator自动计算混合的步骤数，如果是使用不同的颜色进行填色或描边，则计算出的步骤数将是为实现平滑颜色过渡而取的最佳步骤数。如果对象包含相同的颜色，或包含渐变或图案，则步骤数将根据两对象定界框边之间的最长距离进行计算。

ⓑ **指定的步骤**：用于控制混合步骤之间的距离。

ⓒ **指定的距离**：用于控制在混合开始与混合结束之间的距离。指定的距离是从一个对象边缘起到下一个对象相应边缘之间的距离（例如，从一个对象的最右边到下一个对象的最右边）。

❷ **"方向"按钮**：确定混合对象的方向。

ⓐ **对齐页面** ：使混合垂直于页面的X轴。

ⓑ **对齐路径** ：使混合垂直与路径。

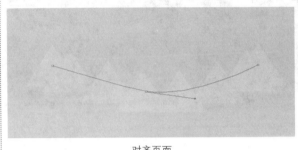

对齐页面　　　　　　　　　　　对齐路径

6.2.4 实战：制作混合效果

光盘路径：第6章 \Complete\制作混合效果.ai

步骤1 选择"文件 | 新建"命令。在弹出的对话框中设置其参数，完成后单击"确定"按钮，新建一个图形文件。

步骤2 单击椭圆工具 ，按住Shift键的同时拖动鼠标，在画面中绘制一个橘色（C8、M37、Y90、K0）的正圆。

步骤3 按Ctrl+Alt+F快捷键原位复制并粘贴，按Shift +Alt快捷键把圆适当缩小，并填充为黄色（C9、M0、79、K0）。

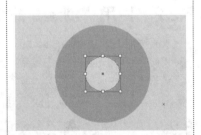

步骤4 单击混合工具 ，在橘色区域拖动鼠标，形成渐变混合效果。

步骤5 选中绘制好的图形，复制一个，单击鼠标右键，在弹出的菜单中选择"隔离选定的组"，选中最里面的圆，设置其他颜色。

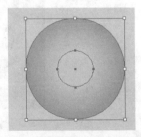

步骤6 结合以上所有方法，在画面中绘制更多的圆，并调整大小和位置。

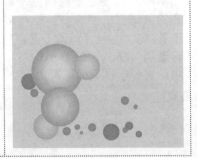

6.2.5　更改混合对象的轴

混合轴是混合对象中各步骤对齐的路径，默认情况下，混合轴会形成一条直线。要调整混合轴的形状，请使用"直接选择"工具，拖动混合轴上的锚点或路径段。要使用其他路径替换混合轴，绘制一个对象以用作新的混合轴，选择混合轴对象和混合对象，然后选择"对象|混合|替换混合轴"命令，也可以颠倒混合轴上的混合顺序，选择混合对象，然后选择"对象|混合|反向混合轴"命令。

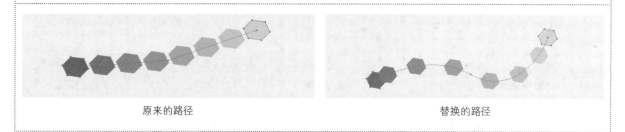

原来的路径　　　　　　　　　　　　　　　替换的路径

6.2.6　颠倒混合对象中的堆叠顺序

选择混合对象，执行"对象|混合|反向堆叠"命令，即可将混合对象进行反向堆叠。

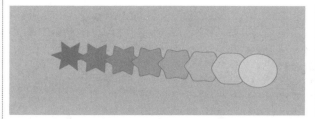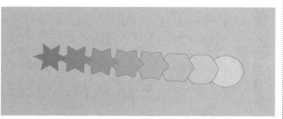

原始堆叠顺序　　　　　　　　　　　应用"反向堆叠"命令后的堆叠顺序

6.2.7　释放或扩展混合对象

释放一个混合对象会删除新对象并恢复原始对象，可通过执行"对象|混合|释放"命令，扩展一个混合对象会将混合分割为一系列不同的对象，之后就可以编辑其中的任意一个对象。先选择混合对象，执行"对象|混合|扩展"命令即可。

6.3　透视图

在Illustrator中，可以使用按既有透视绘图规则运作的一套功能，在透明模式中轻松绘制或呈现图稿。透视网格工具用于辅助绘制具有透视效果的图形，约束对象的状态以绘制正确的透视图形。通过单击工具箱中的透视网格工具可应用透视网格，或单击选择"视图|透视网格"命令，在弹出的子菜单中选择相应命令可调整网格。

6.3.1　关于透视图

透视网格可以在平面上呈现场景，就像肉眼所见的那样自然。例如，道路或铁轨看上去像在视线中相关或消失一般。单击位于网格左上角的三维坐标的不同块面。

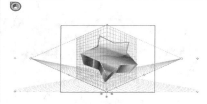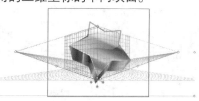

显示透视网格　　　　　调整透视网格透视角度　　　　调整三维坐标方位

6.3.2 透视网格预设

执行"视图|透视网格"命令,即可进行网格预设。

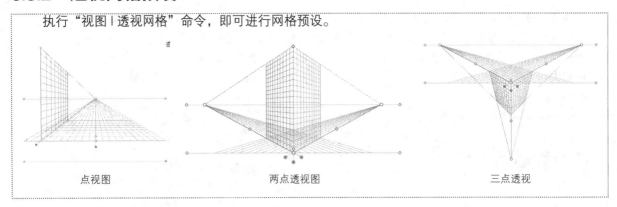

点视图   两点透视图   三点透视

6.3.3 在透视中绘制新对象

使用绘制工具沿透视网格绘制图形时,光标将自动转换为透视图形的绘制状态。在绘制时,应根据所绘制图形的状态,调整透视网格左上方的三维坐标选项。

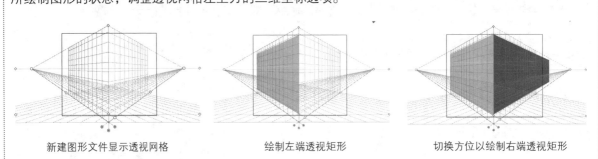

新建图形文件显示透视网格   绘制左端透视矩形   切换方位以绘制右端透视矩形

6.3.4 将对象附加到透视中

打开一个矢量图像文件,单击网格左上角的三维坐标右侧,以切换透视区域,再使用透视选区工具,拖动梦幻图像至蓝色区域。按照同样的方法将其拖动至右侧的绿色区域,以应用其透视效果。

 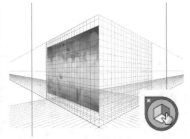 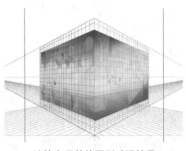

打开图像文件   切换透视区域并应用图形透视效果   继续应用其他图形透视效果

6.3.5 使用透视释放对象

要释放透视图的对象,单击"对象|透视|通过透视释放"选项,所选对象从相关的透视平面中释放,并可作为正常图稿使用(使用"通过透视释放"命令不会影响对象外观)。

📖 技巧:

先设置颜色,再绘制图形。在绘制图形时,所绘制图形的颜色属性由当前填充色和描边色设置决定,因此,除了在绘制完成图形后保持选定图形,并更改其颜色属性的方式外,还可通过预先设置当前填充色和描边色属性再绘制图形的方式,应用图形颜色属性,预先设置好颜色属性后再绘制图形时,所绘制的图形将全部应用当前颜色设置效果。

6.3.6 "定义透视网格"对话框

定义网格预设，要定义网格设置，执行"视图|透视网格|定义网格"命令，在"定义透视网格"对话框中，可以为预设配置以下属性。

❶ **"名称"按钮**：要存储新预设，从"名称"下拉列表选择"自定"选项。

❷ **"类型"选项**：选择预设类型：一点透视、两点透视或三点透视。

❸ **"单位"选项**：选择测量网格大小的单位，包括厘米、英寸、像素和磅。

❹ **"缩放"选项**：选择查看的网格比例，也可自己设置画板与真实世界之间的度量比例，要自定义比例，选择"指定"选项，在"自定缩放"对话框中，指定"画板"与"真实世界"之间的比例。

❺ **"网格线间隔"选项**：此属性确定了网格单元格的大小。

❻ **"视角"选项**：想象有一个立方体，该立方体没有任何一面与图片平面（此处指计算机屏幕）平行，此时，"视角"是指该虚构立方体的右侧面与图片形成的角度。因此，视角决定了观察者的左侧消失点和右侧消失点位置。45度视角意味着两个消失点与观察者视线的距离相等，如果视角大于45度。则右侧消失点离视线近，左侧消失点离视线远，反之亦然。

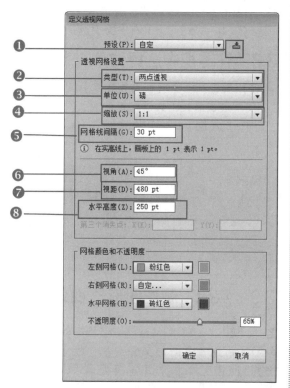

"定义透视网格"对话框

❼ **"视距"选项**：观察者与场景之间的距离。

❽ **"水平高度"选项**：为预设指定水平高度（观察者的视线高度），水平线的高度将会在智能引导读出器中显示。调整水平高度以更改观察者的视线高度，当指针移动到水平线上方时，指针将变为垂直双向箭头。

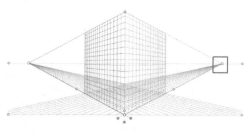

两点透视网格

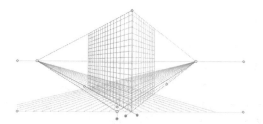

在两点透视网格中移动右侧消失点

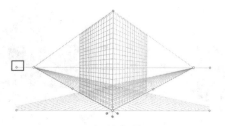

两点透视网格

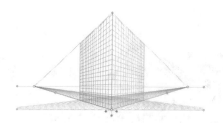

在两点透视网格中调整水平高度

6.3.7 在透视中引进对象

向透视中加入现有对象或图稿时，所选对象的外观和大小将发生更改，若要将常规对象加入透视，执行下面的操作，使用"透视选区"工具选择对象；通过使用平面切换构件或使用快捷键：1（左平面）、2（水平面）、3（右平面）选择要设置的对象的活动平面；将对象拖放到所需位置。

6.3.8 在透视中选择对象

使用透视选区工具在透视中选择对象，透视选区工具提供了一个使用活动平面设置选择对象的选框。使用透视选区工具进行拖动后，可以在正常选框和透视框之间切换，然后使用1、2、3或4快捷键在网格的不同平面间切换。

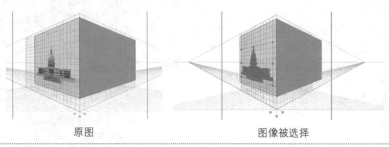

原图   图像被选择

6.3.9 实战：制作图形透视效果

💿 光盘路径：第6章 \Complete\制作图形透视效果.ai

步骤1 新建一个图形文件，单击透视网格工具 📖，添加透视网格。

步骤2 设置前景色为黄色（C11、M0、Y85、K0）。单击矩形工具 ▣，沿网格左端绘制一个透视矩形。

步骤3 单击网格左上方的三维坐标右侧，以切换透视区域，然后继续在该区域绘制一个蓝色（C60、M23、Y0、K0）的透视矩形。

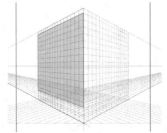

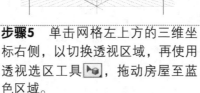

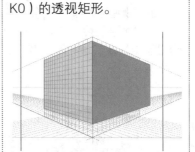

步骤4 执行"文件 | 打开"命令，打开本书配套光盘中的"第6章 \ Media\制作图形透视效果.ai"文件。

步骤5 单击网格左上方的三维坐标右侧，以切换透视区域，再使用透视选区工具 ▶,拖动房屋至蓝色区域。

步骤6 继续打开"制作图形透视效果2.ai"文件，并按照同样的方法将其拖动至左侧的黄色区域，以应用透视效果。

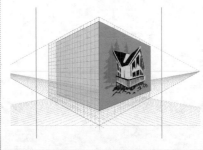

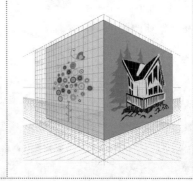

6.4 | 操作答疑

> 下面将列举经常出现的问题，并对其一一解答，通过解决问题，及做练习题巩固所学的知识。

6.4.1 专家答疑

（1）什么是减淡型混合模式？

答：减淡型模式包括"变亮"、"滤色"、"颜色减淡"3种混合模式。"变亮模式"与"变暗模式"的效果是相反的，它是将"基色"或"混合色"中较亮的颜色作为结果色，比混合色暗的像素被替换掉，比混合色亮的颜色则保持不变。

（2）异像型混合模式中的"差值"模式是什么？

答："差值"模式是从图像中基色的亮度值中减去混合色的亮度值，如果结果为负值，则取正值，产生相反效果的模式。"差值"模式适用于模拟底片的效果，尤其可以用来在背景色中突出从一个区域到另一区域发生变化的图像中生成效果的情况。如果混合色为黑色，"差值"模式不会有任何效果。

（3）如何更改混合对象的轴？

答：选择混合轴对象和混合对象，然后执行"对象 | 混合 | 替换混合轴"命令。也可以颠倒混合轴上的混合顺序，选择混合对象，然后执行"对象 | 混合 | 反向混合轴"命令。

（4）什么是透视图？

答：在Illustrator中，可以使用按既有透视绘图规则运作的一套功能，在透明模式中轻松绘制或呈现图稿。透视网格工具用于辅助绘制具有透视效果的图形，约束对象的状态以绘制正确的透视图形。通过单击工具箱中的透视网格工具可应用透视网格，执行"视图 | 透视网格"命令，在弹出的子菜单中选择相应命令可调整网格。

6.4.2 操作习题

1. 选择题

（1）下面哪个模式不属于加深混合模式（　　　　）？

A.变暗　　　　　　B.正片叠底　　　　　　C.明度

（2）比较混合模式包括"叠加"、"柔光"，还包括（　　　　）？

A.强光　　　　　　B.明度　　　　　　C. 颜色加深

（3）透视网格工具按钮是（　　　　）？

A. 🖼　　　　　　B. 🔲　　　　　　C. 🖊

2. 填空题

（1）加深型混合模式包括_____、_____、_____、_____4种混合模式。

（2）"叠加"模式是经常使用的混合模式之一，是和_____、_____的产物。"叠加"模式把图像的基色与混合色混合产生了一种中间色，比"混合色"颜色暗的颜色倍增，比"混合色"颜色亮度的颜色将被遮盖，而图像内的高亮部分和阴影部分则保持不变，"叠加"模式对黑白和白色不起作用。

（3）使用混合工具和"建立混合"命令来创建混合，这是两个或多个选定对象之间的一系列中间对象和颜色。首先在画面中绘制两个要混合的图形，再选择要混合的对象，然后选择_____，执行"对象 | 混合 | 混合选项"命令，在弹出的对话框中，设置"_____"、"取向"，然后再执行"对象 | 混合 | 建立"命令，即创建混合对象。

（4）向透视中加入现有对象或图稿时，所选对象的外观和大小将发生更改，若要将常规对象加入透视，执行下面的操作，使用"透视选区"工具选择对象；通过使用平面切换构件或使用快捷键，_____、_____、_____选择要设置入对象的活动平面；将对象拖放到所需位置。

3.操作题
改变花的颜色。

（1）打开一张图像文件。

（2）单击画笔工具 ，打开"画笔"面板，使用画笔工具在画面中沿花朵的外形绘制黄色图案。

（3）将绘制的图层混合模式变为"颜色加深"。

第7章

文本

本章重点：

    本章主要讲解Illustrator CS6 中文字的应用，包括文字工具，"字符"和"段落"面板、路径文字的编辑和文本的编辑等。其中，文字工具包括文字工具、区域文本工具、路径文字工具、直排文字工具、直排区域文字工具和直排路径文字工具，使用这些文字工具可通过不同的方式设置文字，从而得到不同的文字效果。文字也可通过在相关的文字面板，如"字符"面板和"段落"面板中进行设置，以调整文字的字体、大小及间距等属性，还可通过文字菜单中的相关命令调整文字，轻松应用文字效果。

学习目的：

    本章的目的是掌握不同类型的文字工具使用方法，掌握多种创建文字的方法，掌握文本的编辑方式，了解文字、路径文字和区域文字的相关应用方法。使文字更适合于图像状态，从而设计出完美的文字搭配。

参考时间：32分钟

主要知识	学习时间
7.1　认识文字工具	7分钟
7.2　认识"字符"和"段落"面板	8分钟
7.3　路径文字的编辑	7分钟
7.4　文本的编辑	10分钟

7.1 认识文字工具

文字编辑是AI的一个重要功能，Illustrator CS6 中的文字工具包括文字工具 T、区域文本工具 T、路径文字工具、直排文字工具 IT、直排区域文字工具 和直排路径文字工具。使用这些文字工具可通过不同的方式设置文字，并得到不同的文字效果。

7.1.1 文字工具

文字工具是最常用的文字输入工具，选中文字工具 T，在画布上单击创建文字，拖动或单击一个闭合路径，可以创建段落文字。输入的文字可通过在相关的文字面板，如"字符"面板和"段落"面板中进行设置，调整文字的字体、大小、间距等属性，还可通过文字菜单中的相关命令操作调整文字，轻松应用文字效果。

| 单击文字工具 T | 输入的文字 | 设置字体属性 |

7.1.2 区域文本工具

单击任意形状工具，并拖动光标，拖出一个矩形框（无填充和笔画），作为输入文本的区域，此时单击区域文本工具 T 输入文本，输入一行后将自动换行，按回车键即可开始一个新的段落。如果所输文本不能被矩形框容纳，在右下方会有一个带"＋"的小方框，称作溢文标志。可用选择工具拖动控制手柄以显示文字全部。

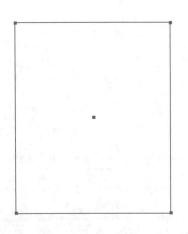

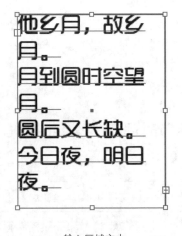

| 绘制输入文本的区域 | 设置输入的文本 | 输入区域文本 |

> **提示：**
> 如果要输入文本的地方有某些对象，如绘制的路径或者图像，则需先将其隐藏或者锁定，以便于文本操作。具体方法是：执行"菜单 | 对象 | 锁"命令或者执行"菜单 | 对象 | 选择 | 隐藏"命令，因为选择文本工具后，若无意单击了某对象而不是页面空白处，则可能将某对象转化成文本容器或者文本路径。

7.1.3　实战：制作区域文字效果

🔵 光盘路径：第7章\Complete\制作区域文字效果.ai

步骤1　打开"制作区域文字效果.jpg"文件。

步骤2　单击文字工具 T，在图像上拖动绘制文本框。

步骤3　在菜单栏中设置参数，单击"字符"选项，选择所需的字体并设置其颜色。制作区域文字的效果。

7.1.4　路径文字工具

要得到沿路径的边缘环文字，用工具箱路径文字工具，在路径边缘单击时，默认是在封闭路径外围的文字。当希望得到封闭路径内部的环形文字时，在输入文字完成后按v键将选择工具选中，执行"菜单|文字|路径文字"命令，打开对话框，勾选"翻转"复选框即可。

7.1.5　实战：制作动感文字

🔵 光盘路径：第7章\Complete\制作动感文字.ai

步骤1　打开"制作动感文字.jpg"文件。

步骤2　单击钢笔工具，绘制动感文字的路径。

步骤3　单击路径文字工具，在路径的起始位置单击鼠标，创建文字路径。

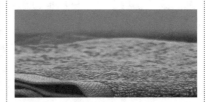

步骤4　在属性栏中的"字符"面板中，设置文字的字体、大小、间距等属性。

步骤5　在属性栏中设置"填色"为蓝色（C100、M35、Y0、K0），"描边"为无。

步骤6　在路径中输入文字，可看到文字沿路径排列的效果。

专家看板：文字工具属性栏

文字工具属性栏提供一些非常常用的设置选项，包括颜色、描边、描边粗细等设置，可以进行高效方便的操作，而且会随着选择的工具不同而变动。

文字工具属性栏

❶ "颜色"选项：用于设置字体的颜色。单击右下角的下拉按钮，选择设置字体的颜色。

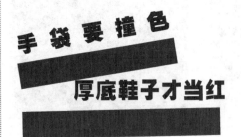

输入文字   设置文字颜色

❷ "描边"选项：用于设置字体描边。单击右下角的下拉按钮，选择设置字体的描边颜色。

输入文字   设置文字描边

❸ "描边粗细"选项：用于设置字体描边的粗细。单击右下角的下拉按钮，选择设置字体的描边粗细。或双击自定义字体的描边粗细。

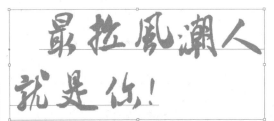

输入文字   设置文字描边粗细

❹ "不透明度"选项：用于设置字体的不透明度。

闻道黄龙戍，频年不解兵。
可怜闺里月，长在汉家营。
少妇今春意，良人昨夜情。
谁能将旗鼓，一为取龙城。

❺ "字符"选项：设置文字的字体、大小、间距等属性。
❻ "段落"选项：设置文字的段落间距等属性。
❼ 对齐方式：设置文字或段落的对齐方式。

7.1.6　直排文字工具

与文字工具相反，直排文字工具 IT 用于创建垂直方向的文字。通过使用该工具在页面中单击或拖动，可创建垂直方向排列的文字和文本。

7.1.7　实战：添加画面纪念文字

🔘 光盘路径：第7章\Complete\添加画面纪念文字.ai

步骤1　打开"添加画面纪念文字.ai"文件。

步骤2　单击直排文字工具 IT，在路径起始位置单击鼠标，创建文字路径。

步骤3　在属性栏中的"字符"面板中，设置调整文字的字体、大小、间距等属性。

步骤4　在路径中输入文字，文字排列的效果。

步骤5　在属性栏中设置"填色"为蓝色（C100、M35、Y0、K0），"描边"为无。

步骤6　在属性栏中设置"不透明度"为70%。添加画面文字。

7.1.8　直排区域文字工具和直排路径文字工具

直排区域文字工具 IT 可将常见对象作为一个输入文本的区域，可以是开放的或闭合的路径等，将文本放进绘制的路径内，形成多种多样的文字效果。直排路径文字工具 与路径文字工具 相对应，用于在路径上输入直排文字，其用法与路径文字工具一致。

7.1.9　实战：制作曲线文字

🔘 光盘路径：第7章\Complete\制作曲线文字.ai

步骤1　打开"制作曲线文字.ai"文件。

步骤2　单击钢笔工具 ，绘制动感文字的路径。

步骤3　单击直排路径文字工具 ，输入文字制作曲线。

7.2 认识"字符"和"段落"面板

文字面板用于对文字和段落文本等进行相关属性的设置。在Illustrator CS6中，与文字相关的最常用的面板是"字符"面板和"段落"面板。

7.2.1 设置字体和字号

在画面上单击文字工具，输入相关文字后，全选输入的文字，单击属性栏的"字符"选项，在弹出的面板中选择"设置字体系类"选项，设置所需的字体，再单击"设置字体大小"选项，设置所需的字号。

7.2.2 调整字距

在画面上单击文字工具，输入相关文字后，全选输入的文字，单击属性栏的"字符"选项，在弹出的面板中选择"设置所选字符的字距调整"选项，设置所需的字符间的距离。

7.2.3 设置行距

在画面上单击文字工具，输入相关文字后，全选输入段落文字，单击属性栏的"字符"选项，在弹出的面板中选择"设置行距"选项，设置所需的文字的行距。

7.2.4 水平或垂直缩放

在画面上单击文字工具，输入相关文字后，全选输入段落文字，单击属性栏的"字符"选项，在弹出的面板中选择"水平缩放"选项或"垂直缩放"选项，设置所需的字体的水平或垂直缩放间距。

7.2.5 基线偏移

在画面上单击文字工具，输入相关文字后，全选输入段落文字，单击属性栏的"字符"选项，在弹出的面板中选择"基线偏移"选项，设置所需的字体的基线偏移。

7.2.6 文本的颜色和变换

在画面上单击文字工具，输入相关文字后，全选输入段落文字，单击属性栏的颜色填充选项，单击右下角的扩展按钮，然后单击颜色，设置所需文本的颜色。

7.2.7 实战：编排文字效果

📀 **光盘路径**：第7章\Complete\编排文字效果.ai

步骤1 打开"编排文字效果.ai"文件。	**步骤2** 单击文字工具 T ，在画面中输入所需文字。	**步骤3** 全选文字，在其属性栏中的"字符"面板中设置文字的字体、大小、间距等属性。并设置文字颜色，编排文字效果。

专家看板：认识"字符"面板

"字符"面板用于设置文字文本的相关属性，如字体、大小、间距、行距、水平缩放、下划线、删除线等属性。设置文字属性后，"字符"面板将会记录最近使用过的文字属性，以便再次应用。"字符样式"面板用于储存设置完成的字符样式，以便再次使用。通过单击属性栏中的"字符"按钮，或执行"窗口｜文字｜字符"命令，可打开"字符"面板。执行"窗口｜文字｜字符样式"命令，可打开"字符样式"面板。

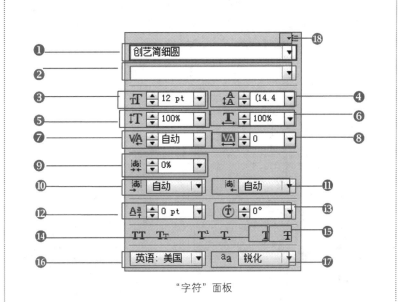

"字符"面板

❶ **"设置字体系列"选项**：单击下拉按钮可在下拉列表中选择文字的字体，也可在选中的文本框内的字体状态下滚动鼠标以进行选取。

❷ **"设置字体样式"选项**：用于设置所选字体的样式。

苦冲开了便淡

输入字体　　　　　　　　　　设置字体样式　　　　　　　　苦冲开了便淡

　　　　　　　　　　　　　　　　　　　　　　　　　　设置字体后

❸ **"设置字体大小"选项**：用于设置所选字体的大小，该值的取值范围为0.1~1296。

❹ **"设置行距"选项**：用于设置字符间的行距。

❺ **"水平缩放"选项**：用于设置文字的水平缩放百分比。

❻ **"垂直缩放"选项**：用于设置文字的垂直缩放百分比。

❼ **"设置两个字符间的字距"选项**：用于设置两个字符间的字距。

❽ **"设置所选字符的字距"选项**：用于设置所选字符的字距。

❾ **"比例间距"选项**：用于设置字符字距的比例间距。

❿ **"插入空格（左）"选项**：用于在字符左端插入空格。

⓫ **"插入空格（右）"选项**：用于在字符右端插入空格。

⓬ **"设置基线偏移"选项**：用于设置文字的基线偏移。

⓭ **"字符旋转"选项**：用于设置字符的旋转角度。

⓮ **"下划线"选项**：用于设置文字的下划线。

⓯ **"删除线"选项**：用于设置文字的删除线。

⓰ **"设置消除锯齿方法"选项**：可选择文字消除锯齿的方式，包括无、锐化、明晰和强等方式。

⓱ **"语言"选项**：用于设置文字的语言。

⓲ **"扩展按钮"选项**：单击扩展按钮，可在弹出的扩展菜单中选择相应的命令，以设置字符相关属性，包括标准垂直对齐方式、直排内横排、分行缩进、字符对齐方式和比例宽度等选项。

7.2.8 认识"段落"面板

在"图层"调板中选择需要转换的文字图层。或执行"图层 | 文字 | 转换为点文本"命令或"图层 | 文字 | 转换为段落文本"命令，就可以在两者之间进行转换。注意，将段落文字转换为点文字时，所有溢出定界框的字符都被删除。

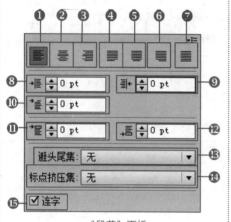

"段落"面板

左对齐文字

居中对齐文字

❶ **"左对齐"按钮**：设置段落向左对齐。
❷ **"居中对齐"按钮**：设置段落向中间对齐。
❸ **"右对齐"按钮**：设置段落向右对齐。

左对齐文字　　　　　居中对齐文字　　　　　右对齐文字

❹ **"两端对齐，末行左对齐"按钮**：设置段落向两端对齐，同时段落的末行左对齐。
❺ **"两端对齐，末行居中对齐"按钮**：设置段落向两端对齐，同时段落的末行居中对齐。
❻ **"两端对齐，末行右对齐"按钮**：设置段落向两端对齐，同时段落的末行右对齐。
❼ **"全部两端对齐"按钮**：设置段落全部两端对齐。
❽ **"左缩进"数值框**：设置段落左缩进时的参数值。
❾ **"右缩进"数值框**：设置段落右缩进时的参数值。
❿ **"首行左缩进"数值框**：设置段落首行左缩进时的参数值。
⓫ **"段前间距"数值框**：设置段落段前间距时的参数值。
⓬ **"段后间距"数值框**：设置段落段后间距时的参数值。
⓭ **"避头尾集"选项**：可在下拉列表中设置标点在段落文字中的使用规则。
⓮ **"标点挤压集"选项**：用于设置同时输入英文文字和亚洲文字时的标点转换规则。
⓯ **"连字"复选框**：选择该复选框，段落为连字的形式。

7.2.9　对齐和强制对齐

对齐文本时，文本可以与文本框架一侧或两侧的边缘(或内边距)对齐。当文本与两个边缘同时对齐时,即称为两端对齐。可以选择对齐段落中除末行以外的全部文本(双齐末行齐左或双齐末行齐右),也可以对齐段落中包含末行的全部文本（强制双齐）。如果末行只有几个字符,则可能需要使用特殊的文章末尾字符创建右齐空格。

7.2.10　段落缩进

要设置段落缩进，首先选择段落文本(包括路径文本，容器文本等)，在段落面板中，设置各种缩进方式。可在不同缩进方式的文本框中输入缩进值，也可单击上下箭头按钮进行微调。

7.2.11　字符样式和段落样式

字符样式是许多字符格式属性的集合，可应用于所选的文本范围。段落样式包括字符和段落格式属性，并可应用于所选段落，也可应用于段落范围。使用字符和段落样式可节省时间，还可确保格式的一致性。可以使用"字符样式"和"段落样式"面板来创建、应用和管理字符和段落样式。

如果要在现有文本的基础上创建新样式，首先选择文本，在"字符样式"面板或"段落样式"面板中，执行下列操作之一：要使用默认名称创建样式，单击"创建新样式"按钮。要使用自定名称创建样式，在面板菜单中选择"新建样式"，然后键入一个名称，单击"确定"按钮。

7.2.12　实战：制作音乐节招贴

光盘路径：第7章\Complete\制作音乐节招贴.ai

步骤1　执行"文件 | 打开"命令，打开"制作音乐节招贴.ai"文件。

步骤2　单击直排文字工具IT，并在路径起始位置单击鼠标，创建文字路径。

步骤3　使用直排文字工具IT，设置"填色"为白色，输入音乐节的主题。

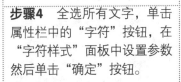

步骤4　全选所有文字，单击属性栏中的"字符"按钮，在"字符样式"面板中设置参数然后单击"确定"按钮。

步骤5　单击文字工具T，输入副标题，使用设置文字的方法输入副标题，丰富画面。

步骤6　继续使用相同方法，输入三级标题。

7.3 | 路径文字的编辑

使用路径文字工具 创建路径文字，在路径中输入文字过多时，将隐藏输入的文字，通过使用选择工具 ，拖动文字的分隔符，可拖动文字在路径中的位置，或显示路径中的文字。完成文字的调整后，取消选择路径，可查看路径文字的效果。

7.3.1 将文本转化为路径

先使用路径工具绘制路径，选择水平或垂直路径文本工具，在路径（不能是复合路径或者蒙版）上单击，出现插入点后，沿着路径输入文本。加在路径上的文本，如果是水平文字，文字是沿着路径并垂直于文字基线；如果是垂直文字，文字是沿着路径平行于文字基线的。

原图

添加路径

将文本转化为路径

7.3.2 创建文本路径

使用文字工具输入文字时，若文字所单击的区域为一些图形的边缘轮廓，则有可能改变文字的应用范围，这是创建文本路径的方式之一。创建文本路径主要是使用文本工具可创建点文本、创建区域文字、路径文本等。

7.3.3 实战：制作冷饮海报文字

光盘路径：第7章\Complete\制作冷饮海报文字.ai

步骤1 执行"文件 | 打开"命令，打开"制作冷饮海报文字.ai"文件。

步骤2 单击椭圆工具 ，按住Shift键绘制椭圆。

步骤3 设置"填色"为蓝色（C62、M37、Y0、K0）、"描边"为无，并适当调整其大小，放于画面中合适的位置。

步骤4 按快捷键Ctrl+C+F原位复制并粘贴路径，按住Shift+Alt键，将其等比例缩放。

步骤5 设置"填色"为淡蓝色。

步骤6 全选圆的所有图层，按快捷键Ctrl+G合并图层，按快捷键Ctrl+C+F原位复制并粘贴路径。按住Shift调整其大小，将其放置于画面合适的位置。

步骤7 打开"效果"面板，设置其混合模式为"变暗"、"不透明度"为80%，增加画面效果。

步骤8 按快捷键Ctrl+C+F原位复制并粘贴原来路径，按住Shift键调整其大小。将其放置于画面合适的位置。

步骤9 单击鼠标右键，将其取消群组，并更改颜色。

步骤10 取消所有圆的群组，使用路径文字工具 创建路径文字。

步骤11 单击文字工具 T ，输入文字，并将其拖动到合适位置。

步骤12 在菜单栏中设置参数，单击"字符"选项，选择所需的字体，设置颜色为白色，制作冷饮海报文字。

专家看板：拆分与编组文字路径

　　拆分与编组文字路径是指将不同的文本框链接在一起，并对其中的文字进行拆分与编组链接的调整。可在使用选择工具 时选择其中一个编组文本，并同时选择编组区域。

　　编组文字的方式为，首先在路径上创建多个文本框或段落文本，完成后选择这些文本，执行"文字丨串接文本丨创建"命令，以编组文字。拆分文字的方式为，选择一个编组文字文本框或段落文本，执行"文字丨串接文本丨释放所有文字"命令，以拆分文字。拆分后的文本将移动至相邻的文本框中。若上一文本框右下角显示有文本的溢流图标，则可拖动文本框大小以显示溢出的文字。要取消文本的编组，可执行"文字丨串接文本丨移去串联文字"命令。

原图

绘制文本框

输入文字

绘制另一文本框

输入不同颜色的文字

全选两段文本

编组文字

执行"文字丨串接文本丨移去串联文字"命令

执行"文字丨串接文本丨释放所有文字"命令

7.4 文本的编辑

在工具箱中提供了多种文本工具，使用这些工具可创建点文本、区域文字和路径文本等。通过"字符"调板可设置文本的字符级格式。使用"段落"调板可设置文本的段落级格式。另外，还可以创建丰富的文字特效，如变形文字、应用预设样式，或在文本中插入图形，使文本围绕图形进行排列，以获得图文并茂的效果。文本的编辑包括更改文字方向、更改字体大小写、导出和置入文字、串接与取消串接文本、查找/替换字体、添加行和列。

7.4.1 更改文字方向

选择要更改文字方向的文字，单击属性栏中的"字符"按钮，或执行"窗口 | 文字 | 字符"命令，可打开"字符"面板。执行"窗口 | 文字 | 字符样式"命令，可打开"字符样式"面板。在该面板中选择"字符旋转"选项，可设置更改文字的方向。

原图

绘制文字路径框

输入文字

设置文字颜色

设置文字样式

更改文字方向

7.4.2　更改字体大小写

在Illustrator CS6中更改字体大小写非常方便，在输入文字大写后若想更改为小写，执行"文字|更改字体大小写|小写"命令；在输入文字小写后若想更改为大写，执行"文字|更改字体大小写|大写"命令；在输入文字后词首大写，执行"文字|更改字体大小写|词首大写"命令；在输入文字后句首大写，执行"文字|更改字体大小写|句首大写"命令。

原图

绘制矩形文本框

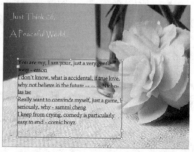

输入文字

更改字体小写为大写

更改字体词首大写

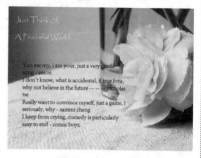

更改字体句首大写

7.4.3　导出和置入文字

在Illustrator CS6中可以置入其他相关格式的文字，可以将Illustrator CS6中的文字导出为指定文件类型的文档。可选择"置入"和"导出"命令，以导入或导出文本。执行"文本|置入"命令，在弹出的对话框中选择指定的文本文档并将其置入，再在弹出的"Microsoft Word 选项"对话框中设置相关选项并应用设置即可。要将Illustrator CS6的文本文字导出，则执行"文件|导出"命令，在弹出的对话框中选择指定文档类型并将其储存。

新建图形文件并选择"置入"命令

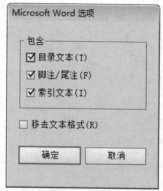

"Microsoft Word 选项"对话框

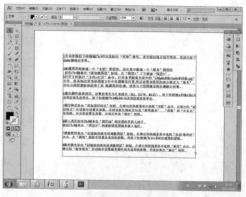

置入文本框后的效果

7.4.4 串接与取消串接文本

要串接不同的文本，可在选择多个指定文件的状态下，执行"文字|串接文本|创建"命令，以编组文字。可通过拖动文本框的大小来调整文本的串接状态。将文本框中的溢留文本串接到其他文本框中，通过创建新的文本框并将文本框与该文本框串联，可自动串接溢流的文字至新建的文本框中。

打开图形文件

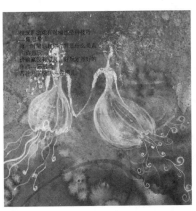
创建文本文字和文本框

串接流溢的文字至新文本框中

取消串接文本的方式为，选择一个编组文字文本框或段落文本，执行"文字|串接文本|释放所有文字"命令，以拆分文字。而拆分后的文本将移动至相邻的文本框中。若上一文本框右下角显示有文本的溢流图标，则可拖动文本框的大小以显示其他文字。要取消文本的编组，可执行"文字|串接文本|移去串联文字"命令。

串接溢留的文字至新文本框中

取消串接溢留的文字

技巧：调整路径文字

使用路径文字工具或直排路径文字工具在路径上输入文字后，要调整路径中文字的位置，可使用选择工具拖动路径中的分隔符；要显示路径中的流溢文字，可使用直排选择工具拖动流溢文字区域的路径锚点，加长路径线段以显示文字。

输入的路径文字

调整文件位置

显示溢留文字

7.4.5 实战：制作串接文本

光盘路径：第7章\Complete\制作串接文本.ai

步骤1 执行"文件 | 新建"命令，在弹出的对话框中设置各项参数，设置完成后单击"确定"按钮，新建一个图形文件。

步骤2 单击矩形工具 ，绘制矩形。

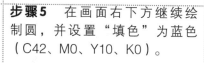

步骤3 打开"渐变"面板，从左到右设置渐变色为淡蓝色（C36、M7、Y0、K0）到蓝色（C83、M50、Y0、K0）的线性渐变填充颜色。

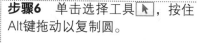

步骤4 单击椭圆工具 ，按住Shift键，在画面中绘制圆。并设置"填色"为亮蓝色（C42、M0、Y10、K0）。

步骤5 在画面右下方继续绘制圆，并设置"填色"为蓝色（C42、M0、Y10、K0）。

步骤6 单击选择工具 ，按住Alt键拖动以复制圆。

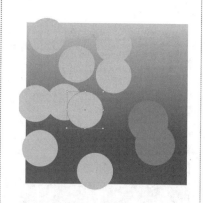

步骤7 调整各个圆的大小并放置于画面中的合适位置。

步骤8 单击文字工具 ，输入文字，在其菜单栏中设置参数，单击"字符"选项，选择所需的字体，设置其颜色为白色。

步骤9 继续在相应位置输入其他文字，并设置文字的属性。

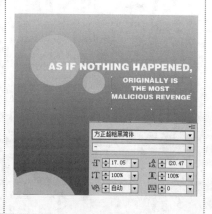

步骤10 继续单击文字工具 T，输入与文本相关的文字，在菜单栏中设置参数，单击"字符"选项，选择所需的字体，设置颜色为亮灰色。

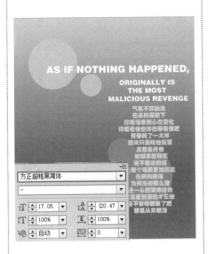

步骤11 复制矩形和一部分椭圆，放置在"画板2"中，然后选择该画板中的椭圆并单击"路径查找器"中的"联集"按钮 ，将其焊接。

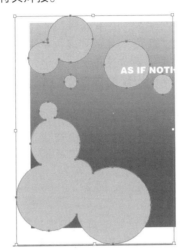

步骤12 执行"对象 | 路径 | 偏移路径"命令，在弹出的对话框中设置其参数单击"确定"按钮，偏移路径。

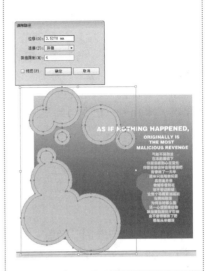

步骤13 按住Shift键，使用选择工具 选择偏移的路径，取消填色效果，并设置为同样的淡蓝色描边。

步骤14 单击文字工具 T，输入文字，在菜单栏中设置参数，单击"字符"选项，选择所需的字体，设置其颜色为白色。

步骤15 继续使用文字工具在相应位置拖动，创建文本框。

步骤16 单击文字工具 T，输入文字，在菜单栏中设置参数，单击"字符"选项，选择所需的字体，设置其颜色为白色。

步骤17 选择要编组的文字，执行"文字 | 串接文本 | 创建"命令，以编组文字。

步骤18 文本转换为串接文本的状态，制作串接文本。

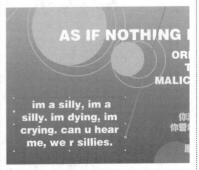

7.4.6 认识"拼写检查"对话框

执行"编辑 | 拼写检查"命令，查看"拼写检查"对话框。在"未找到单词"列表框中标出了在选定的词典中未找到的单词，此外还标出了包含该文本的元素的类型。

执行下列操作：单击"忽略"按钮保持该单词不变。单击"全部忽略"按钮使所有在文档中出现的该单词保持不变。在"更改为"框中输入单词或从"建议"单词列表框中选择一个单词，然后，单击"更改"按钮更改该单词，或者单击"全部更改"按钮更改所有在文档中出现的该单词。或单击"添加"按钮在词典中添加该单词。

要结束拼写检查，执行下列操作：单击"完成"按钮在拼写检查到达文档结尾之前结束拼写检查。或继续检查拼写，直到看到拼写检查已到达文档结尾的通知，然后单击"否"按钮结束拼写检查。

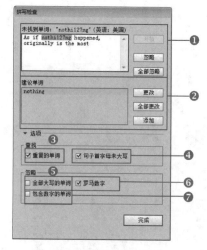

"拼写检查"对话框

❶ **"未找到单词"预览**：框中标出了在选定的词典中未找到的单词，此外还标出了包含该文本元素的类型。单击"忽略"按钮保持该单词不变。单击"全部忽略"按钮使所有在文档中出现的该单词保持不变。

❷ **"建议单词"预览**：在"更改为"框中输入单词或从"建议"滚动列表中选择一个单词。然后，单击"更改"按钮更改该单词，或者单击"全部更改"按钮更改所有在文档中出现的该单词。或单击"添加"按钮在词典中添加该单词。

❸ **"查找"选项组的"重复的单词"复选框**：勾选该复选框可查找重复的单词。

有重复单词的文本

拼写检查重复的单词

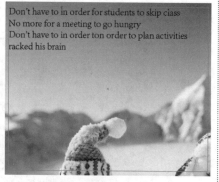
拼写检查重复的单词修改后

❹ **"查找"选项组的"句子首字母未大写"复选框**：勾选该复选框可查找句子中未大写的首字母。

有句子首字母大写的文本 　　　拼写检查句子首字母大写 　　　拼写检查句子首字母大写更改后

❺ **"忽略"选项组的"全部大写的单词"复选框**：勾选该复选框可忽略全部大写的单词。

❻ **"忽略"选项组的"罗马数字"复选框**：勾选该复选框可忽略文本中的罗马数字。

❼ **"忽略"选项组的"包含数字的单词"复选框**：勾选该复选框可忽略文本中包含数字的单词。

7.4.7　实战：使用拼写检查更改文本中的错误文字

🔘 **光盘路径：** 第7章\Complete\使用拼写检查更改文本中的错误文字.ai

步骤1　执行"文件｜打开"命令，打开"使用拼写检查更改文本中的错误文字.ai"文件。	**步骤2**　单击文字工具 T ，全选所有文字。

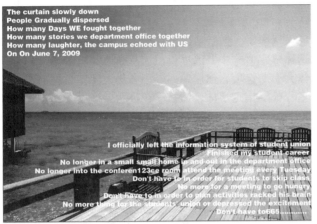

步骤3　执行"编辑｜检查拼写"命令，查看"拼写检查"对话框。勾选查找"重复的单词"复选框，单击"更改"按钮更改。

步骤4　再勾选"句子首字母未大写"复选框，单击"更改"按钮更改。

步骤5　取消勾选"包含数字的单词"复选框，单击"更改"按钮更改。

步骤6　取消勾选"罗马数字"复选框，单击"更改"按钮更改。

步骤7　取消勾选"全部大写的单词"复选框，单击"更改"按钮更改。

7.4.8 查找/替换字体

Illustrator CS6 中有两种可用于查找文字或字体的命令，分别是位于"编辑"菜单中的"查找和替换"命令，和位于"文字"菜单中的"查找字体"命令。"查找和替换"命令用于替换指定的文字为其他字母、单词或字符，而"查找字体"命令则可在文本中查找指定的字体，并将其替换为其他字体。

执行"编辑 | 查找和替换"命令，从"类型"弹出菜单中选择"字体"，然后从以下选项中进行选择。

若要按字体名称进行搜索，选择"字体名称"选项，然后从弹出菜单中选择一种字体，或在框中输入字体名称。若要按字体样式进行搜索，请选择"字体样式"选项，然后从弹出菜单中选择一种字体样式。若要按字体大小进行搜索，请选择"字体大小"选项，然后输入最小和最大字体大小的值，以指定要搜索的字体大小范围。若要使用其他字体名称替换指定字体，请在"替换为"选项下面选择"字体名称"，然后从弹出菜单中选择一个字体名称，或在框中输入名称。如果在"替换为"选项下面取消选择"字体名称"，则当前字体名称将保持不变。若要使用其他字体样式替换指定字体，请在"替换为"选项下面选择"字体样式"，然后从弹出菜单中选择一种字体样式。如果在"替换为"选项下面取消选择"字体样式"，则指定字体的当前样式将保持不变。若要使用其他字体大小替换指定字体，请在"替换为"下面选择"字体大小"，然后输入最小和最大字体大小的值。如果在"替换为"选项下面取消选择"字体大小"，则指定字体的当前大小将保持不变。

若要选择下一个出现在屏幕上的指定字体，并在当前位置进行编辑，请选择"实时编辑"。

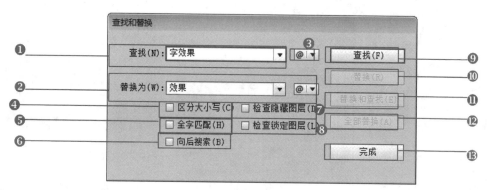

"查找和替换"对话框

要查找字体执行以下操作：若要查找下一个出现的指定字体，请单击"查找下一个"按钮；若要查找所有出现的指定字体，请单击"查找全部"按钮。若要替换字体，请执行下列操作之一：若要替换当前出现并选定的指定字体，请单击"替换"按钮。若要替换所有出现的指定字体，请单击"全部替换"按钮。

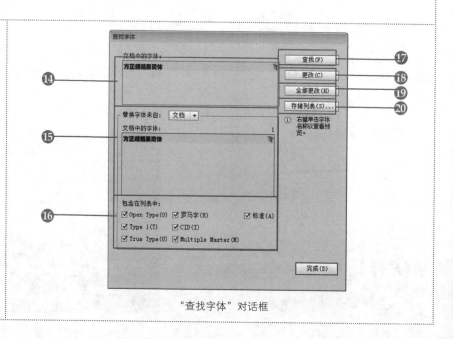

"查找字体"对话框

❶ **"查找"选项**：用于输入需要查找的字母、单词或字符。

❷ **"替换为"选项**：将指定查找的内容替换为该文本框中输入的内容。

打开图形文件

设置查找和替换的内容

替换全部内容

❸ **"插入特殊字符"按钮**：单击该按钮，可在弹出的菜单中选择插入的特殊字符的类型。

❹ **"区分大小写"复选框**：区分文件或指定选区内的字符和查找的字母大小。

❺ **"全字匹配"复选框**：选择该复选框设置定义查找的字符是整个单词而不是单词的一部分。

❻ **"向后搜索"复选框**：在当前插入点的前面查找该字符的下一个实例，默认设置在当前插入点后进行查找。

❼ **"检查隐藏图层"复选框**：在隐藏的图层文本中进行查找。

❽ **"检查锁定图层"复选框**：在锁定的图层文本中进行查找。

❾ **"查找下一个"按钮**：默认为"查找"按钮，应用查找命令后转换为该按钮，以查找下一个匹配的字符。

❿ **"替换"按钮**：单击该按钮，将查找内容替换为指定内容。

打开图形文件

设置查找和替换的内容

替换内容

⓫ **"替换和查找"按钮**：单击该按钮，替换指定内容并查找下一个实例。

⓬ **"全部替换"按钮**：单击该按钮，将文件或选区的指定内容全部替换。

⓭ **"完成"按钮**：单击该按钮，关闭对话框。

⓮ **"文档中的字体"预览框**：在预览框中选择文件中可供选择的字体。

⓯ **"替换字体来自"选项**：用于选择替换字体的文件来源，并在预览框中选择替换的字体。

⓰ **"包含在类表中"选项组**：设置包含在预览框列表中的文本类型。

⓱ **"查找"按钮**：在文件中查找需要替换的字体。

⓲ **"更改"按钮**：更改一个指定的文本实例。

⓳ **"全部更改"按钮**：对具有相应字体的所有文本进行更改。

⓴ **"存储列表"按钮**：将文字存储为一个文本文件。

7.4.9 创建轮廓文字

创建轮廓文字是指将文字转换为路径轮廓，以便对文字形状进行任意的编辑调整。选择指定的文字后，执行"文字丨创建轮廓"命令或按快捷键Shift+Ctrl+O，可转换文字为轮廓；也可在选择文字的状态下右击鼠标，在弹出的菜单中选择"创建轮廓"命令，以转换文字轮廓。转换文字为轮廓后，可使用选择工具双击文字对象，以进入隔离模式，调整独立文字图形。

文字转换为轮廓形状后，将不再具有文字所有的特有相关属性，因此不可再对文字的字体和间距等属性进行更改。创建轮廓后的文字可使用直接选取工具调整路径和锚点的状态，从而更改文字的形状，以制作出丰富的效果。

原图

输入文字

创建轮廓文字

使用转换锚点工具，转换字体形态

取消群组，对字母单独上色

字母分别上色

提示：

将文字转换为轮廓时，这些文字会丢失其提示，这些提示是字体中内置的说明性信息，用于调整字体形状，以确保无论文字是何种大小，系统都能以最佳方式显示或打印它们。如果准备对文字进行缩放，请在转换之前调整其大小。必须转换一个选区中的所有文字，而不能只转换文字字符串中的单个字母。要将单个字母转换为轮廓，先创建一个只包含该字母的单独文字对象，然后再进行转换。

7.5 | 操作答疑

Illustrator CS6 中文字的应用十分广泛，在前面我们认识了文字工具，包括"字符"和"段落"面板、路径文字的编辑和文本的编辑命令等。下面将为你解答一些难点以便于更好地完成操作。

7.5.1 专家答疑

（1）怎样删除字符样式和段落样式？

答：在删除样式时，使用该样式的段落外观并不会改变，但其格式将不再与任何样式相关联。在"字符样式"面板或"段落样式"面板中选择一个或多个样式名称。执行以下操作之一：从面板菜单中选取"删除字符样式"或"删除段落样式"选项。单击面板底部的"删除"按钮。或将样式拖移到面板底部的"删除"图标。

要删除所有未使用的样式，请从面板菜单中选取"选择所有未使用的样式"选项，然后单击"删除"按钮。

（2）如何设置文字的消除锯齿选项？

答：以位图格式（如 JPEG、GIF 或 PNG）存储图稿时，Illustrator 以每英寸 72 像素来栅格化所有对象，并为它们应用消除锯齿设置。但是，如果图稿中包含文字，则默认的消除锯齿设置可能无法产生所需的结果。Illustrator 提供了若干专门针对栅格化文字的选项。若要充分利用这些选项，必须在存储图稿之前先栅格化文字对象。选择文字对象，并执行下列操作之一：要永久栅格化文字，执行"对象 | 栅格化"命令。要创建栅格化外观而不更改对象的底层结构，请执行"效果" | "栅格化"命令。选择一种消除锯齿选项：无栅格化时不应用消除锯齿设置，而是保持文字的粗糙边缘。优化图稿（超像素取样）默认选项可将所有对象栅格化，包括通过指定的分辨率栅格化的文本对象，并对它们应用消除锯齿。默认分辨率为 300 ppi。优化文字应用最适合文字的消除锯齿设置。消除锯齿设置可减少栅格化图像中的锯齿边缘，并使屏幕上的文字具有较为平滑的外观。

（3）如何管理区域文本？

答：调整文本区域的大小可以根据你正在创建的是点文字、区域文字还是路径文本，用不同的方式调整文本大小。由于可使用点文字编写的文本数量没有限制，因此在这种情况下，并不需要调整文本框的大小。使用区域文字工具时，可以拖动所选区域中的对象和文字。在此情况中，当使用"直接选择"工具调整对象的大小时，文本的大小也会随之调整。键入路径文本时，如果文本不适合选定的路径，可以串接对象之间的文本（请参阅串接对象之间的文本）。在此情况中，如果使用"直接选择"工具调整路径的大小，文本的大小也会随之调整。

| 输入的路径文字 | 调整文件区域位置 | 显示流溢文字 |

7.5.2 操作习题

1. 选择题

（1）先使用路径工具绘制路径，选择水平或垂直路径文本工具，在（　　　）上单击，出现插入点后，沿着路径输入文本。加在路径上的文本，如果是水平文字，文字是沿着路径并垂直于文字基线；如果是垂直文字，文字是沿着路径平行于文字基线的。

　　A. 复合路径　　　　　　B.蒙版　　　　　　　　C.路径

（2）在Illustrator CS6 中更改字体大小写非常方便，在输入文字大写或小写后，执行"文字｜（　　）"命令即可。

    A．更改字体大小写   B．更改字体大写   C．更改字体小写

（3）Illustrator CS6 中有两种可用于查找文字或字体的命令，分别位于（　　）菜单中的"查找和替换"命令，和位于"文字"菜单中的"查找字体"命令。"查找和替换"命令用于替换指定的文字为其他字母、单词或字符，而"查找字体"命令则可在文本中查找指定的字体，并将其替换为其他字体。

    A．"编辑"   B．"文字"   C．"打开"

2. 填空题

（1）创建轮廓文字是指将文字转换为路径轮廓，以便对文字形状进行任意的编辑调整。选择指定的文字后，执行"文字｜创建轮廓"命令或按快捷键_____，可转换文字为轮廓；也可在选择文字的状态后右击鼠标，在弹出的菜单中选择"创建轮廓"命令，以转换文字轮廓。转换文字为轮廓后可使用选择工具双击文字对象，以进入隔离模式调整独立文字图形。

（2）要串接不同的文本，可在选择多个指定文件的状态下，执行_____命令，以编组文字。并可通过拖动文本框的大小以调整文本的串接状态。而将文本框中的溢流文字串接到其他文本框中也同样可行，通过创建新的文件框中也同样可行。通过创建新的文本框并将文本框与该文本框串联，以自动串接溢流的文字至新建的文本框中。

（3）选择要更改文字方向的文字，通过单击属性栏中的_____按钮，或执行"窗口｜文字｜字符"命令，可打开"字符"面板。执行"窗口｜文字｜字符样式"命令，可打开"字符样式"面板。在该面板中选择"字符旋转"选项，可更改文字的方向。

3. 操作题

制作梦幻文字效果。

      步骤1   步骤2   步骤3

（1）打开一张图片文件。

（2）单击钢笔工具 ✐ ，在图片上绘制梦幻文字的路径。

（3）单击路径文字工具 ✓ ，输入文字，在其菜单栏中设置参数，单击"字符"选项，选择所需的字体设置其颜色为黄色。

第**8**章

符号、图表与样式的应用

本章重点：

    本章主要针对Illustrator CS6中的符号、图表与样式的应用进行讲解。使用符号工具可绘制符号库中的符号并对其进行相关的编辑；使用图表工具可创建不同类型的图表，并对图表中的数据进行设置或更改；通过载入或应用图形样式库中不同种类的图形样式可创造丰富的图形效果。

学习目的：

    掌握符号喷枪工具、符号移位工具和符号着色器工具等的使用方法。认识各种类型的图表工具，掌握图表的工作方法，了解图形样式的应用方法。掌握图形样式库的使用方法等。

参考时间：26分钟

主要知识	学习时间
8.1 符号工具的应用	8分钟
8.2 图表的应用	8分钟
8.3 图形样式的应用	10分钟

8.1 符号工具的应用

在Illustrator CS6中，符号工具是Illustrator里新增的工具之一。它最大特点是可以方便、快捷地生成很多相似的图形实例，比如一片树林、一群游鱼、水中的气泡等。同时还可以通过符号体系工具灵活、快速地调整和修饰符号图形的大小、距离、色彩、样式等。这样，对于群体、簇类的物体我们就不必像以前的版本那样必须通过拷贝命令来一个个地复制了，这样还可以有效地减小设计文件的大小。

8.1.1 认识"符号工具选项"面板

通过双击"工具"面板中的符号工具，可以访问符号工具选项。直径、强度和密度等常规选项即出现在对话框顶部。特定于工具的选项则出现在对话框底部。要切换到另外一个工具的选项，请单击对话框中的工具图标。常规选项显示在"符号工具选项"对话框的顶部，与所选的符号工具无关。

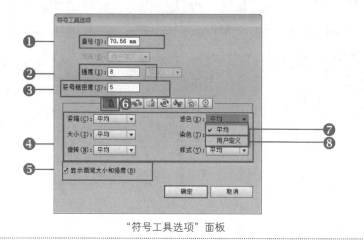

"符号工具选项"面板

❶ **"直径"选项**：指定工具的画笔大小。

❷ **"强度"选项**：指定更改的速率（值越高，更改越快），或选择"使用压感笔"以使用输入板或光笔的输入（而非"强度"值）。

❸ **"符号组密度"选项**：指定符号组的吸引值（值越高，符号实例堆积密度越大）。此设置应用于整个符号集。如果选择了符号集，将更改集中所有符号实例的密度，不仅仅是新创建的实例。

❹ **"方法"选项**：指定"符号紧缩器"、"符号缩放器"、"符号旋转器"、"符号着色器"、"符号滤色器"和"符号样式器"工具调整符号实例的方式。选择"用户定义"选项，根据光标位置逐步调整符号。选择"随机"选项，在光标下的区域随机修改符号。选择"平均"选项，逐步平滑符号值。

❺ **"显示画笔大小和强度"选项**：勾选该选项，使用工具时显示大小。

❻ **"符号喷枪"选项**：仅当选择"符号喷枪"工具时，符号喷枪选项（"紧缩"、"大小"、"旋转"、"滤色"、"染色"和"样式"）才会显示在"符号工具选项"对话框中的常规选项下，并控制新符号实例添加到符号集的方式。每个选项提供两种选择：

❼ **"平均"选项**：添加一个新符号，具有画笔半径内现有符号实例的平均值。例如，添加到平均现有符号实例为50%透明度区域的实例将为50%透明度；添加到没有实例的区域的实例将为不透明。

❽ **"用户定义"选项**：为每个参数应用特定的预设值："紧缩"（密度）预设为基于原始符号大小；"大小"预设为使用原始符号大小；"旋转"预设为使用鼠标方向（如果鼠标不移动则没有方向）；"滤色"预设为使用100%不透明度；"染色"预设为使用当前填充颜色和完整色调量；"样式"预设为使用当前样式。

> 💡 **提示**：
> 使用符号工具时，可随时按"["键以减小直径，或按"]"键以增大直径。"平均"设置仅考虑"符号喷枪"工具的画笔半径内的实例，您可使用"直径"选项进行设置。要在工作时看到半径，请选择"显示画笔大小和强度"选项。

8.1.2　实战：新建符号并应用

步骤1　打开"新建符号并应用.ai"文件。

步骤2　单击"符号"面板左下角的"符号库菜单"按钮▥，在弹出的菜单中选择"自然"命令，弹出"自然符号库"。

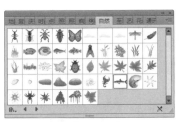

步骤3　载入该预设符号并打开其面板。

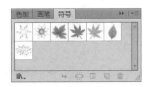

步骤4　拖动"自然"面板中的"雪花1"符号至文件中。

步骤5　单击符号文件，按住Shift键，调整大小，并将其放置于画面合适的位置。

步骤6　按住Alt键，同时单击鼠标左键，拖动"雪花1"文件。绘制多个副本，丰富画面。

步骤7　调整复制的文件大小，旋转其方向，并将其放置于画面合适的位置。

步骤8　打开"透明度"面板，分别设置其"不透明度"。增加画面的层次感。

步骤9　拖动"自然"面板中的"雪花2"符号至文件中。使用相同方法新建符号并应用。

💡 **提示：**

　　"符号"面板通常与符号工具结合使用，该面板用于载入符号、创建符号、应用符号和编辑符号。执行"窗口|符号"命令，可打开"符号"面板。可通过该面板载入预设图案，并将其应用到图形文件中，包括3D符号、基本图形符号、纹理符号和写实图形符号等。

8.1.3 符号喷枪工具

符号喷枪工具用于绘制选定的符号。符号喷枪就像一个粉雾喷枪，可一次将大量相同的对象添加到画板上。例如，使用符号喷枪可添加许许多多的草叶、野花、蜜蜂或雪花。

原图

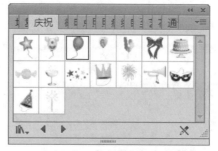

载入"庆祝库"符号

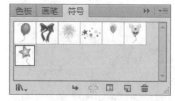

选择符号

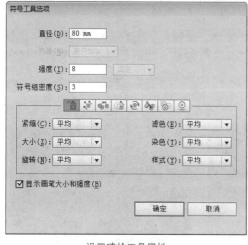

设置喷枪工具属性

使用符号喷枪工具

调整画面

8.1.4 符号移位器工具

符号移位器工具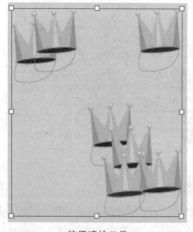用于移动符号实例和更改堆叠顺序。要更改符号组中的符号实例的堆叠顺序，选择符号移位器工具，执行下列操作，要移动符号实例，请向希望符号实例移动的方向拖动。要向前移动符号实例，请按住 Shift 键单击符号实例，若要向后发送符号实例，请按住 Alt 键或 Option 键和 Shift 键并单击符号实例。

使用喷枪工具

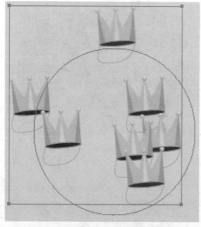

使用符号移位器工具

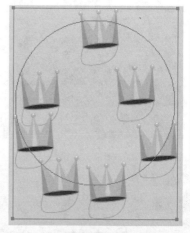

多次使用符号移位器工具

8.1.5 实战：移动符号位置

🔘 光盘路径：第4章\Complete\移动符号位置.ai

步骤1 打开"移动符号位置.ai"文件。

步骤2 单击"符号"面板左下角的"符号库菜单"按钮，在弹出的菜单中选择"庆祝"命令，弹出"庆祝符号库"。

步骤3 载入该预设符号并打开其面板。

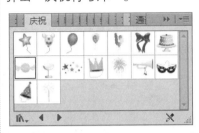

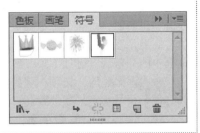

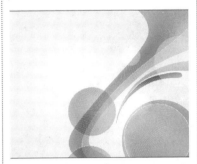

步骤4 使用符号喷枪工具，从载入的图形库中选择不同的图像在画面上绘制图形。

步骤5 单击符号移位器工具，按住 Shift 键单击符号实例，将图形位移，放置于画面合适的位置。

步骤6 打开"效果"面板，分别设置其"不透明度"为80%，制作移动符号位置的图像。

8.1.6 符号紧缩器工具

符号紧缩器工具可集中或分散符号。通过多次拖动鼠标才能获取较为明显的效果，而当其密度达到一定效果时将不再改变。单击选择符号紧缩器工具，执行下列操作，单击或拖动希望改变距离的符号实例的区域，按住 Alt 键或 Option 键并单击或拖动要使符号实例相互远离的区域。

打开图形文件

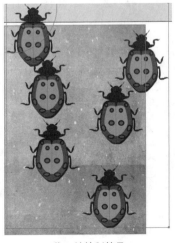

载入并绘制符号

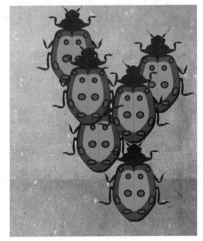

调整符号密度

8.1.7　符号缩放器工具

符号缩放器工具 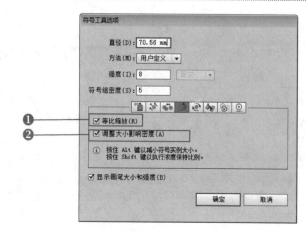 可调整符号实例的大小，选择符号缩放器工具，执行下列操作，单击或拖动要增大符号实例的位置。按住 Alt 键或 Option 键，并单击或拖动要减小符号实例的位置。按住 Shift 键单击或拖动以在缩放时保留符号实例的密度。

双击符号缩放器工具 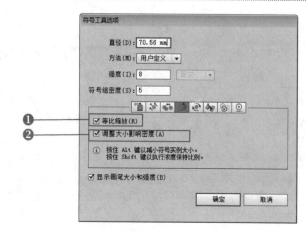，弹出"符号缩放器工具选项"面板。符号缩放器选项仅在选择"符号缩放器"工具时，"符号缩放器"选项才会显示在"符号工具选项"对话框中的"常规"选项下。

❶"等比缩放"选项：保持缩放时每个符号实例形状一致。

❷"调整大小影响密度"选项：放大时，使符号实例彼此远离；缩小时，使符号实例彼此靠拢。

"符号工具选项"对话框

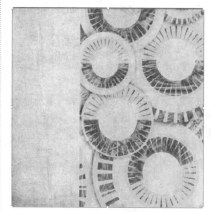

打开图形文件

载入并绘制符号

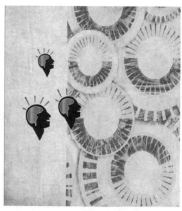

调整指定符号密度

8.1.8　符号旋转器工具

使用符号旋转器工具  旋转符号时，按住鼠标左键并拖动符号，将出现一个轴，旋转时的方向轴指向决定符号旋转后的角度。选择符号旋转器工具，单击或拖动希望符号实例朝向的方向可旋转符号。

打开图形文件

载入并绘制符号

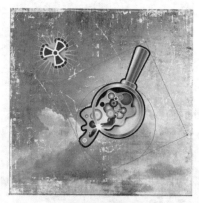

旋转指定符号

8.1.9　符号着色器工具

符号着色器工具![icon]用于改变符号的颜色。对符号实例着色将对其填色更改色调，同时保留原始明度。此方法使用原始颜色的明度和上色颜色的色相生成颜色。因此，具有极高或极低明度的颜色改变很少；黑色或白色对象完全无变化。若要实现也能影响黑白对象的上色方法，请将符号样式器工具与使用所需填充颜色的图形样式结合使用。在"颜色"面板中，选择要用作上色颜色的填充颜色，选择符号着色器工具![icon]，单击或拖动要使用上色颜色着色 的符号实例。上色量逐渐增加，符号实例的颜色逐渐更改为上色颜色。按住Alt键并单击或拖动以减少着色量，并显示更多的原始符号颜色。按住Shift键单击或拖动，以保持上色量为常量，同时逐渐将符号实例颜色更改为上色颜色。

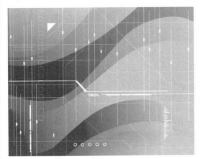

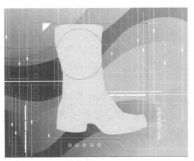

| 打开图形文件 | 载入并绘制符号 | 调整符号颜色 |

8.1.10　符号滤色器工具

符号滤色器工具![icon]可调整符号实例的透明度。可根据调整需要决定在符号上按住鼠标左键的时间，按住时间越长，符号越透明。选择符号滤色器工具![icon]，执行下列操作，单击或拖动可增加符号透明度。按住 Alt 键，并单击或拖动可减少符号透明度。

| 打开图形文件 | 载入并绘制符号 | 调整符号透明度 |

8.1.11　符号样式器工具

符号样式器工具![icon]可以应用或从符号实例中删除图形样式。并可以控制应用的量和位置。使用任何其他符号工具时，可通过单击"图形样式"面板中的样式，切换至符号样式器工具。选择符号样式器工具在"图形样式"面板中选择一个样式，单击或拖动希望将样式应用于符号集的位置。应用于符号实例的样式量增加，样式逐渐更改。按住 Alt 键 (Windows)并单击或拖动可减少样式数量并显示更多原始的、无样式的符号。按住 Shift 键单击可保持样式量为常量，同时逐渐将符号实例样式更改为所选样式。

8.1.12 实战：创建符号图案纹理

光盘路径：第8章\Complete\创建符号图案纹理.ai

步骤1 打开"创建符号图案纹理.ai"文件。

步骤2 单击"符号"面板左下角的"符号库菜单"按钮，在弹出的菜单中选择"疯狂科学"命令，弹出"疯狂科学符号库"。

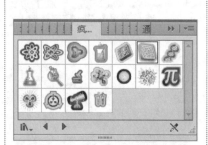

步骤3 载入预设符号，并打开其面板。

步骤4 使用符号喷枪工具，从载入的图形库中选择不同的图像在画面上绘制图形。

步骤5 执行"窗口|图形样式|涂抹效果"命令，打开"涂抹效果"面板，选择"涂抹7"图形样式。

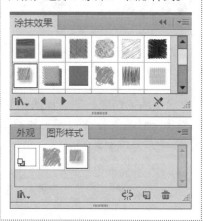

步骤6 单击符号样式器工具，在符号上绘制。

8.1.13 增强的符号编辑功能

增强的符号编辑功能提供了增强的 9 格切片缩放支持。可以对 Illustrator 中的符号直接使用 9 格切片缩放，使其更容易与 Web 元素（如圆角矩形）兼容。

打开图形文件

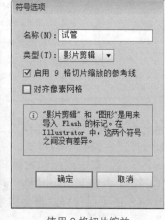

使用 9 格切片缩放

使其更容易与 Web 元素兼容

8.1.14 实战：应用不同的图形样式

💿 光盘路径：第4章\Complete\应用不同的图形样式.ai

步骤1 打开"应用不同的图形样式.ai"文件。

步骤2 单击文字工具 T，输入文字，在菜单栏中设置参数，单击"字符"选项，选择所需的字体，设置其颜色为白色。

步骤3 全选文字，执行"文字 | 更改大小写 | 大写"命令，将文字更改为大写。

步骤4 单击"符号"面板左下角的"符号库菜单"按钮 ，在弹出的菜单中选择"庆祝"命令，弹出"庆祝符号库"。

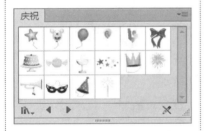

步骤5 载入该预设符号，并打开其面板。

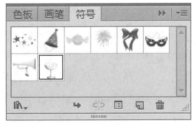

步骤6 使用符号喷枪工具 ，从载入的图形库中选择不同的图像，在画面上合适位置绘制图形，并适当旋转。

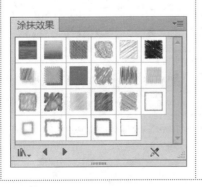

步骤7 执行"窗口 | 图形样式 | 涂抹效果"命令，打开图形样式"涂抹效果"面板。

步骤8 选择"应用不同的图形样式.ai"文件。再选择"涂抹效果"图形样式面板中的"涂抹7"图形样式。单击符号样式器工具 ，在符号上绘制。

步骤9 使用相同方法，为图形添加不同的涂抹效果。制作应用不同的图形样式的图形。

8.2 图表的应用

图表是以可视方式交流统计信息的。在 Adobe Illustrator CS6中，可以创建9种不同类型的图表，并可自定义这些图表以满足需要。单击并按住"工具"面板中的图表工具即可查看可以创建的所有不同类型的图表。

8.2.1 柱形图工具

柱形图工具 用于创建柱形的图案，柱形图表是基本的图表表示方法，它以坐标轴的方式，逐栏显示输入的所有数据资料，柱的高度代表所比较的数值，柱的高度越高，所代表的数值就越大，其主要优点是可以直接读出不同形式的统计数值。

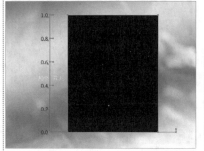
打开图形文件并创建图表

输入图表相关文字

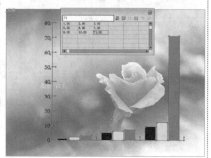
输入图表统计数据

8.2.2 认识"图表数据输入框"

"图表数据输入框"用于输入相关的统计数据。在使用图表工具绘制图表时，将弹出该输入框。在输入框中输入相应数据后，将应用这些数据在图表中，以标注图表中的数据和名称等内容。

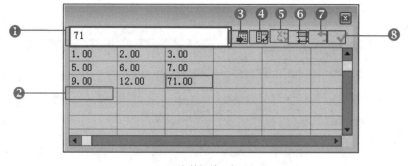
图表数据输入框

❶**文本框**：用于输入文字或数字，并应用到指定的行列中。
❷**光标**：用于确定输入数据的位置，单击表格或按方向键可调整光标位置。

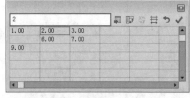
图标初始状态

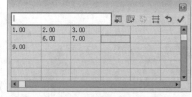
确定输入数据的位置

应用到指定的行列中

❸**"导入数据"按钮** ：可从弹出的"导入表格数据"对话框中导入制表文本文件中的图形数据。
❹**"换位行/列"按钮** ：可置换行列之间的数据。
❺**"切换X/Y"按钮** ：将X轴和Y轴相互转换。
❻**"单元格样式"按钮** ：在弹出的"单元格样式"对话框中设置"小数位数"和"列宽度"。
❼**"恢复"按钮** ：单击该按钮，可将图标数据恢复到初始状态。
❽**"应用"按钮** ：单击该按钮，可将当前数据应用到图表中。

8.2.3 实战：制作柱形图表

光盘路径：第8章\Complete\制作柱形图表.ai

步骤1 打开"制作柱形图表.ai"文件。用于制作柱形图表的背景文件。

步骤2 单击柱形图工具，在画面中拖动以创建图表。

步骤3 单击选择工具，将绘制的图表放置于画面合适的位置。

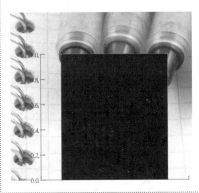

步骤4 在弹出的图表数据输入框中，分别输入列表格和行表格中的相应文字。

步骤5 继续在图标数据框中输入统计数据。为制作柱形图表做铺垫。

步骤6 完成后单击"应用"按钮，以应用图表效果。

8.2.4 堆积柱形图工具

堆积柱形图工具，用于创建堆积柱形图表。此类型的图表与柱形图表类似，不同之处是所要比较的数值叠加在一起，不是并排放置的，此类图表一般用来反映部分与整体的关系。

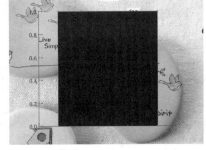

打开图形文件   创建图表   在图表中输入数据

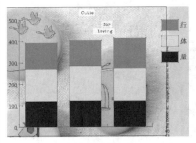
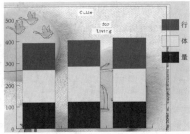
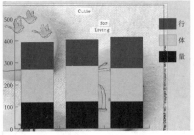

创建的图表   设置顶层色块为红色   分别设置其他块的颜色

8.2.5 认识"图表类型"对话框

"图表类型"对话框用于设置各种类型图表的相关属性。包括图表的类型、数值轴、样式和相应尺寸等属性。通过双击工具箱中的任一图标工具，或用"选择"工具选择图表，执行"对象 | 图表 | 类型"命令，在"图表类型"对话框中，单击与所需图表类型相对应的按钮，然后单击"确定"按钮。

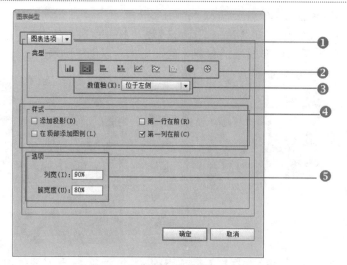

"图表类型"对话框

❶ **"图表选项"下拉列表框**：通过单击下拉按钮，可在弹出的下拉列表中选择"图表选项"、"数值轴"和"类别轴"选项，以切换至相应的选项对话框中。

❷ **列表类型按钮**：单击相应的图表按钮，可切换图表工具选项组，并更改图表类型。

❸ **"数值轴"选项**：通过单击下拉按钮，可在弹出的下拉列表中选择"位于左侧"、"位于右侧"和"位于两侧"选项，以影响区域的垂直轴。

❹ **"样式"选项组**：选择相应的复选框，可为图表添加投影、在顶部添加图例、第一行在前和第一列在前设置。

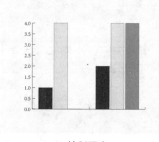

绘制图表

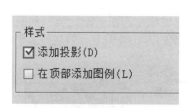

添加投影样式

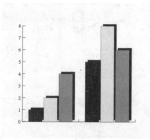

绘制投影样式图表

❺ **"选项"选项组**：用于设置图表列宽和群集宽度。

8.2.6 条形图工具

条形图工具 📊 用于绘制条形图表。此类型的图表与柱形图表的本质是一样的，只是它在水平坐标轴上进行数据比较，用横条的长度代表数值的大小。

打开图形文件

输入图表数据

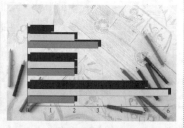

创建投影条形图表

8.2.7　堆积条形图工具

堆积条形图工具 ![icon] 用于绘制堆积条形图表。它与条形图表类似，不同之处是所要比较的数值叠加在一起。在使用方法上，堆积条形图工具 ![icon] 和条形图工具 ![icon] 形式一致。在创建的图表效果上与堆积柱形图表相似，只是在方向上为垂直排列的水平矩形条图表。

打开图形文件

创建图表

应用图表数据创建堆积条形图表

8.2.8　折线图工具

折线图工具 ![icon] 表示一组或者多组数据，并用折线将代表同一组数据的所有点进行连接，不同组的折线颜色不相同，用此类型的图表来表示数据，便于表现数据的变化趋势。

8.2.9　实战：制作折线图表效果

🔵 光盘路径：第8章\Complete\制作折线图表效果.ai

步骤1　打开"制作折线图表效果.ai"文件。

步骤2　单击折线图工具 ![icon]，并在画面中拖动，以创建折线图表。

步骤3　在图表数据输入框中输入相应数据后单击"应用"按钮 ![icon]，并稍微调整图表的位置。

步骤4　单击选择工具 ![icon]，选择图表，单击鼠标右键，在弹出的菜单中选择"类型"命令。

步骤5　在弹出的对话框中单击"条形图"按钮 ![icon] 并应用效果，将折线图转换为条形图表。

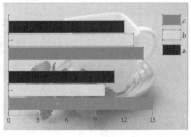

步骤6　还原图表效果，并使用相同方法，选择"数据"命令，在图表数据输入框中可更改折线图数据，完成后单击"应用"按钮 ![icon] 制作折线图表效果。

8.2.10 面积图工具

面积图工具  用于创建块状路径形状的图表，该图表工具将数据以填充后的路径形式表现，通过堆积的面积展示图表中案例对象的总面积。此类图表与折线图表类似，只是在折线与水平坐标之间的区域填充不同的颜色，便于比较整体数值上的变化。

打开图形文件

创建图表

应用图表数据以创建面积图表

8.2.11 散点图工具

散点图工具 用于创建散点式图表，在使用该工具创建的图表中，每个数据根据X、Y坐标确定位置，并使用直线段连接各个数据点。此类图表的X轴和Y轴都为数据坐标轴，在两组数据的交汇处形成坐标点，并由直线将这些点连接，使用这种图表，也可以反映数据的变化趋势。

打开图形文件

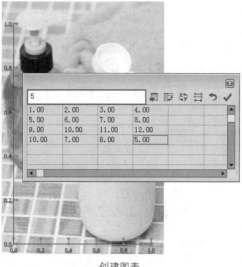
创建图表

应用图表数据以创建散点图表

8.2.12 饼图工具

饼图工具 用于创建饼形分割图表效果。以比较图表中各个部分的百分比。饼形图表通过按比例大小显示饼和饼的各个锲形。此类图表的外形是一个圆形，圆形中的每个扇形表示一组数据，应用此类图表便于表现每组数据所占的百分比，百分比越高，所占的面积就越大。

打开图形文件

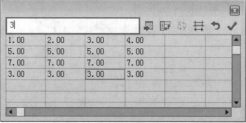
创建图表

应用图表数据创建饼形图表

8.2.13　雷达图工具

雷达图工具以环形围绕的方式显示在时间或特定分类的确定点上各组数据的关系。雷达图表和其他图表不同，它经常被用于自然科学上，一般情况不常见。此类图表是以一种环形方式显示各组数据作为比较。

打开图形文件

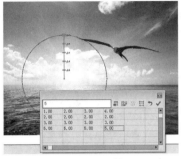
创建图表

应用图表数据以创建雷达图表

8.2.14　实战：制作雷达图表效果

🔵 光盘路径：第8章\Complete\制作雷达图表效果.ai

步骤1　打开"制作雷达图表效果.jpg"文件。	步骤2　单击雷达图工具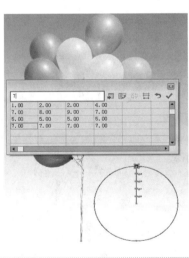，在画面中拖动以创建雷达图，并在弹出的图表数据输入框中输入相关的数据。	步骤3　完成后单击"应用"按钮☑，将雷达图表应用到画面中。

8.2.15　自定义图表

自定义柱形图：首先新建好一个图表（柱形），从符号面板中拖出"树形"符号，断开符号链接，画一个矩形框住符号，矩形放在符号下方，选中两者，单击"对象"菜单，执行"图表丨设计丨新设计"命令，单击"确定"按钮。选中柱形图表单击"对象"菜单，执行"图表丨柱形图表丨选择设计的名称"命令，单击"确定"按钮即可。

8.2.16 实战：应用不同类型的图表（图表之间的相互转换）

🔵 光盘路径：第8章\Complete\应用不同类型的图表.ai

步骤1 打开"应用不同类型的图表.jpg"文件。

步骤2 单击柱形图工具 📊，在画面中拖动以创建图表。在弹出的图表数据输入框中分别输入列表格和行表格中的相应文字。继续在图表数据框中输入统计数据，制作柱形图表。

步骤3 完成后单击"应用"按钮 ✔。并使用选择工具 ▶ 适当调整其位置。

步骤4 单击选择工具 ▶，选择图表，单击鼠标右键，在弹出的菜单中选择"类型"命令。

步骤5 在弹出的对话框中单击堆积柱形图工具 📊，并应用效果，将折线图转换为堆积柱形。

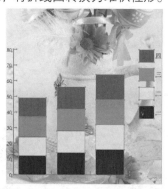

步骤6 按住Shift键并使用直接选择工具 ▶，设置色块的颜色。

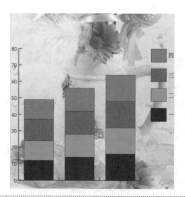

步骤7 使用相同方法，应用效果，将堆积柱形转换为面积图表。

步骤8 使用相同方法，应用效果，将面积图表转换为饼形图表。

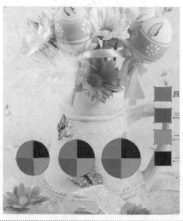

步骤9 继续使用相同方法，应用效果，将饼形图表转换为雷达图表。

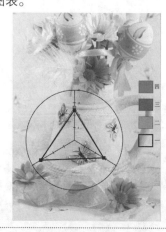

|8.3| 图形样式的应用

图形样式可为指定的对象添加不同类型和样式的特殊纹理效果。在Illustrator CS6中包括多种类型的预设图形样式，应用这些图形样式效果到对象中，可制作丰富的图形效果。下面介绍"图形样式"面板，如何应用图形样式以及图形样式库。

8.3.1 "图形样式"面板

执行"窗口|图形样式|涂抹效果"命令，打开"图形样式"面板，在"图形样式"面板中选择指定的图像样式，将其拖动到指定的图形中，或在选定图像的状态下单击画面中的图形样式，应用至图形中。

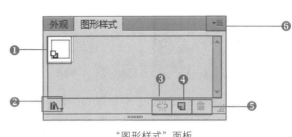

"图形样式"面板

❶**图形样式缩览图**：显示各种图形样式的缩览图，应用后的图形样式将显示在该区域。

❷**"图形样式库菜单"按钮**📷**：**单击该按钮，可在弹出的菜单中选择提供的图形样式库。

❸**"断开图形样式连接"按钮**💠：断开图形样式的连接后，对象依然保持图形样式的外观，但对图形样式的更改不会影响对象的外观。

❹**"新建样式库菜单"按钮**🔲：单击该按钮，以新建图形样式。

"图形样式"面板

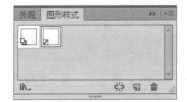

新建图形样式

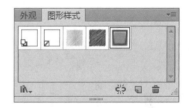

新建更多图形样式

❺**"删除样式库菜单"按钮**🗑：单击该按钮，以删除指定的图形样式。

❻**扩展菜单按钮**☰：单击该按钮，可在弹出的菜单中选择相关命令，以复制或合并图形样式，设置图形样式选项以及储存当前图形样式到图形样式库中。

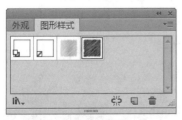

缩览图视图

小列表视图

大列表视图

> 📋 **提示**
> Illustrator CS6带有多种专业设计的图形样式，使您只需单击鼠标就可以改变图稿的外观。不仅如此，图形样式还是完全可逆的，因此，如果不喜欢结果，可以恢复原来的插图。

8.3.2 应用图形样式

将指定的图形样式应用到对象中，可在"图形样式"面板中将该样式拖动到指定的图形中，或在选定图像状态下单击画面中的图形样式，应用至图形中。应用效果后，将在一定程度上改变了图像的原始颜色、轮廓和纹理等特性。

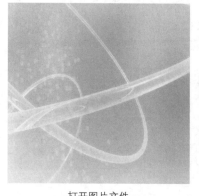

打开图片文件

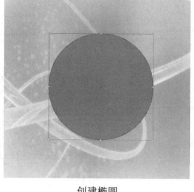

创建椭圆

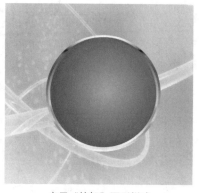

应用"按钮"图形样式

8.3.3 实战：制作绚丽效果

光盘路径：第8章\Complete\制作绚丽效果.ai

步骤1 打开"制作绚丽效果.ai"文件。

步骤2 单击"符号"面板左下角的"符号库菜单"按钮，在弹出的菜单中选择"庆祝"命令，弹出"庆祝符号库"。

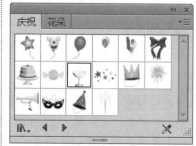

步骤3 继续单击"符号"面板左下角的"符号库菜单"按钮，在弹出的菜单中选择"花朵"命令，弹出"花朵符号库"。

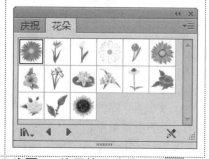

步骤4 继续单击"符号"面板左下角的"符号库菜单"按钮，在弹出的菜单中选择"疯狂科学"命令，弹出"疯狂科学符号库"。

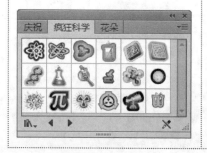

步骤5 载入预设符号，并打开其面板。

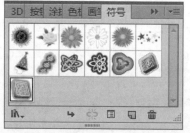

步骤6 使用符号喷枪工具，从载入的图形库中选择不同的图像，在画面上绘制图形。

步骤7 使用选择工具 ▲ ，按住 Shift 键单击符号实例，将图形放大或缩小。

步骤8 单击符号移位器工具 ，按住 Shift 键单击符号实例，将图形位移，放置于画面中的合适位置。

步骤9 执行"窗口 | 图形样式 | 涂抹效果"命令，打开图形样式"涂抹效果"面板。

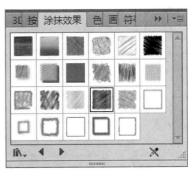

步骤10 使用选择工具 ▲ 。选择应用图形样式的图形。

步骤11 再选择"涂抹效果"图形样式面板中的"涂抹7"图形样式。

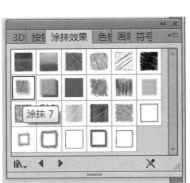

步骤12 单击符号样式器工具 ，在符号上绘制。

步骤13 打开"效果"面板，设置其混合模式为"强度"，"不透明度"为90%，制作出炫彩效果的图形。

步骤14 使用相同方法，选择应用图形样式的图形。再选择"涂抹效果"图形样式面板中的"涂抹13"图形样式。单击符号样式器工具 ，在符号上绘制。

步骤15 打开"效果"面板，设置其"不透明度"为50%，制作出炫彩效果的图形。

步骤16 使用相同方法，选择应用图形样式的图形。再选择"涂抹效果"图形样式面板中的"涂抹11"图形样式。单击符号样式器工具 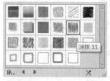，在符号上绘制。

步骤17 打开"效果"面板，设置其混合模式为"强度"，制作出炫彩效果的图形。

步骤18 使用相同方法，在选定图像的状态下单击"按钮和翻转效果"图形样式面板中的"气泡–正常"图形样式，应用至图形中。

步骤19 使用相同方法，从选定不同图像的状态下单击画面中的图形样式，应用至图形中，并设置不同的混合模式及不透明度。

步骤20 按住 Shift 键单击符号实例，将图形适当放大、缩小和旋转，并放置于画面合适的位置。

步骤21 单击文字工具 T，输入文字，在其菜单栏中设置参数，单击"字符"选项，选择所需的字体，设置其颜色为红色。

步骤22 全选文字，执行"文字|更改大小写|大写"命令，将文字更改为大写。

步骤23 选择"应用不同的图形样式.ai"文件。再选择"按钮和翻转效果"图形样式面板中的"红色线圈–正常"图形样式。

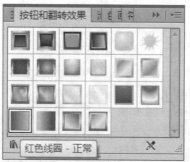

步骤24 单击符号样式器工具 ，在符号上绘制。

8.3.4　图形样式库

Illustrator CS6中提供了强大的图形样式库，其中包括多种类型的图形样式，应用这些图形样式可轻松为对象创建各种风格的图形效果。在图形样式库中包括3D效果、按钮和翻转效果、文字效果、涂抹效果、照亮样式、纹理、艺术效果、附属品和霓虹效果等图形样式。可在"图形样式"面板中选择指定的图像样式，在选定图像的状态下单击画面中的图形样式，应用至图形中。也可选择执行"窗口｜图形样式｜涂抹效果"命令打开"图形样式"面板，在"图形样式"面板中选择指定的图形样式。

图形样式库

❶ **"3D效果"选项**：选择需要添加图层样式的图形，单击该选项，将会弹出"3D效果"图形样式面板，在该面板中选择需要添加的图层样式，便可在图形上添加该样式效果。

❷ **"vonster图案样式"选项**：选择需要添加图层样式的图形，单击该选项，将会弹出"vonster图案样式"图形样式面板，在该面板中选择需要添加的图层样式，便可在图形上添加该样式效果。

❸ **"图像效果"选项**：选择需要添加图层样式的图形，单击该选项，将会弹出"图案效果"图形样式面板，在该面板中选择需要添加的图层样式，便可在图形上添加该样式效果。

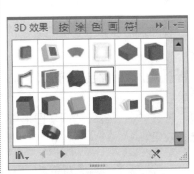
"3D效果"图形样式面板库

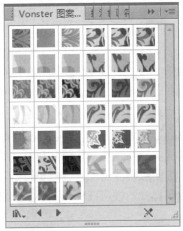
"vonster图案样式"图形样式面板库

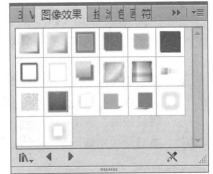
"图像效果"图形样式面板库

❹ **"按钮和翻转效果"选项**：选择需要添加图层样式的图形，单击该选项，将会弹出"按钮和翻转效果"图形样式面板，在该面板中选择需要添加的图层样式，便可在图形上添加该样式效果。

❺ **"文字效果"选项**：选择需要添加图层样式的图形，单击该选项，将会弹出"文字效果"图形样式面板，在该面板中选择需要添加的图层样式，便可在图形上添加该样式效果。

❻ **"斑点画笔的附属品"选项**：选择需要添加图层样式的图形，单击该选项，将会弹出"斑点画笔的附属品"图形样式面板，在该面板中选择需要添加的图层样式，便可在图形上添加该样式效果。

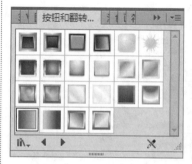

"按钮和翻转效果"图形样式面板库

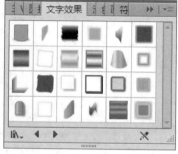

"文字效果"图形样式面板库

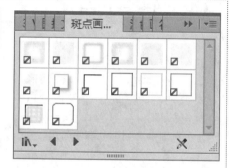

"斑点画笔的附属品"图形样式面板库

❼ **"涂抹效果"选项**：选择需要添加图层样式的图形，单击该选项，将会弹出"涂抹效果"图形样式面板，在该面板中选择需要添加的图层样式，便可在图形上添加该样式效果。

❽ **"照亮样式"选项**：选择需要添加图层样式的图形，单击该选项，将会弹出"照亮样式"图形样式面板，在该面板中选择需要添加的图层样式，便可在图形上添加该样式效果。

❾ **"纹理"选项**：选择需要添加图层样式的图形，单击该选项，将会弹出"纹理"图形样式面板，在该面板中选择需要添加的图层样式，便可在图形上添加该样式效果。

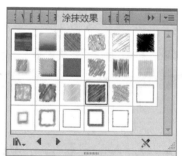

"涂抹效果"图形样式面板库

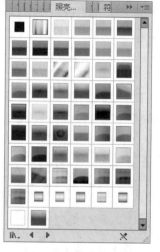

"照亮样式"图形样式面板库

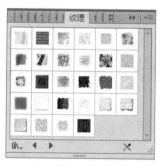

"纹理"图形样式面板库

❿ **"艺术效果"选项**：选择需要添加图层样式的图形，单击该选项，将会弹出"艺术效果"图形样式面板，在该面板中选择需要添加的图层样式，便可在图形上添加该样式效果。

⓫ **"附属品"选项**：选择需要添加图层样式的图形，单击该选项，将会弹出"附属品"图形样式面板，在该面板中选择需要添加的图层样式，便可在图形上添加该样式效果。

⓬ **"霓虹效果"选项**：选择需要添加图层样式的图形，单击该选项，将会弹出"霓虹效果"图形样式面板，在该面板中选择需要添加的图层样式，便可在图形上添加该样式效果。

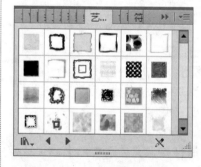

"艺术效果"图形样式面板库

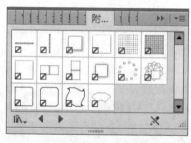

"附属品"图形样式面板库

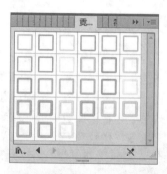

"霓虹效果"图形样式面板库

8.3.5 实战：制作不同的图像效果

💿 光盘路径：第8章\Complete\制作不同的图像效果.ai

步骤1 打开"制作不同的图像效果.jpg"文件。

步骤2 单击"符号"面板左下角的"符号库菜单"按钮，在弹出的菜单中选择"提基"命令，弹出"提基符号库"。

步骤3 载入该预设符号，并打开其面板。

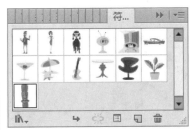

步骤4 使用符号喷枪工具，从载入的图形库中选择不同的图像，在画面上绘制图形。

步骤5 使用选择工具，按住Shift键单击符号实例，将图形放大、缩小或旋转。单击符号移位器工具，将图像放置于画面合适的位置。

步骤6 执行"窗口丨图形样式丨艺术效果"命令，打开图形样式"艺术效果"面板。

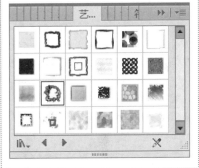

步骤7 使用选择工具。选择应用图形样式的图形。

步骤8 选择"艺术效果"图形样式面板中的"铅笔"图形样式。

步骤9 单击符号样式器工具，在符号上绘制。

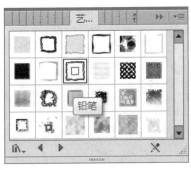

步骤10 使用选择工具，选择应用图形样式的图形，使用相同方法绘制。

步骤11 使用选择工具，选择应用图形样式的图形。选择"纹理"图形样式面板中的"RGB铁锈"图形样式。

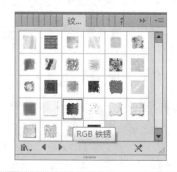

步骤12 单击符号样式器工具，在符号上绘制。

步骤13 使用选择工具，选择应用图形样式的图形。选择"涂抹效果"图形样式面板中的"涂抹7"图形样式。

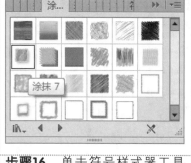

步骤14 单击符号样式器工具，在符号上绘制。

步骤15 使用选择工具，选择应用图形样式的图形。选择"霓虹效果"图形样式面板中的"浅黄色霓虹"图形样式。

步骤16 单击符号样式器工具，在符号上绘制。

步骤17 单击文字工具，输入文字，在其菜单栏中设置参数，单击"字符"选项，选择所需的字体，设置颜色为咖啡色。

步骤18 选择"文字效果"图形样式面板中的"扭曲"图形样式。单击符号样式器工具，在符号上绘制，制作多种图形效果的图像。

8.4 | 操作答疑

在Illustrator CS6中符号、图表与样式的应用十分重要，前面讲解了符号工具、图表、图形样式等相关功能的应用。下面对一些知识点进行操作答疑。

8.4.1 专家答疑

（1）符号工具有哪些，使用这些工具有什么作用？

答：使用符号工具可以方便、快捷地生成很多相似的图形实例。在符号工具组中共有八个符号工具，分别为"符号喷枪"、"符号移位器"、"符号紧缩器"、"符号缩放器"、"符号旋转器"、"符号着色器"、"符号滤色器"和"符号样式器"工具，使用这组工具不但可以创建符号图形，还可以对符号图形进行移动、删除、着色、旋转等编辑。

（2）为什么在Illustrator中的符号着色器工具不能着色呢？

答：首先"符号着色器"只能对"符号"起作用。符号只有通过"符号喷枪工具"喷出或者直接从"符号"面板拖出，然后换成"符号着色工具"在色板里选个颜色，对符号使用。

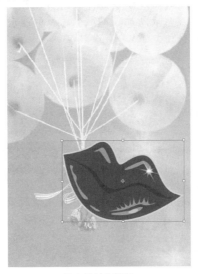

打开图形文件　　　　　　载入并绘制符号　　　　使用"符号着色工具"调整符号颜色

（3）Illustrator CS6中的图形样式怎么编辑的？

答：Illustrator CS6中提供了强大的图形样式库，其中包括多种类型的图形样式，应用这些图形样式可轻松地为对象创建各种风格的图形效果。在图形样式库中包括3D效果、按钮和翻转效果、文字效果、涂抹效果、照亮样式、纹理、艺术效果、附属品和霓虹效果等图形样式。可在"图形样式"面板中选择指定的图像样式，在选定图像的状态下单击画面中的图形样式，应用至图形中。也可选择执行"窗口 | 图形样式 | 涂抹效果"命令打开"图形样式"面板，在"图形样式"面板中选择指定的图像样式。

8.4.2 操作习题

1. 选择题

（1）使用符号工具时，可随时按"["键以减小直径，或按"]"键以增大直径。"平均"设置仅考虑"符号喷枪"工具的画笔半径内的实例，您可使用（　　　）选项进行设置。要在工作时看到半径，请选择"显示画笔大小和强度"。

　　A．"半径"　　　　　　　　B．"直径"　　　　　　　　C．"轴"

（2）（　　）用于绘制选定的符号。符号喷枪就像一个粉雾喷枪，可一次将大量相同的对象添加到画板上。例如，使用符号喷枪可添加许许多多的草叶、野花、蜜蜂或雪花。

　　A.符号喷枪工具　　　　　　　B.符号移位器工具　　　　　　C.符号紧缩器工具

（3）增强的符号编辑功能提供了增强的 9 格切片缩放支持。可以对 Illustrator 中的符号直接使用（　　），使其更容易与 Web 元素（如圆角矩形）兼容。

　　A. 7 格切片缩放　　　　　　　B.8 格切片缩放　　　　　　　C.9 格切片缩放

2. 填空题

（1）符号滤色器工具，可调整符号实例的透明度。可根据调整需要决定在符号上按住鼠标左键的时间，按住时间越长，符号越透明。选择符号滤色器工具，执行下列操作，单击或拖动希望增加符号透明度的位置。按住_____键，并单击或拖动要减少符号透明度的位置。

（2）"图表类型"对话框用于设置各类型图表的相关属性。包括图表的类型、数值轴、样式和相应尺寸等属性。通过双击工具箱中的任一图标工具，或用"选择"工具选择图表，执行"对象 | 图表 | 类型"命令_____对话框中，单击与所需图表类型相对应的按钮，然后单击"确定"按钮。

（3）_____用于创建柱形的图案，柱形图表是基本的图表表示方法，它使用坐标轴的方式，逐栏显示输入的所有数据资料，柱的高度代表所比较的数值，柱的高度越高，所代有的数值就越大，其主要优点是可以直接读出不同形式的统计数值

3. 操作题

为图像载入并应用符号。

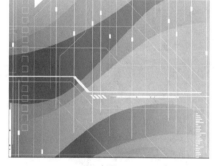
步骤1

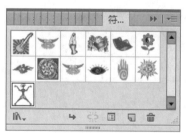
步骤2

步骤3

（1）打开一张图形文件。

（2）单击"符号"面板左下角的"符号库菜单"按钮，在弹出的菜单中载入预设符号。

（3）使用符号喷枪工具，从载入的图形库中选择不同的图像，在画面上绘制图形。

第**9**章

艺术效果和滤镜

本章重点:

　　本章将针对Illustrator CS6中的滤镜效果和其他相关效果的应用进行讲解,以了解矢量对象和位图图像特殊效果应用的操作功能及其操作方法。Illustrator CS6中的滤镜包括Illustrator滤镜和Photoshop滤镜两类,用于矢量对象和位图图像的编辑处理。

学习目的:

　　掌握创建滤镜组、扭曲和变换滤镜组和风格化滤镜组的用法。使用这些滤镜能制作出丰富的滤镜效果,以达到用户所需。

参考时间: 55分钟

主要知识	学习时间
9.1　认识效果	10分钟
9.2　艺术效果的应用	20分钟
9.3　滤镜的应用	25分钟

9.1 认识效果

在Illustrator CS6中，效果可应用于位图和矢量图像之中，用户可以根据不同的效果得到自己想要的画面效果，以满足设计工作需要。

9.1.1 效果属性

效果属性包括了Illustrator滤镜和Photoshop滤镜两类，Illustrator滤镜里面包括"3D"、"SVG滤镜"、"变形"、"扭曲变换"、"栅格化"、"裁剪标记"、"路径"、"路径查找器"、"转换为形状"和"风格化"等。Photoshop滤镜包括"效果画廊"、"像素化"、"扭曲"、"模糊"、"画笔描边"、"素描"、"纹理"、"艺术效果"、"视频"和"风格化"等。

9.1.2 应用效果

选择对象或组（或在"图层"面板中定位一个图层）。如果想对一个对象的特征属性应用效果，选择该对象，然后在"外观"面板中选择该属性。执行"效果"菜单的命令，单击"外观"面板中的"添加新的效果 *fx.*"，并选择一种效果。在出现的对话框中，设置相应选项，然后单击"确定"按钮。

9.1.3 栅格效果

栅格效果是用来生成像素的效果。栅格化效果包括"SVG滤镜"、"效果"菜单下部区域的所有效果，以及"效果丨风格化"子菜单中的"投影"、"内发光"、"外发光"和"羽化"效果。

❶ **"颜色模型"选项组**：用于确定在栅格化过程中所用的颜色模型。可以生成RGB或CMYK颜色的图像（这取决于文档的颜色模式）、灰度图像或1位图像（黑白位图或是黑色和透明色，这取决于所选的背景选项）。

❷ **"分辨率"选项组**：用于确定在栅格化图像中每英寸像素数，栅格化矢量对象时，请选择"使用文档栅格效果分辨率"来设置全局分辨率。

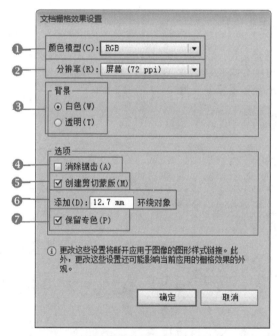

"文档栅格化效果设置"对话框

❸ **"背景"选项**：用于确定矢量图形的透明区域如何转换为像素，选择"白色"可用白色像素填充透明区域，选择"透明"可使背景透明。如果选择"透明"，则会创建一个Alpha通道，如果图稿被导出到Photoshop中，则Alpha通道将被保留。

❹ **"消除锯齿"选项**：应用消除锯齿效果，以改善栅格化图像的锯齿边缘外观，设置文档的栅格化选项时，若取消选择此选项，则保留细小线条和细小文本的尖锐边缘。栅格化矢量对象时，若选择"无"，则不会应用消除锯齿效果，而线稿图在栅格化时也将保留其尖锐边缘，选择"优化图稿"，可应用最适合无文字图稿的消除锯齿效果，选择"优化文字"，可应用最适合文字的消除锯齿效果。

❺ **"创建剪切蒙版"选项**：创建一个使栅格化图像的背景显示为透明的蒙版，如果"背景"选择了"透明"，则不需要再创建剪切蒙版。

❻ **"添加环绕对象"选项**：通过指定像素值，为栅格化图像添加边缘填充或边框，结果图像的尺寸等于原始尺寸加上"添加环绕对象"所设置的数值。例如，可以使用该设置创建快照效果，方法是：为"添加环绕对象"设置指定一个值，选择"白色背景"。并取消选择"创建剪切蒙版"，添加到原始对象上的白色边界成为图像上的可见边框，还可以应用"投影"或"外发光"效果，使原始图稿看起来像照片一样。

❼ **"保留专色"选项**：通过复选框的勾选，设置专色。

9.1.4 重复效果应用

将之前应用的效果，再次进行重复的应用。例如，选择一张图像，执行"效果 | 素描 | 水彩画纸"命令，在弹出的对话框中设置画布纤维的长度，以及图像亮度和对比度。然后再次按Alt +Shift+ Ctrl+E快捷键，即可对刚才的效果再次应用滤镜效果。

9.1.5 使用效果改变对象形状

当执行了一个效果时，发现并不是预期的效果图，那么可以通过执行"窗口 | 外观"命令，弹出外观面板，再次对使用的效果或形状进行更改。

9.1.6 实战：制作图像重复效果

💿 **光盘路径：**第9章 \Complete\制作图形重复效果.ai

步骤1 选择"文件	新建"命令。在弹出的对话框中设置其参数，完成后单击"确定"按钮，新建一个图形文件。	**步骤2** 打开"制作图形重复效果.jpg"图像文件。将图像拖至当前图像文件中，并调整图像大小和位置。	**步骤3** 打开"制作图形重复效果2.jpg"图像文件。将图像拖至当前图像文件中，并调整图像大小和位置。

步骤4 执行"效果 | 变形 | 弧形"命令，在弹出的对话框中设置相应的参数值，并调整图像大小和位置，以达到扇形的效果。

步骤5 单击矩形工具，在扇形下方绘制一个蓝色（C83、M63、Y0、K0）的矩形，再复制一个，使用选择工具旋转矩形。执行"对象 | 混合 | 混合选项"命令，在弹出的对话框中设置参数值。再次执行"对象 | 混合 | 建立"命令。再继续执行"效果 | 变形 | 弧形"命令，在弹出的对话框中设置相应的参数值，并调整图像大小和位置，将绘制好的矩形放置在扇形下面。

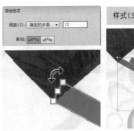

9.2 | 艺术效果的应用

其他效果主要是应用"效果"菜单中的3D、SVG滤镜、变形、转换为形状、路径和路径查找器等效果调整对象的外观，它们是应用于矢量对象的效果命令，在前面的章节由于已经讲到了相关的调整命令，如结合使用"路径查找器"修复对象的操作，在这里将省略一些效果命令。

9.2.1 3D效果

3D效果用于创建对象的3D立体效果，选择"效果 | 3D"命令，弹出其子菜单，其中包括"突出和斜角"、"绕转"和"旋转"效果命令。

"凸出和斜角"效果

"凸出和斜角"效果用于创建对象的凸出立体效果、斜角样式和表面的光照，以添加对象的3D立体效果，应用该命令可在弹出的对话框中设置对象创建3D效果的相关属性，以便制作出更为逼真的立体效果。

❶ **"位置"下拉列表框**：可在下拉列表框中选择预设的3D旋转样式或自定义旋转。

❷ **指定旋转**：可在右端的文本框中输入围绕X、Y或Z轴旋转的角度，以精确调整对象的旋转角度；或通过在左端的3D旋转缩览图中拖动立体模块和边缘颜色条，以自定义旋转效果。

❸ **"透视"数值框**：用于设置模拟3D透视的镜头扭曲曲度。

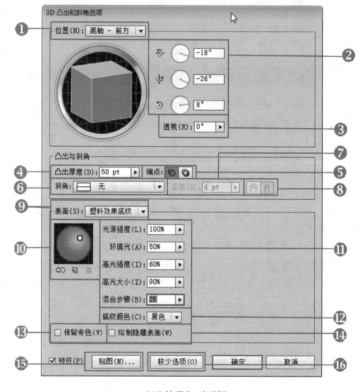

"3D效果"对话框

❹ **"凸出厚度"数值框**：用于设置模拟3D透视的凸出厚度。

❺ **"端点"选项**：设置为开启端点以建立实心外观，设置为关闭端点以建立空心外观。

❻ **"斜角"选项**：设置3D立体凸出面的斜角样式。

❼ **"高度"选项**：用于设置斜角的角度，选择某一斜角样式可激活该选项。

❽ **"斜角外扩"和"斜角内缩"按钮**：单击"斜角外扩"按钮将斜角添加至原始对象；单击"斜角内缩"按钮，则自原始对象减去斜角。

❾ **"表面"下拉列表框**：用于设置3D对象的渲染样式。

❿ **"将所选光源移到对象后面"按钮**：将所选定的光源后移到对象的背景。

⓫ **光照设置选项**：用于设置3D效果的光源、高光、环境色和混合颜色等属性。

⓬ **"底纹颜色"选项**：用于设置3D效果的底纹颜色。

⓭ **"保留专色"复选框**：选择该复选框，创建3D效果时保留对象的专色。

⓮ **"绘制隐藏表面"复选框**：选择该复选框，对隐藏的对象表面进行渲染绘制。

⓯ **"贴图"按钮**：对3D对象的各个表面做二维贴图处理。

⓰ **"较少选项"按钮**：默认状态下为"较多选项"按钮，单击该按钮则转换为"较少选项"按钮，以展示或收缩更多的设置选项。

9.2.2 实战：制作3D立体文字

🔵 **光盘路径**：第9章 \Complete\制作3D立体文字.ai

步骤1 选择"文件 | 新建"命令，在弹出的对话框中设置其参数，完成后单击"确定"按钮，新建一个图形文件。

步骤2 单击矩形工具 ▣，在画面中绘制一个矩形，然后使用渐变工具 ▣，在矩形框里拖出渐变效果。再单击文字工具 T，在画面输入相应的文字，并设置其字体样式和大小，颜色设置为黄色（C9、M12、Y68、K0）和蓝色（C71、M69、Y0、K0）。再结合钢笔工具 ✎ 和椭圆工具 ⬭，在文字上方绘制出多个正圆和图形，并编组再复制一个。

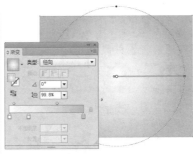

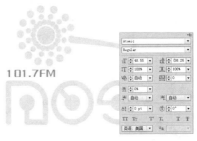

步骤3 执行"效果 | 3D | 凸出和斜角"命令，在弹出的对话框中设置各项参数值。

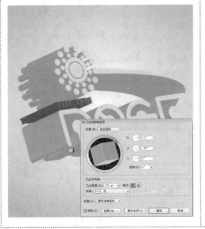

步骤4 复制一个刚才的标志，将混合模式变为"强光"，叠加在立体文字上面。

步骤5 单击圆角矩形工具 ▣，在画面右下角绘制一个白色矩形。将之前复制的那个标志拖到矩形框中，并编组放置在画面右下角。

"绕转"效果

"绕转"效果可对对象旋转360度或以指定的角度创建立体图形，选择"效果 | 3D | 绕转"命令，可在弹出的"3D绕转选项"对话框中设置对象的绕转度、对象相对旋转轴偏移的距离，以及指定绕转轴的位置等属性。

原星形图

以120度绕转

以360度绕环

"旋转"效果

"旋转"效果通过立体透视旋转的方式调整对象的透视感，应用该命令可在弹出的对话框中设置对象旋转的角度和透视的角度等属性。

9.2.3 SVG滤镜

"SVG滤镜"在Web浏览中显示图像时可将滤镜实时应用到作品，选择"效果 | SVG滤镜"命令，弹出子菜单，包括"应用SVG滤镜"和"导入SVG滤镜"命令。

应用SVG滤镜，可在弹出的"应用SVG滤镜"对话框中编辑、新建或删除SVG滤镜。

导入SVG滤镜，通过在弹出的"选择SVG文件"对话框中选择指定的文件可将其导入。

9.2.4 实战：制作图形投影效果

🔘 光盘路径：第9章 \Complete\制作图形投影效果.ai

步骤1 打开"制作图形投影效果.ai"文件，将图像拖至当前图像文件。

步骤2 单击星形工具☆，在画面中绘制一个黄色（C4、M25、Y78、K0）的星形。

步骤3 执行"效果 | SVG滤镜 | 应用SVG滤镜 | 斜角阴影"命令，绘制阴影效果。

9.2.5 实战：制作图形膨胀效果

🔘 光盘路径：第9章 \Complete\制作图形膨胀效果.ai

步骤1 选择"文件 | 新建"命令。新建一个图形文件。使用椭圆工具在图像上绘制两个圆形图像，并结合"路径查找器"命令剪切图像。

步骤2 按快捷键Ctrl+Shift+F原位复制并粘贴椭圆图形，更改图形颜色后执行"效果 | SVG滤镜 | 应用SVG滤镜 | 膨胀"命令，以达到膨胀效果。

步骤3 调整图形至最下方，然后采用相同的方法为画面中绘制更多不同色彩的形状图形。

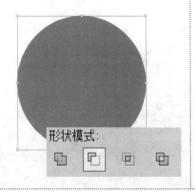

9.2.6　"变形"效果

"变形"效果与"对象"菜单的"封套扭曲"子菜单中的"用变形建立"命令应用效果一致。前者可通过"外观"面板调整对象，所应用的变形效果为可随时编辑的状态；后者则只能创建一个变形封套，并会对对象的原始效果进行更改。

9.2.7　实战：制作弧形变形效果

🔘 光盘路径：第9章 \Complete\制作弧形变形效果.ai

步骤1 选择"文件 | 新建"命令。在弹出的对话框中设置其参数，完成后单击"确定"按钮，新建一个图形文件。

步骤2 单击矩形工具▣，在画面中绘制一个淡紫色（C50、M44、Y0、K0）矩形图形。

步骤3 单击矩形工具▣，在图像上绘制矩形图形，填充颜色为粉紫色（C15、M39、Y0、K0），再复制多个矩形条。

步骤4 选中所有矩形条，执行"效果 | 变形 | 弧形"命令，以达到扇形的效果。

步骤5 复制多个变形图像并再次结合矩形工具▣，在画面中绘制粉紫色线条。

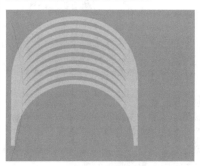

9.2.8　"扭曲和变换"效果

"扭曲和变换"滤镜组可对对象形状做变形扭曲的编辑调整，选择"效果 | 扭曲和变换"命令，弹出其子菜单，其中包括"变换"、"扭拧"、"扭转"、"收缩和膨胀"、"波纹效果"、"粗糙化"和"自由扭曲"效果，选择相应的命令可应用不同的扭曲或变换效果。

"扭拧"效果

"扭拧"效果可用于扭拧对象形状。选择"效果 | 扭曲和变换 | 扭拧"命令，可在弹出的"扭拧"对话框中设置相关选项。

❶ **"数量"选项组**：用于设置沿水平方向或垂直方向扭拧对象的程度，数值越大，扭拧程度越大；"相对"单选钮用于设置相对于原对象的百分比的扭拧程度；"绝对"单选钮用于设置以指定的尺寸参数值扭拧对象。

❷ **"修改"选项组**：选择"锚点"复选框，对锚点进行扭拧；选择"'导入'控制点"复选框，在路径内移动控制点；选择"'导出'控制点"复选框，在路径外移动控制点。

"扭拧"对话框

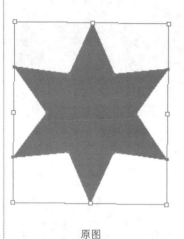

原图

扭拧后的图像效果

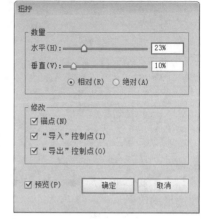

"扭拧"对话框

"变换"效果

"变换"效果可缩放对象、调整对象位置或镜像，选择"效果 | 扭曲和变换 | 变换"命令，可在弹出的"变换效果"对话框中设置其选项。

❶ **"缩放"选项组**：用于设置沿水平方向或垂直方向放大或缩小对象。

❷ **"移动"选项组**：用于设置沿水平方向或垂直方向移动对象。

❸ **"旋转"选项组**：用于调整对象旋转的角度，可输入数值或直接调整角度方向。

❹ **"副本"文本框**：输入指定的份数后可以相当的复制叠加效果应用到变换效果。

❺ **"对称X（X）"复选框**：选择该复选框，对象以X轴方向做镜像对称变换。

❻ **"对称Y（Y）"复选框**：选择该复选框，对象以Y轴方向做镜像对称变换。

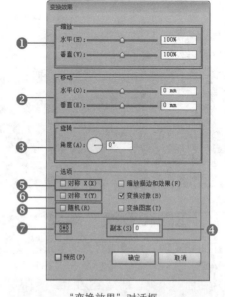

"变换效果"对话框

❼ **"基点"选项**：单击其中某个角度的锚点，将以指定的锚点为基点对对象进行变换。

❽ **"随机"复选框**：选择该复选框以随机变换对象。

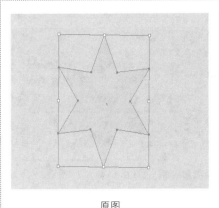

原图

扭拧后的效果

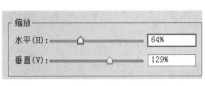

"缩放"面板

9.2.9 实战：制作图形扭曲效果

🔵 光盘路径：第9章 \Complete\制作图形扭曲效果.ai

步骤1 选择"文件 | 新建"命令。在弹出的对话框中设置其参数，完成后单击"确定"按钮，新建一个图形文件。

步骤2 打开"制作图形扭曲效果.ai"文件，将图像拖至当前图像文件中，并调整图像大小和位置。

步骤3 执行"效果 | 变形 | 弧形"命令，以达到扭曲的效果。

原图

60度扭转

200度扭转

"扭转"效果

"扭转"效果可扭转变形对象的形状，选择对象，执行"效果 | 扭曲和变换 | 扭转"命令，可在弹出的"扭转"对话框中设置扭转的角度，数值大于0时，对象顺时针扭转；数值小于0时，对象逆时针旋转。

"收缩和膨胀"效果

"收缩和膨胀"效果是以对象中心点为基点，对对象进行收缩或膨胀的变形调整，选择"效果 | 扭曲和变换 | 收缩和膨胀"命令，可在弹出的"收缩和膨胀"对话框中设置对象为收缩或膨胀状态，数值为正时膨胀对象；数值为负时收缩对象。

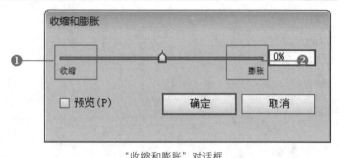

"收缩和膨胀"对话框

❶ **"收缩"选项**：通过参数设置收缩，数值越是负值，效果就越明显。

❷ **"膨胀"选项**：通过参数设置收缩，负值越大，效果就越明显。

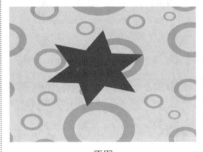

原图

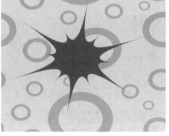

收缩对象

膨胀对象

"波纹效果"效果

"波纹效果"效果用于对路径边缘进行波纹化的扭曲，应用该效果将在路径内侧和外侧分别生成波纹或锯齿状线段锚点，选择"效果 | 扭曲和变换 | 波纹效果"命令，可在弹出的"波纹效果"对话框中设置波纹扭曲的程度、隆起的数量和路径连接方式。

❶ **"大小"选项**：通过设置参数和下面的选项得到效果。

❷ **"每段的隆起数"选项**：通过参数的设置，达到效果。

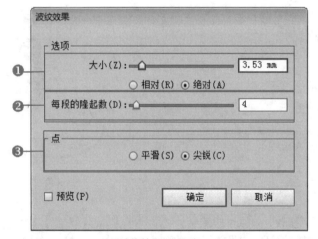

"波纹效果"对话框

原图

相对扭曲的波纹效果

绝对扭曲的波纹效果

"粗糙化"效果

"粗糙化"效果通过在对象路径上添加锚点的方式使其变得粗糙，选择"效果|扭曲和变换|粗糙化"命令，可在弹出的"粗糙化"对话框中设置对象的粗糙程度和路径连接方式等。

❶ **"大小"选项**：通过设置参数，百分比越大图像的粗糙度就越大。

❷ **"细节"选项**：通过设置参数,调节细节的变化。

❸ **"点"选项**：通过设置"平滑"、"尖锐"选项设置效果。

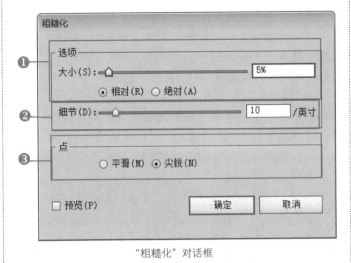

"粗糙化"对话框

原图

平滑扭曲效果

尖锐扭曲效果

"自由扭曲"效果

"自由扭曲"效果用于对对象做自由扭曲和倾斜等变形操作，选择"效果|扭曲和变换|自由扭曲"命令，可在弹出的"自由扭曲"对话框中通过拖动定界框锚点以变形扭曲对象，单击"重置"按钮，可还原对象的状态。

原图

"自由变形"对话框

自由变形后的形状

9.2.10 "栅格化"效果

栅格效果是用来生成像素的效果，栅格化效果包括"SVG滤镜"、"效果"菜单下部区域的所有效果，以及"效果|风格化"子菜单中的"投影"、"内发光"、"外发光"和"羽化"命令。

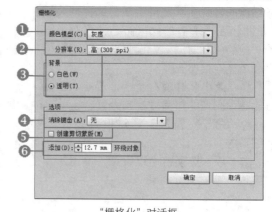

"栅格化"对话框

❶ "颜色模型"选项：用于确定在栅格化过程中所用的颜色模型。可以生成RGB或CMYK颜色的图像（这取决于文档的颜色模式）、灰度图像或1位图像（黑白位图或是黑色和透明色，这取决于所选的背景选项）。

❷ "分辨率"选项：用于确定在栅格化图像中每英寸像素数，栅格化矢量对象时，请选择"使用文档栅格效果分辨率"来设置全局分辨率。

❸ "背景"选项组：用于确定矢量图形的透明区域如何转换为像素，选择"白色"可用白色像素填充透明区域，选择"透明"可使背景透明。如果选择"透明"，则会创建一个Alpha通道，如果图稿被导出到Photoshop中，则Alpha通道将被保留。

❹ "消除锯齿"选项：应用消除锯齿效果，可改善栅格化图像的锯齿边缘外观，设置文档的栅格化选项时，若取消选择此选项，则保留细小线条和细小文本的尖锐边缘。栅格化矢量对象时，若选择"无"，则不会应用消除锯齿效果，而线稿图在栅格化时也将保留其尖锐边缘，选择"优化图稿"，可应用最适合无文字图稿的消除锯齿效果，选择"优化文字"，可应用最适合文字的消除锯齿效果。

❺ "创建剪切蒙版"复选框：创建一个使栅格化图像的背景显示为透明的蒙版，如果为"背景"选择了"透明"，则不需要再创建剪切蒙版。

❻ "添加环绕对象"选项：通过指定像素值，为栅格化图像添加边缘填充或边框，结果图像的尺寸等于原始尺寸加上"添加环绕对象"所设置的数值，例如，可以使用该设置创建快照效果，方法是：为"添加环绕对象"设置指定一个值，选择"白色背景"，并取消选择"创建剪切蒙版"，添加到原始对象上的白色边界成为图像上的可见边框，还可以应用"投影"或"外发光"效果，使原始图稿看起来像照片一样。

9.2.11 "裁剪标记"效果

在Illustrator CS6中，可以创建可编辑的裁切/裁剪标记，方便用户在打印时使用，要使用此标记，先选择对象，然后执行"效果|裁剪标记"命令。

"裁剪标记"效果

9.2.12 "路径"效果

执行"效果 | 路径"命令，可在弹出的子菜单中选择"偏移路径"、"轮廓化对象"、"轮廓化描边"命令。

❶"位移"选项：通过设置参数值来改变路径的范围。

❷"连接"选项：通过选择下拉列表中的"斜接"、"圆角"、"斜角"选项进行设置。

❸"斜接限制"选项：通过设置参数值，更改路径的范围。

"偏移路径"对话框

9.2.13 "路径查找器"效果

"路径查找器效果"可以用十种交互模式中的一种来组合多个对象。与复合形状不同，在使用路径查找器效果时，不能编辑对象之间的交互模式。

❶"相加"按钮：描摹所有对象的轮廓，就像它们是单独的、已合并的对象一样，此选项产生的结果形状会采用顶层对象的上色属性。

❷"相减"按钮：从最后面的对象中减去最前面的对象，应用此命令，可以通过调整堆栈顺序来删除插图中的某些区域。

❸"交集"按钮：描摹被所有对象重叠的区域轮廓。

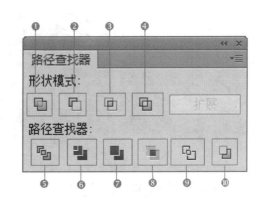

"路径查找器"对话框

❹"差集"按钮：描摹所有未被重叠的区域，并使重叠区域透明，若有偶数个对象重叠，则重叠处会变成透明，而有奇数个对象重叠时，重叠的地方则会填充颜色。

❺"分割"按钮：将一份图稿分割为其构成成分的填充表面。

❻"修边"按钮：删除已填充对象被隐藏的部分，它会删除所有描边，且不会合并相同颜色的对象。

❼"合并"按钮：删除已填充对象被隐藏的部分，它会删除所有描边，且不会合并相同颜色的相邻或重叠的对象。

❽"裁剪"按钮：将图稿分割为其构成成分的填充表面，然后删除图稿中所有落在最上方对象边界之外的部分，这还会删除所有描边。

❾"轮廓"按钮：将对象分割为其组件线段或边缘，在准备需要对叠印对象进行陷印的图稿时，此命令非常有用。

❿"减去后方对象"按钮：从最前面的对象中减去后面的对象，应用此命令，可以通过调整顺序来删除插图中的某些区域。

9.2.14 "转换为形状"效果

"转换为形状"滤镜组中包括"矩形"、"圆角矩形"和"椭圆"效果，通过应用这些效果可转换对象为指定的形状，而不影响对象的原始现状。应用该滤镜组中任一命令，弹出"形状选项"对话框，在对话框中可设置转换形状的相关属性。也可在其中切换这3个效果。

❶ **"形状"选项**：可通过下拉列表框，切换要转换的对象形状。

❷ **"绝对"、"相对"选项组**：绝对是由对象中心点出发转换形状的绝对大小，而相对于原对象大小设置对象的转换形状。

❸ **"圆角半径"文本框**：用于设置圆角化的半径值，选择"圆角矩形"形状时，激活该选项。

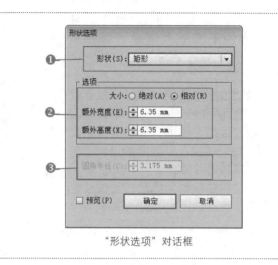

"形状选项"对话框

9.2.15 "风格化"效果

"风格化"滤镜组主要用于增强图像边缘的亮度，其中的"照亮边缘"滤镜通过查找图像中边缘较为明显的区域，并对其应用霓虹灯的发光效果，使图像的其他区域转换为黑色，选择"效果|风格化|照亮边缘"命令，可在弹出的对话框中设置图像边缘的发光宽度、亮度和平滑度。

原图

进行风格化后

更改数值后的效果

9.2.16 实战：制作图形发光效果

💿 光盘路径：第9章 \Complete\制作图形发光效果.ai

步骤1 选择"文件|新建"命令。在弹出的对话框中设置其参数，完成后单击"确定"按钮，新建一个图形文件。

步骤2 打开"制作图形发光效果.ai"文件。将图像拖至当前图像文件中，并调整图像大小和位置。

步骤3 执行"效果|风格化|外发光"命令。在弹出的对话框中设置各项参数值。

专家看板："风格化"效果组中的各个对话框

1."内发光"效果

"内发光"效果通过在对象的内部添加自然过渡的亮调颜色的方式创建发光效果，可更改发光的色调亮度。选择"效果丨风格化丨内发光"命令，可在弹出的对话框中设置对象发光区域的颜色、混合模式、不透明度效果和模糊效果，以及内发光的起始点应用区域。

❶**"模式"选项**：设置发光颜色与背景对象之间的颜色混合效果。

❷**"颜色缩览图"按钮**：单击该缩览图，可在弹出的"拾色器"对话框中设置发光颜色。

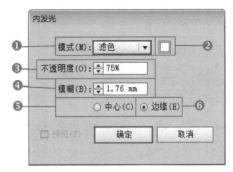

"内发光"对话框

❸**"不透明度"数值框**：设置指定颜色与原色对象混合的强度。

❹**"模糊"数值框**：设置发光颜色的模糊程度。

❺**"中心"单选钮**：选择该单选钮后，居中应用发光。

❻**"边缘"单选钮**：选择该单选钮后，从边缘应用发光。

原图

边缘内发光

中心内发光

2."圆角"效果

"圆角"效果可以将路径和路径连接的尖锐部分转换为平滑的圆角，与圆角矩形工具相似，选择对象，然后执行"效果丨风格化丨圆角"命令，可在弹出的对话框中设置圆角区域的半径值，以调整对象应用圆角效果的程度，其数值越大，边角越平滑圆润。

原图

圆角半径为2mm

圆角半径为12mm

3. "外发光"效果

与"内发光"效果相反,"外发光"效果通过在对象的外部添加自然过渡的亮调颜色方式创建发光的效果,也可以更改发光颜色的色调亮度,执行"效果 | 风格化 | 外发光"命令,可在弹出的对话框中设置对象发光区域的颜色、混合模式、不透明度效果和模糊效果。

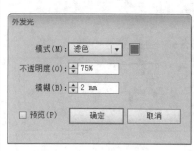
"外发光"对话框

原图

应用外发光效果

4. "投影"效果

"投影"效果用于添加对象外部不同模糊程度的投影,执行"效果 | 风格化 | 投影"命令,可在弹出的对话框中设置应用到对象的投影颜色、混合模式、不透明度、模糊程度以及投影位置等属性。

❶ **"模式"选项**:设置投影颜色与背景对象之间的颜色混合效果。

❷ **"不透明"数值框**:设置添加的投影颜色透明度,其数值越小,投影颜色越淡。

❸ **"X位移"数值框**:设置以X坐标投影。

❹ **"Y位移"数值框**:设置以Y坐标投影。

❺ **"模糊"数值框**:设置投影边缘的模糊程度。

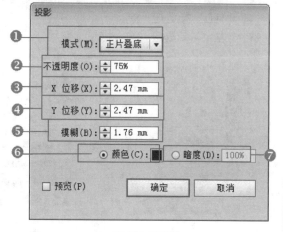
"投影"对话框

❻ **"颜色"单选钮**:单击颜色缩览图,可在弹出的"拾色器"对话框中设置投影的颜色。

❼ **"暗度"单选钮**:设置投影的浓度百分比,数值越大,投影越暗。

原图

添加投影后的效果

> 💡 **提示**:
> "投影"效果可以根据X、Y移动投影的位置,设置不同的参数值,通过"模式"的不同设置,产生不同的效果,以达到不同影子的效果。

5. "涂抹"效果

"涂抹"效果以各种画笔涂抹的样式转换对象效果，执行"效果|风格化|涂抹"命令，在弹出的"涂抹选项"对话框中，设置画笔涂抹的类型、涂抹角度、描边宽度和范围等选项。

❶ "设置"选项：预设涂抹类型通过单击下拉按钮，可在弹出的下拉列表中预设涂抹效果或自定义。

❷ "角度"文本框：可设置涂抹线条的绘制角度，输入数值或调整角度控制柄即可。

❸ "路径重叠"文本框：设置涂抹时描边线条的应用范围。

❹ "变化"文本框：设置涂抹时路径范围的变化。

❺ "描边宽度"文本框：设置涂抹时描边线条的宽度。

❻ "曲度"文本框：设置涂抹时描边线条的弯曲程度。

❼ "变化"文本框：设置涂抹时描边线条的弯曲度变化。

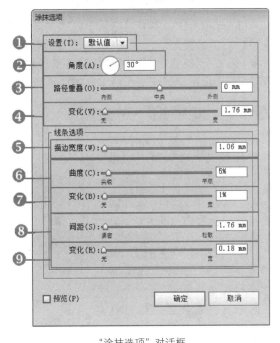

"涂抹选项"对话框

❽ "间距"文本框：设置涂抹时描边线条之间的距离。

❾ "变化"文本框：设置涂抹时线条之间的间距变化。

原图

默认值的效果

设置"紧密"涂抹效果

6. "羽化"效果

"羽化"效果用于为对象边缘调整不同程度的模糊虚化效果，使其变得柔和，羽化的数值越大，图像边缘就越模糊，逐渐变浅。执行"效果|风格化|羽化"命令，可在弹出的对话框中设置羽化半径值，以应用不同程度的虚化效果。

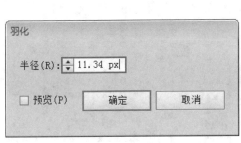

"羽化"对话框

原图

羽化半径值为10mm

9.3 | 滤镜的应用

Illustrator CS6中的滤镜用于处理矢量对象，而Photoshop滤镜则用于处理位图图像，Photoshop滤镜包括"像素化"、"扭曲"、"模糊"、"画笔描边"、"素描"、"纹理"、"艺术效果"、"视频"、"锐化"和"风格化"等滤镜组，应用其中的"效果画廊"滤镜命令可打开滤镜库，使用Photoshop位图滤镜可制作出丰富的纹理和质感效果。

9.3.1 "滤镜组"对话框

"滤镜组"可以设置各种效果模式，根据用户的需求，能设置出多种滤镜效果，执行"效果 | 效果画廊"命令，在弹出的对话框中设置各种滤镜效果，可制作出丰富的纹理和质感效果。

"效果画廊"对话框

❶ "风格化"滤镜组：有"照亮边缘"选项，滤镜通过查找图像中边缘较为明显的区域，并对其应用霓虹灯的发光效果。

❷ "画笔描边"滤镜组：以不同风格的画笔笔触表现图像的绘画效果。包括"喷溅"、"喷色描边"、"墨水轮廓"、"强化的边缘"、"成角的线条"、"深色线条"、"烟灰墨"和"阴影线"滤镜。

❸ "扭曲"滤镜组：对图像应用亮光扩散的效果，或是通过更改图像纹理和质感的方式转换图像为玻璃或海洋波纹的扭曲效果。其中包括"扩散亮度"、"海洋波纹"和"玻璃"效果。

❹ "素描"滤镜组：可创建图像的素描画、炭笔画、粉笔画、撕边效果和铬黄渐变，以及基底凸现等风格的绘画效果。

❺ "纹理"滤镜组：模拟创建多种材质效果，可通过载入自定义纹理的方式创建更多纹理效果。包括"拼缀图"、"染色玻璃"、"纹理化"、"颗粒"、"马赛克拼贴"和"龟裂缝"滤镜。

❻ "艺术效果"滤镜组：用于处理图像不同风格的艺术纹理和绘画效果。包括"塑料包装"、"壁画"、"干笔画"、"底纹效果"、"彩色铅笔"、"木刻"、"水彩"、"海报边缘"、"海绵"、"涂抹棒"、"粗糙蜡笔"、"绘画涂抹"、"胶片颗粒"、"调色刀"和"霓虹灯光"滤镜。

❼ "效果"预览框：进行滤镜设置后的效果图展示。

❽ 设置参数值：设置不同的选项模式，可获得不同的选项效果。

❾ 图章：可以通过"眼睛"按钮 👁，随时恢复图像的原始效果。

原图

便条纸

染色玻璃

9.3.2 "像素化"滤镜组

"像素化"滤镜组使图像产生不同类型的像素化效果，或呈现铜版画效果，选择"效果 | 像素化"命令，可在弹出的子菜单中选择相应的像素化滤镜组命令，在弹出的对话框中设置相关属性和参数，其中包括彩色半调、晶格化、点状化和铜版雕刻滤镜。

1. "彩色半调"效果

"彩色半调"效果可模拟彩色印刷品的网点效果，执行"效果 | 像素化 | 彩色半调"命令，可在弹出的"彩色半调"对话框中设置网点的半径值和各通道的网角。要复位设置可按住Alt键，"取消"按钮，将转换为"复位"按钮，单击该按钮即可。

❶ **"最大半径"选项**：用于设置彩色的密度大小。

❷ **"网角（度）"选项**：通过设置不同的参数值，改变通道的变化。

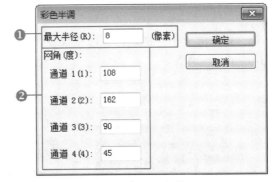

"彩色半调"对话框

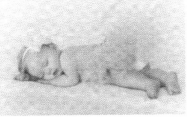
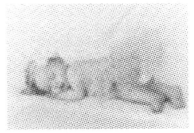

| 原图 | 半径值为8的彩色半调效果 | 半径值为20的彩色半调效果 |

2. "晶格化"效果

"晶格化"效果用于创建图像的晶格状效果，以图像的颜色创建多边形色块组成图像。选择"效果 | 像素化 | 晶格化"命令，在弹出的"晶格化"对话框中可设置晶格形状的"单元格大小"数值。以应用不同大小的晶格色块效果。

❶ **"效果"预览框**：可以预览图片设置后的效果。

❷ **"单元格大小"选项**：通过设置参数值，改变图案的晶格化效果，以达到晶格化效果。

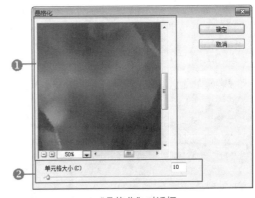

"晶格化"对话框

| 原图 | 单元格大小为25的晶格化效果 | 单元格大小为50的晶格化效果 |

3. "点状化"效果

"点状化"效果可将图像转换为点画的效果，将图像的色彩以点状化的构成进行重新表现，执行"效果 | 像素化 | 点状化"命令，在弹出的"点状化"对话框中可设置点状图像的"单元格大小"数值，以便为图像应用不同大小的点状效果。

❶ **"效果"预览框**：预览图片设置后的效果。

❷ **"单元格大小"选项**：通过设置参数值，改变图案的晶格化效果。

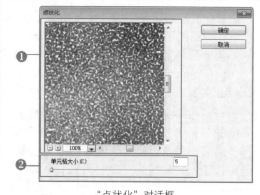

"点状化"对话框

原图

单元格大小为10的点状化效果

单元格大小为30的点状化效果

4. "铜版雕刻"效果

"铜版雕刻"效果可将图像转换为铜版画的效果，并以不同的铜版类型进行转换。执行"效果 | 像素化 | 铜版雕刻"命令，在弹出的"铜版雕刻"对话框中可设置应用类型，包括"精细点"、"中等点"、"粒状点"、"粗网点"、"长线"或"短描边"等类型。

❶ **"效果"预览框**：预览图片设置后的效果。

❷ **"类型"选项组**：通过下拉列表里的选项进行不同的设置，以达到不同的铜板雕刻效果，有"精细点"、"中等点"、"粒装点"等选项。

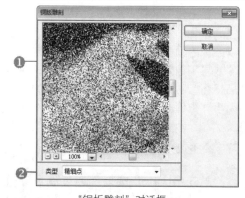

"铜板雕刻"对话框

原图

应用"中等点"铜版雕刻效果

应用"段描点"铜版雕刻效果

9.3.3 实战：制作像素化效果

光盘路径：第9章 \Complete\制作像素化效果.ai

步骤1 打开"制作像素化效果".jpg图像文件，调整图像的大小和位置。

步骤2 执行"效果丨像素化丨点状化"命令，在弹出的对话框中设置各项参数值。

步骤3 继续执行"效果丨像素化丨铜版雕刻"命令，在弹出的对话框中设置各项参数值。

9.3.4 扭曲滤镜组

　　"扭曲"滤镜组对图像应用亮光扩散的效果，或是通过更改图像纹理和质感的方式转换图像为玻璃或海洋波纹的扭曲效果。执行"效果丨扭曲"命令，弹出滤镜组的子菜单，其中包括"扩散亮度"、"海洋波纹"和"玻璃"效果。选择相应的滤镜效果，可在弹出的对话框中设置滤镜的属性，同时也可应用其中一种滤镜后，在其对话框中单击其他滤镜选项的缩览图，以切换至其他滤镜选项栏。

1. "扩展亮光"效果

　　是通过在图像的高光部分添加反光的亮点，以整体调亮图像的色调，使色调柔和。

　　❶ "扩展亮光"选项组：通过选项组里的下拉菜单，可以设置其他的滤镜效果。

　　❷ "粒度"选项：通过设置参数值，改变图像噪点的数量。

　　❸ "发光量"选项：通过设置参数值，改变图像的亮度对比效果。

　　❹ "消除数量"选项：通过设置参数值，显示明暗对比度效果。

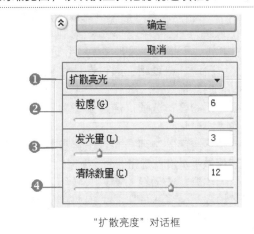

"扩散亮度"对话框

原图

应用"扩散亮光"效果

"扩散亮光"增加参数值后的效果

2. "海洋波纹"效果

"海洋波纹"效果通过模拟海洋波纹的纹理形态扭曲变形图像，在该滤镜效果对话框中可设置波纹的大小和扭曲的幅度。

❶ **"海洋波纹"选项组**：通过选项组里的下拉列表，可以设置其他的滤镜效果。

❷ **"波纹大小"选项**：通过设置参数值，改变图像波纹的大小。

❸ **"海洋幅度"选项**：通过设置参数值，改变图像波纹的幅度，数值越大，波纹就越大，反之则小。

"海洋波纹"对话框

原图

应用"海洋波纹"效果

3. "玻璃"效果

"玻璃"效果通过模拟透过玻璃纹理看图像质感的方式对图像进行扭曲，在该滤镜效果对话框中，可设置玻璃的扭曲程度、平滑度、纹理类型和纹理缩放等属性。

❶ **"玻璃"选项组**：通过选项组里的下拉列表，可以设置其他的滤镜效果。

❷ **"扭曲度"选项**：通过设置参数值，改变图像玻璃扭曲的大小变化。

❸ **"平滑度"选项**：通过设置参数值，当参数值越小时，玻璃的平滑度就越密，反之则少。

❹ **"纹理"选项组**：通过选项组里的下拉列表，可以设置"块状"、"画布"、"磨砂"等效果。

"玻璃"对话框

❺ **"载入纹理"按钮** ▼☰：通过单击按钮，可以载入不同的纹理效果。

❻ **"反相"选项**：通过勾选复选框，可以设置之前效果的反相效果。

原图

应用"玻璃"效果

9.3.5 实战：制作玻璃纹理效果

光盘路径：第9章 \Complete\制作玻璃纹理效果.ai

步骤1 打开"制作玻璃纹理效果.jpg"的图像文件，并调整图像的大小和位置。	**步骤2** 执行"效果丨扭曲丨玻璃"命令，在弹出的对话框中设置各项参数值。	**步骤3** 继续执行"效果丨扭曲丨玻璃"命令，在弹出的对话框中设置各项参数值。

9.3.6 "模糊"滤镜组

　　"模糊"滤镜组用于对图像边缘进行模糊柔化或晃动虚化的处理。执行"效果丨模糊"命令，弹出该滤镜组的子菜单，包括"径向模糊"、"特殊模糊"和"高斯模糊"滤镜。选择相应的模糊效果选项，可在弹出的对话框中设置模糊属性，以应用不同的模糊效果。

原图	径向模糊	高斯模糊

1. "径向模糊"效果

　　"径向模糊"效果在模糊图像时，以指定的中心点为起始点，创建旋转或缩放的模糊效果，并可应用不同的模糊品质模糊图像。

　　❶**"数量"文本框**：设置模糊的数量，以调整图像应用模糊的强度。

　　❷**"模糊方法"选项组**：设置图像模糊方法为旋转缩放。

　　❸**"品质"选项组**：设置图像应用特殊模糊的品质，应用"草图"品质以得到最快的模糊效果；应用"好"品质以得到较好的模糊效果；应用"最好"品质以得到最佳品质的模糊效果，同时会延长运行时间。

　　❹**"中心模糊"选项**：用于设置径向模糊的中心点，该点以外的区域将应用模糊效果，通过拖动坐标中心点可调整图像应用模糊的中心。

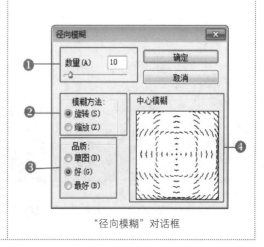

"径向模糊"对话框

2. "特殊模糊"效果

"特殊模糊"效果通过在图像边缘以外的区域将对比值低的颜色应用模糊效果，使得图像的细节颜色呈现更加平滑的效果。选择"效果 | 模糊 | 特殊模糊"命令，可在该滤镜效果对话框中设置模糊参数，也可预览图像模糊效果，并查看图像的局部区域。

❶ "半径"文本框：设置图像应用该模糊效果后模糊的范围和强度。

❷ "阈值"文本框：设置应用在相似颜色上的模糊范围。

❸ "品质"选项：设置图像应用该模糊滤镜后的模糊品质。

❹ "模式"选项：设置模糊应用模式，选择"正常"选项将以图像轮廓正常表现；选择"仅限边缘"选项将图像轮廓表现为黑白阴影；选择"叠加边缘"选项将图像轮廓表现为白色。

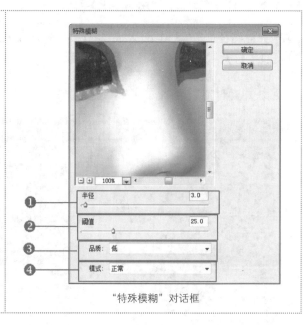

"特殊模糊"对话框

3. "高斯模糊"效果

"高斯模糊"效果通过为图像应用较为自然柔和的模糊效果而使图像具有朦胧感，在该滤镜效果对话框中同样可预览图像模糊效果，并查看图像的局部区域。

❶ "半径"文本框：设置应用该模糊滤镜后图像模糊的强度。

❷ "预览"复选框：勾选该复选框，可以进行图像的预览。

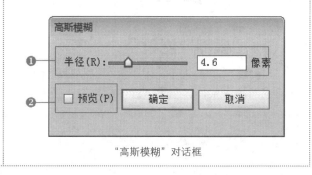

"高斯模糊"对话框

9.3.7 实战：制作图像径向模糊效果

🌐 光盘路径：第9章 \Complete\制作图像径向模糊效果.ai

步骤1	步骤2	步骤3
选择"文件	新建"命令。在弹出的对话框中设置其参数，完成后单击"确定"按钮，新建一个图形文件。	打开"制作图像径向模糊效果.jpg"图像文件，并调整图像的大小和位置。	执行"效果	模糊	径向模糊"命令，在弹出的对话框中设置各项参数值。

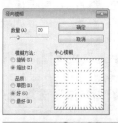

9.3.8 "画笔描边"滤镜组

"画笔描边"滤镜组以不同风格的画笔笔触表现图像的绘画效果。选择"效果 | 画笔描边"命令，在弹出的子菜单中包括"喷溅"、"喷色描边"、"墨水轮廓"、"强化的边缘"、"成角的线条"、"深色线条"、"烟灰墨"和"阴影线"滤镜。选择相应的选项，可在弹出的对话框中设置该滤镜效果的选项。

1. "喷溅"效果

"喷溅"效果模拟染料或水喷溅的质感效果。执行"效果 | 画笔描边 | 喷溅"命令，可在弹出的对话框中设置喷色的半径以应用喷色的范围，设置平滑度以应用喷溅的平滑效果。

原图 　　　　　　喷色半径值为10的喷溅效果 　　　　　　喷色半径值为22的喷溅效果

2. "喷色描边"效果

"喷色描边"效果以指定的方向喷色描边图像的质感。执行"效果 | 画笔描边 | 喷色描边"命令，可在弹出的对话框中设置喷色描边的长度、半径和方向。

原图 　　　　　　　　　　　　　　"喷色描边"效果

3. "墨水轮廓"效果

"墨水轮廓"效果模拟墨水着色的效果，以转换图像的轮廓描边质感，执行"效果 | 画笔描边 | 喷色描边"命令，可在弹出的对话框中设置墨水轮廓的描边长度，以及深色区域的强度和光照的强度。

原图 　　　　　　墨水轮廓描边长度为8 　　　　　　墨水轮廓描边长度为20

4. "强化的边缘"效果

"强化的边缘"效果通过强化图像中颜色对比度较强的边缘部分来表现图像的发光效果，应用该命令可在弹出的对话框中设置强化边缘的宽度、亮度和平滑度效果。

原图　　　　　　　　　　"强化的边缘"效果　　　　　　　　　"喷色描边"效果

5. "成角的线条"效果

"成角的线条"效果以指定方向的笔触表现图像平滑的绘制效果，应用该命令可在弹出的对话框中设置描边的方向、长度和锐度。

6. "深色线条"效果

"深色线条"效果对图像的阴影部分添加短线条，对明亮部分添加长线条，以表现图像的描边效果，应用该命令可在弹出的对话框中设置线条的描边方向、深色部分线条的强度和浅色部分线条的强度。

原图　　　　　　　　　　"成角的线条"效果　　　　　　　　　"深色线条"效果

7. "烟灰墨"效果

"烟灰墨"效果模拟烟灰墨侵染的图像效果。应用该命令可在弹出的对话框中设置线条描边的宽度、压力和对比度。

8. "阴影线"效果

"阴影线"效果通过创建网格状质感来表现图像的绘画效果，应用该命令可在弹出的对话框中设置描边的长度、强度和锐化度。

原图　　　　　　　　　　"烟灰墨"效果　　　　　　　　　　"阴影线"效果

9.3.9 实战：制作绘画效果

光盘路径：第9章\Complete\制作绘画效果.ai

步骤1 打开"制作绘画效果.jpg"图像文件，并调整图像的大小和位置。

步骤2 执行"效果 | 画笔描边 | 喷溅"命令，在弹出的对话框中设置各项参数值。

步骤3 执行"效果 | 画笔描边 | 强化的边缘"命令，在弹出的对话框中设置各项参数值。

9.3.10 "素描"滤镜组

"素描"滤镜组可创建图像的素描画、炭笔画、粉笔画、撕边效果和铬黄渐变，以及基底凸现等风格的绘画效果。执行"效果 | 素描"命令，在弹出的子菜单中包括"便条纸"、"半调图案"、"图章"、"基底凸现"、"塑料效果"、"影印"、"撕边"、"水彩画纸"、"炭笔"、"炭笔精笔"、"粉笔和炭笔"、"绘画笔"、"网状"和"铬黄渐变"滤镜命令，选择相应的命令可在弹出的对话框中设置其选项。

"便条纸"效果

"便条纸"效果转换图像中亮度高的区域为阳刻效果，并以转换深色区域为灰色的方式创建图像的便条纸质感，应用该命令可在弹出的对话框中设置图像阳刻和阴刻部分的平衡度、表面的粒度以及图像阳刻部分的凸显深度属性。

"变调图案"效果

"变调图案"效果创建图像为各种图案样式的黑白网点、圆形或直线效果。应用该命令可在弹出的对话框中设置网点的大小、对比度和图案类型。

"图案"效果

"图案"效果可创建图像的图章纹理效果。应用该命令可在弹出的对话框中设置图像中明度色调区域的平衡和边缘平滑度。

| 原图 | "便条纸"滤镜效果 | "变调图案"滤镜效果 | "图案"滤镜效果 |

9.3.11 实战：制作铅笔画效果

🔘 **光盘路径：** 第9章 \Complete\制作铅笔画效果.ai

步骤1 打开"制作铅笔画效果.jpg"图像文件，调整图像的大小和位置。

步骤2 执行"效果丨素描丨便条纸"命令，在弹出的对话框中设置各项参数值。

步骤3 执行"效果丨素描丨图章"命令，在弹出的对话框中设置各项参数值。

"基底凸现"效果

"基底凸现"效果可转换图像为阴影基底凸现的效果。应用该命令可在弹出的对话框中设置应用基底凸现后图像轮廓的细节和纹理的平滑度，以及基底凸现的光照方向。

"塑料效果"效果

"塑料效果"效果可转换图像为阴刻化塑料质感效果。应用该命令可在弹出的对话框中设置阴刻和阳刻部分的图像平衡度和平滑度，以及光照的方向。

"影印"效果

"影印"效果可转换图像为暗色影印效果。应用该命令可在弹出的对话框中设置图像轮廓边缘的宽度及其细节，细节数值越大，图像边缘越暗。

"撕边"效果

"撕边"效果可应用图像的撕边纹理质感，应用该命令可在弹出的对话框中设置图像亮部和暗部区域的平衡度，以及边缘颜色的平滑度和对比度。

"水彩画纸"效果

"水彩画纸"效果模拟水彩画纸材质，并将图像转换为在侵染画布上的水彩绘画效果，应用滤镜可在弹出的对话框中设置画布纤维的长度以及图像亮度和对比度。

| 原图 | "影印"效果 | "撕边"效果 | "水彩画纸"效果 |

"炭笔"效果

"炭笔"效果模拟炭笔画绘画的纹理质感，应用该命令可在弹出的对话框中设置炭笔的粗细、图像的细节和明暗对比效果。

"炭笔精笔"效果

"炭笔精笔"模拟炭精笔绘画的效果，应用该命令可在弹出的对话框中设置应用于图像前景色的黑白色阶、炭精笔纹理的类型和缩放程度，以及光照等属性。

"粉笔和炭笔"效果

"粉笔和炭笔"效果综合了粉笔和炭笔的绘画表现方式，创建图像的绘制质感。应用该命令可在弹出的对话框中分别设置粉笔区和炭笔区的应用范围和描边的压力。

"绘画笔"效果

"绘画笔"效果以指定的方向转换图像为绘图笔绘制的草图效果。应用该命令可在弹出的对话框中设置笔触应用的方向、描边的长度和明暗区域的平衡值。

| 原图 | "炭笔"效果 | "粉笔和炭笔"效果 | "绘画笔"效果 |

"网状"效果

"网状"效果应用网状效果转换图像质感。应用该命令可在弹出的对话框中设置网点的浓度程度，以及前景色和背景色的色阶。

"铬黄渐变"效果

"铬黄渐变"效果模拟图像金属质感的铬黄渐变效果。应用该命令可在弹出的对话框中设置铬黄渐变图像的细节和纹理的平滑度。

9.3.12 "纹理"滤镜组

"纹理"滤镜组模拟创建多种材质效果，可通过载入自定义纹理的方式创建更多的纹理效果。执行"效果|纹理"命令，弹出其子菜单，包括"拼缀图"、"染色玻璃"、"纹理化"、"颗粒"、"马赛克拼贴"和"龟裂缝"滤镜。

1. "拼缀图"效果

"拼缀图"效果转换图像为深色区域凹陷，浅色区域凸现的块状化效果。应用该命令可在弹出的对话框中设置拼缀图的块状图的大小及凹陷和凸现的程度。

2. "染色玻璃"效果

"染色玻璃"效果将图像转换为以不规则多边形色块及其边框构成的玻璃样式效果。应用该命令可在弹出的对话框中设置组成玻璃图像的单元格大小、边框的粗细及中心光照的强度。

3. "纹理化"效果

"纹理化"效果可将图像纹理化，并应用图像的多种不同类型的纹理效果。应用该命令可在弹出的对话框中设置不同的纹理，并对纹理的缩放和凸现等质感进行控制调整。

原图

"拼缀图"效果

"染色玻璃"效果

"纹理化"效果

4. "颗粒"效果

　　"颗粒"效果可为图像添加不同分布方式的杂点，使图像质感更粗糙。应用该命令可在弹出的对话框中设置颗粒散布的浓度和对比度。

5. "马赛克拼贴"效果

　　"马赛克拼贴"效果将图像转换为马赛克拼贴的纹理效果。应用该命令可在弹出的对话框中设置拼贴图的大小、拼贴之间的缝隙宽度以及缝隙区域的亮度。

6. "龟裂缝"效果

　　"龟裂缝"效果将图像转换为图像龟裂的纹理效果。应用该命令可在弹出的对话框中设置裂缝的间距、深度和亮度。

原图

"颗粒"效果

"马赛克拼贴"效果

"龟裂缝"效果

9.3.13　实战：制作背景墙效果

🖸 **光盘路径：** 第9章 \Complete\制作背景墙效果.ai

步骤1 打开"制作背景墙效果.jpg"图像文件，并调整图像的大小和位置。

步骤2 执行"效果 | 纹理 | 纹理化"命令，在弹出的对话框中设置各项参数值。

步骤3 继续执行"效果 | 纹理 | 颗粒"命令，在弹出的对话框中设置各项参数值。

9.3.14 "艺术效果"滤镜组

"艺术效果"滤镜组用于处理图像不同风格的艺术纹理和绘画效果。执行"效果 | 艺术效果"命令，在弹出的子菜单中包括"塑料包装"、"壁画"、"干笔画"、"底纹效果"、"彩色铅笔"、"木刻"、"水彩"、"海报边缘"、"海绵"、"涂抹棒"、"粗糙蜡笔"、"绘画涂抹"、"胶片颗粒"、"调色刀"和"霓虹灯光"滤镜。

"塑料包装"效果

"塑料包装"效果设置图像被塑料材质覆盖的质感效果。应用该命令可在弹出的对话框中设置包装效果高光区域的强度和平滑度，以及应用包装效果的细节。

"壁画"效果

"壁画"效果可转换图像为岩壁绘画的效果。应用该命令可在弹出的对话框中设置应用到图像绘画的画笔大小、细节和纹理强度。

| 原图 | "塑料包装"效果 | "壁画"效果 |

"干笔画"效果

"干笔画"效果对图像添加纹理绘画的效果，并可应用多种不同的纹理样式。应用该命令可在弹出的对话框中设置画笔笔触的大小、笔触细节表现，以及纹理的强度。

"底纹效果"效果

"底纹效果"效果可创建水渍纹理的效果，并应用不同类型的纹理或载入自定义纹理。应用该命令可在弹出的对话框中设置纹理类型，以及在图像中的应用大小和范围、凸现状态等属性。

"彩色铅笔"效果

"彩色铅笔"效果可转换图像为应用彩色铅笔进行绘画的笔触效果。应用该命令可在弹出的对话框中设置铅笔笔触的宽度、压力和纸张的亮度。

| 原图 | "干笔画"效果 | "底纹效果"效果 | "彩色铅笔"效果 |

9.3.15 实战：制作水粉画效果

光盘路径：第9章 \Complete\制作水粉画效果.ai

步骤1 打开"制作水粉画效果.jpg"图像文件，并调整图像的大小和位置。	**步骤2** 执行"效果|艺术效果|干画笔"命令，在弹出的对话框中设置各项参数值。	**步骤3** 继续执行"效果|艺术效果|底纹效果"命令，在弹出的对话框中设置各项参数值。

"木刻"效果

"木刻"效果用于简化图像中的色阶，并将其转换为木刻的效果。应用该命令可在弹出的对话框中设置简化图像的色阶、边缘的简化度和保真度。

"水彩"效果

"水彩"效果模拟水彩绘画效果。应用该命令可在弹出的对话框中设置应用水彩绘画画笔细节的纹理强度和阴影区域的明暗。

"海报边缘"效果

"海报边缘"效果可将图像的边缘添加黑色的描边以改变图像质感。应用该命令可在弹出的对话框中设置边缘的厚度和强度，以及图像的色阶海报化的程度。

原图	"木刻"效果	"水彩"效果	"海报边缘"效果

"海绵"效果

"海绵"效果模拟湿海绵侵染图像而创建的水渍效果。应用该命令可在弹出的对话框中设置海绵笔触大小、水渍浸染的清晰度和平滑度。

"涂抹棒"效果

"涂抹棒"效果使用涂抹棒涂抹图像的效果处理图像的边缘，使其呈现模糊和侵染的状态。应用该命令可在弹出的对话框中设置涂抹描边的长度、高度的应用范围和涂抹效果的应用强度。

"粗糙蜡笔"效果

"粗糙蜡笔"效果模拟蜡笔绘制的效果，以表现图像粗糙的状态。应用该命令可在弹出的对话框中选择指定的纹理，并设置纹理的缩放状态和凸现程度，以及蜡笔描边的长度和应用细节等属性。

| 原图 | "海绵"效果 | "涂抹棒"效果 | "粗糙蜡笔"效果 |

"绘画涂抹"效果

"绘画涂抹"效果模拟油画绘画的细腻质感效果。应用该命令可在弹出的对话框中设置画笔的大小和锐化程度。

"胶片颗粒"效果

"胶片颗粒"效果为图像添加胶片颗粒状的杂色。应用该命令可在弹出的对话框中设置所添加的杂色应用范围和强度，以及高光区域的应用范围和程度。

"调色刀"效果

"调色刀"效果模拟调色刀进行绘画的效果，以增强图像的绘画质感。应用该命令可在弹出的对话框中设置调色刀笔触的大小和绘制的细节范围，以及笔触的软化度。

"霓虹灯光"效果

"霓虹灯光"效果通过指定的颜色创建图像的霓虹灯效果。应用该命令可在弹出的对话框中设置霓虹灯发光的颜色和发光的亮度及范围。

| 原图 | "绘画涂抹"效果 | "胶片颗粒"效果 | "调色刀"效果 |

9.3.16 "视频"滤镜组

"视频"滤镜组用于编辑调整视频上生成的图像或删除不必要的行频，或转换其颜色模式。执行"效果 | 视频"命令，弹出其子菜单，其中包括"NTSC颜色"和"逐行"滤镜。选择相应的命令，即可在弹出的对话框中设置相关属性。

1. "NTSC颜色"效果

"NTSC颜色"效果是TV显示器的一个标准，主要包括NTSC和PAL两种方式，主要的差别在于行频。应用"NTSC颜色"命令将转换TV图像的PAL方式为NTSC方式，从而减小计算机显示器和TV的差异性。

2. "逐行"效果

"逐行"效果用于编辑或删除捕捉于显示器、视频画面等生成的行频。应用该命令可在弹出的对话框中设置消除奇数或偶数的行频，以及创建新场填充方式及消除行频时生成的空白。

9.3.17 "风格化"滤镜组

"风格化"滤镜组主要用于增强图像边缘的亮度。其中的"照亮边缘"滤镜通过查找图像中边缘较为明显的区域,对其应用霓虹灯的发光效果,而图像的其他区域则转换为黑色。执行"效果丨风格化丨照亮边缘"命令,在弹出的对话框中设置图像边缘的发光宽度、亮度和平滑度。

原图

应用"照亮边缘"效果

继续更改滤镜应用以增强边缘亮度

9.3.18 实战:制作钢笔淡彩画效果

🎯 光盘路径:第9章 \Complete\制作钢笔淡彩画效果.ai

| 步骤1 打开"制作钢笔淡彩画效果.jpg"图像文件,并调整图像的大小和位置。 | 步骤2 执行"效果丨艺术效果丨绘画笔"命令,在弹出的对话框中设置各项参数值。 | 步骤3 继续执行"效果丨艺术效果丨水彩"命令,在弹出的对话框中设置各项参数值,将混合模式改为"叠加"。 |

9.4 操作答疑

在学习过程中,我们可能遇到很多不懂的问题,下面将对经常出现的问题做出一一解答,并通过习题巩固之前所学的知识。

9.4.1 专家答疑

（1）如何创建对象马赛克？

答：选择一个文件图像，使用选择工具  选择图像，并执行"对象 | 创建对象马赛克"命令，在弹出的"对象马赛克"对话框中设置创建马赛克的色块大小、间距和色彩模式等属性，完成设置后单击"确定"按钮，将图像创建为马赛克对象，并同时删除原位图像。

步骤1　　　　　　　　　　　步骤2　　　　　　　　　　　步骤3

（2）什么是"羽化"效果？

答："羽化"效果用于为对象边缘调整不同程度的模糊虚化效果，以使其变得柔和，执行"效果 | 风格化 | 羽化"命令，可在弹出的对话框中设置羽化半径值，以应用对象不同程度的虚化状态。

（3）什么是"内发光"效果？

答："内发光"效果通过在对象的内部添加自然过渡的亮调颜色的方式创建发光效果，可更改发光的色调亮度。执行"效果 | 风格化 | 内发光"命令，可在弹出的对话框中设置对象发光区域的颜色、混合模式、不透明度效果、模糊效果以及内发光的起始点应用区域。

（4）在哪里可以设置"彩色半调"效果？

答："彩色半调"效果可模拟彩色印刷品的网点效果，执行"效果 | 像素化 | 彩色半调"命令，可在弹出的"彩色半调"对话框中设置网点的半径值和各通道的网角，要复位设置时可按住Alt键，"取消"按钮将转换为"复位"按钮，单击该按钮即可。

9.4.2 操作习题

1. 选择题

（1）"路径查找器"里的相加按钮是（　　　　）。

A. ⬜　　　　　　　　B. ⬜：　　　　　　　C. ⬜

（2）"模糊"效果组用于对图像边缘进行模糊柔化或晃动虚化的处理。执行"效果 | 模糊"命令，弹出该滤镜组的子菜单，包括"径向模糊"、（　　　　）和"高斯模糊"滤镜。

A.特殊模糊　　　　　B.扩散亮光　　　　　C.扭曲

（3）（　　　　）滤镜组可创建图像的素描画、炭笔画、粉笔画、撕边效果和铬黄渐变，以及基底凸现等风格的绘画效果。

A.素描　　　　　　　B.水彩画纸　　　　　C.炭笔

2. 填空题

（1）"纹理"滤镜组模拟创建多种材质效果，可通过载入自定义纹理的方式创建更多纹理效果。执行"效果 | 纹理"命令，弹出其子菜单，包括_____、_____、_____、_____、

_____和_____滤镜。

（2）_____滤镜组使图像产生不同类型的像素化效果，或呈现铜版画效果，执行"效果｜像素化"命令，可在弹出的子菜单中选择相应的像素化滤镜组命令，以在弹出的对话框中设置相关属性和参数。其中包括彩色半调、_____、点状化和铜版雕刻滤镜。

（3）_____效果可将图像转换为铜版画的效果，并以不同的铜版类型进行转换。执行"效果｜像素化｜铜版雕刻"命令，在弹出的"铜版雕刻"对话框中可设置应用类型，包括"精细点"、"中等点"、"粒状点"、"粗网点"、"长线"或"短描边"等类型。

3. 操作习题

制作手绘风格画。

（1）打开一张图像文件。

（2）选择图像，执行"效果｜素描｜图章"命令，在弹出的对话框中设置各项参数值。

（3）继续执行"效果｜素描｜粉笔和炭笔"命令，在弹出的对话框中设置各项参数，应用手绘风格的笔触。

第10章

自动化工作区

本章重点:

　　本章主要讲解在Illustrator CS6中如何巧妙运用动作与自动化命令，能够有效地提高工作效率。本章通过动作的应用和使用数据驱动图像的操作方法，并通过对多种自动化工作区的学习，帮助读者有效地节约工作时间。

学习目的:

　　掌握Illustrator CS6中动作的应用，包括创建与记录动作，选取动作对象，插入不能记录的命令，插入停止，设定选项和排除命令等；了解怎样使用数据驱动图像，认识"变量"面板，将变量链接至对象属性等。

参考时间：18分钟

主要知识	学习时间
10.1　动作的应用	10分钟
10.2　使用数据驱动图像	8分钟

10.1 动作的应用

动作是指在动作面板里可记录并可回放的命令集或系列事件。动作对于复杂和重复的工作很有实效。我总是使用动作，特别是在像往常的教程中制作徽标和按钮的时候。如果对Photoshop里的动作面板很熟悉，在Illustrator CS6中使用动作也不是问题。

执行"窗口 | 动作"命令，打开"动作"面板。在打开的"动作"面板中可以记录、播放、编辑和删除个别动作，还可以对所记录的动作进行储存和载入。

❶ **"动作项切换开关"**按钮：单击此开关可以设定某一动作是否执行。如果在某个动作命令的左侧显示 ✔ 标识，表示该动作命令运行正常；如果显示 ▨ 标识，表示该动作命令被跳过。

❷ **"切换对话框开关"**按钮：该按钮主要设置动作在运行过程中是否显示有参数的对话框。如果命令的左侧显示□按钮，表示该命令在运行过程中具有对话框。

❸ **组**：组是将多个动作命令放置在一个文件夹中，单击左侧的 ▼ 按钮，可以展开一个组中包括的所有命令。

❹ **"停止播放/记录"**按钮：在录制动作时，单击此按钮可以停止当前的录制操作。

❺ **"开始记录"**按钮：单击该按钮，可以录制一个新动作，当处于录制状态时，为红色显示。

❻ **"播放"**按钮：单击该按钮，可播放目前选取的动作，可以执行当前选中的动作。

❼ **"创建组"**按钮：单击该按钮，可以创建一个新动作集，以便保存新的动作。

❽ **"创建新动作"**按钮：单击该按钮，可以创建一个新动作，新创建的动作会出现在前面选中的动作集中。

❾ **"删除"**按钮：单击该按钮，可以将当前选中的动作或者动作集删除。

❿ **"扩展"**按钮：单击该按钮，可以打开扩展菜单，在菜单中根据不同的需要选择不同的命令。

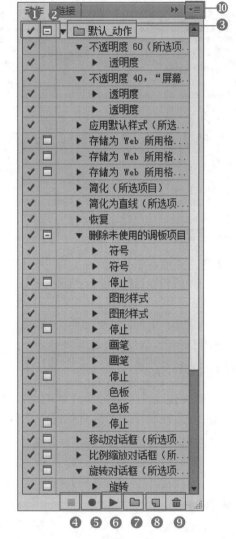

"动作"面板

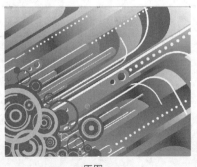

原图

选择动作

动作效果

10.1.1 创建与记录动作

创建动作执行"窗口 | 动作"命令，打开"动作"面板时将看到预定义的动作列表。在列表中逐个观察，可以发现许多有用的动作，选择合适的一个动作。若要激活这个动作，单击"播放当前所选动作"按钮 ▶ 。还可以为动作设置功能键，在某个动作中双击鼠标即可实现。可以设置或改变功能键，把它放在文件夹中、重新命名。有些动作要求预先选中对象。

原图

选择动作

动作效果

记录动作，可以将你在Illustrator CS6中的操作记录下来。如果要组建一套新动作，单击"创建新动作集"按钮 📁 ，这样做可以把 AI 自带的动作集与新建的动作集区别开。然后在新动作集里创建新动作，"创建新动作" 🔖 按钮仍然是在面板的底部。当单击"创建新动作"按钮 🔖 的时候，系统即开始记录下你完成的事件和执行的命令，完成后单击"确定"按钮结束记录动作。在再次需做上述动作时，单击"播放当前所选动作" ▶ 按钮，然后一切都由系统代劳了。动作具有巨大的潜能，能够有效地节约工作时间。

原图

创建新动作集

创建新动作

记录动作

播放动作并移动

多次播放动作并移动

10.1.2 选取动作对象

Illustrator CS6的"动作"面板提供了多种预设动作，使用预设动作可以快速地完成图像边框效果、文字特效、纹理效果等操作。打开一个图像文件，在"动作"面板中选择一个预设的动作，单击"播放当前所选动作"按钮 ▶ ，即可选取动作应用于需要的对象。

原图

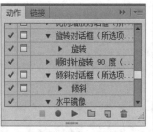

选择动作

动作效果

10.1.3 实战：制作图像相同效果

💿 光盘路径：第10章\Complete\制作图像相同效果.ai

步骤1 打开"制作图像相同效果.ai"文件。

步骤2 执行"窗口｜动作"命令，打开"动作"面板。

步骤3 单击"创建新动作集"按钮📁，在弹出的对话框中输入新建动作集的名称。

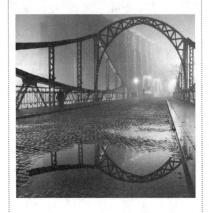

步骤4 在弹出的"新建动作"对话框中输入新建动作的名称。

步骤5 当单击"创建新动作"📄按钮的时候，系统即开始记录了，可以记录下你完成的事件和执行的命令。

步骤6 选择"制作图像相同效果.ai"图片，按快捷键Ctrl+C+F原位复制并粘贴路径，按住Shift +Alt键将其等比例缩放。

🗝 **提示**

单击"创建新动作集"按钮📁，可以把AI自带的动作集与新建的动作集区别开。当单击"创建新动作"按钮📄的时候，系统即开始记录了，可以记录下你完成的事件和执行的命令。

步骤7 单击"停止播放/记录"按钮|▶|，可以停止当前的录制操作。

步骤8 单击选择工具 ▶，选择制作相同效果的图形。

步骤9 完成后多次单击"播放当前所选动作"|▶|按钮，制作相同效果的图像，然后一切都由系统代劳了。

10.1.4 插入不能记录的命令

如果要插入不能记录的命令，在"动作"面板中，选择需要插入命令的位置。在主菜单执行"文件 | 置入"命令，打开对话框，有以下选项。

❶ **"链接"选项**：选取此选项，则置入的栅格图在保存作品时，不会保存它的图像信息。而只保存它的原文件的路径、名称和大小。当再次打开作品时，Illustrator 会到原路径去提取该栅格图；如不选取该选项，栅格图就以嵌入方式置入。作品在保存时，会记载它的像素颜色信息。之后再打开时不再与原文件有关。（1）如原文件已不存在，则该栅格图不再被载入。（2）如原文件已被原编辑程序（如 Photoshop）修改，则会以修改后的文件载入。（3）如栅格图在作品存储前作过修改，存储后所作修改不会被保存，再次打开作品时会以原路径中的原文件载入。

❷ **"模板"选项**：此选项是把栅格图输入作为模板来应用。输入后，形成一个模板层。此层不可被修改，不可被打印。适用于链接置入。

❸ **"替换"选项**：当作品中有栅格图被选择时，此选项有效。当它被选取时，置入的栅格图会替代被选择的栅格图。

原图

"文件 | 置入"中，打开对话框

插入置换动作命令

10.1.5　插入停止

在Illustrator CS6中，要在执行动作时中间插入停止，方法如下：在"动作"面板中，单击"扩展"按钮，打开扩展菜单，选择菜单中的"插入停止"命令，可以在动作执行的过程中插入一个提示对话框。在"记录停止"对话框的"信息"文本框中可以允许动作继续；否则出现提示对话框后动作会暂停。要使工作继续，可单击"动作"调板上的"播放选定的动作"按钮。

原图

选择动作

动作效果

选择需要插入停止的动作命令

"记录停止"对话框

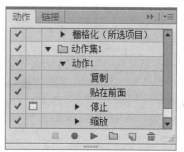
在动作上插入停止

10.1.6　修改动作属性

在Illustrator CS6中修改动作属性，如果要对动作本身的属性进行修改，可以单击"扩展"按钮，打开扩展菜单，选择菜单中的"动作选项"命令，在弹出的"动作选项"对话框中修改动作的名称、功能键和颜色等参数。

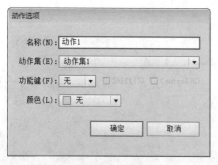
"动作选项"对话框

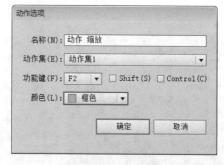
修改动作属性

10.1.7 播放动作

记录一个动作后，就可以对要进行同样处理的图像使用该动作。执行时Illustrator CS6会自动执行该动作中记录的所有命令。执行动作就像执行菜单命令一样简单。首先选中要执行的动作，然后单击"动作"调板中的"播放选定的动作" | ▶ 按钮。或者执行调板菜单中的"播放"命令，这样，动作中录制的命令就会逐一自动执行。也可以在按钮模式下执行动作，只要在该模式下单击要执行的动作名称即可。若为动作设定了快捷键，可以使用快捷键来执行动作。在按钮模式下，动作序列中的所有命令都被执行。

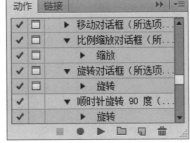

原图　　　　　　　　　　　　　　选择动作　　　　　　　　　　　　　播放动作效果

一个序列中的多个命令可以同时执行。按住Shift键单击"动作"调板中的动作名称，可以选中序列中多个连续的动作。按住Ctrl键单击动作名称，可以选中序列中多个不连续的动作。选中之后，便可以像执行单个动作那样执行多个动作，Illustrator CS6将按照调板中的次序逐一执行选中的动作。几个序列也可以同时被执行，同执行文件夹中的多个动作一样，按住Shift键单击"动作"调板中的序列名称，可以选中多个连续的序列；按住Ctrl键单击序列名称，可以选中多个不连续的序列。选中之后便可以用同样的方法执行。

在"动作"面板中，单击"扩展"按钮，可以打开扩展菜单，选择菜单中的"回放选项"命令，弹出"回放选项"对话框，从中可以对播放速度进行设置。选中"加速"单选钮时，加速模式为默认模式，该模式下由Illustrator CS6自动控制播放速度。选中"逐步"单选钮时，该模式下系统会按照步骤逐步播放。选中"暂停"单选钮时，在播放过程中可以加入暂停时间，在其后边的文本框中进行设置。

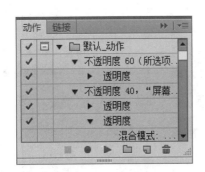

"动作"面板　　　　　　　　选择菜单中的"回放选项"命令　　　　　　播放过程中加入暂停时间

> **提示：**
> 由于Illustrator CS6默认的执行速度很快，如果序列中的动作比较多，就很难确定可能会弹出的一些错误信息出自何处，修改执行速度便能很快查出错误。

10.1.8 储存与载入动作

　　录制的动作只是暂时保存在"动作"调板中，只有将动作存储到文件中，才能在下次使用时继续调用。先选取某个想要存储的动作序列，再从"动作"面板中，单击"扩展"按钮▼≡，打开扩展菜单，在菜单中选择"存储动作"命令，即可将动作存储起来。如果要将已存储的动作序列再次载入并播放，可以在"动作"面板中，单击"扩展"按钮▼≡，打开扩展菜单，在菜单中选择"载入动作"命令。在打开的对话框中选择欲载入的动作序列，即可将存储的动作序列载入到"动作"调板中。

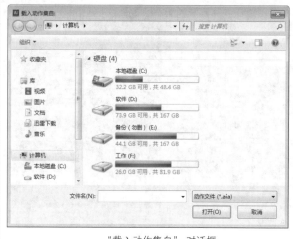
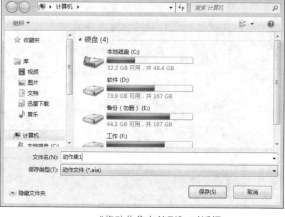

"载入动作集自"对话框　　　　　　　　"将动作集存储到"对话框

10.1.9 批处理文件

　　应用"批处理"命令，可以针对一个文件夹中的所有文件进行同一动作，选择需要批处理的文件，在"动作"面板中，单击"扩展"按钮▼≡，打开扩展菜单，选择菜单中的"批处理"命令。在动作执行的过程中插入一个提示对话框。在"批处理"对话框的"源"中选择文件夹或数据组，再在"目标"下拉列表框中选择选项，单击"确定"按钮，可以批处理文件。

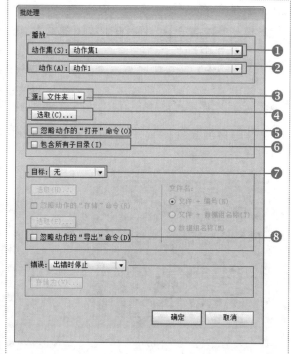

　　❶ "动作集"下拉列表：单击右侧的下拉按钮，可以选择所需动作所在的组。

　　❷ "动作"下拉列表：单击右侧的下拉按钮，可以选择所需执行的动作。

　　❸ "源"下拉列表：单击右侧的下拉按钮，在弹出的下拉列表中可以选择"文件夹"、"数据组"选项。

　　❹ "选取"选项：单击该按钮会弹出"选择批处理文件夹"对话框，单击"确定"按钮即可。

　　❺ "忽略动作的打开命令"选项：勾选该选项，可忽略动作的打开命令。

　　❻ "包含所有子目录"选项：勾选该选项，可看到包含所有文件的子目录。

　　❼ "目标"下拉列表：单击右侧的下拉按钮，可选择"无"、"储存并关闭"、"文件夹"选项。

　　❽ "忽略动作的"导出"命令"选项：勾选该选项，可忽略动作的"导出"命令。

10.1.10 实战：批处理图像效果

🔵 光盘路径：第10章\Complete\批处理图像效果.ai

步骤1 打开"批处理图像效果01.ai"文件。

步骤2 打开"批处理图像效果02.ai"文件。

步骤3 打开"批处理图像效果03.ai"文件。

步骤4 执行"窗口|动作"命令，打开"动作"面板，在"动作"面板中，单击"扩展"按钮▼≡，可以打开扩展菜单，选择菜单中的"批处理"命令。

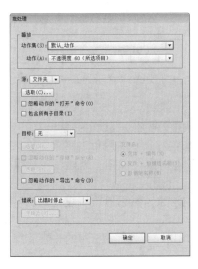

步骤5 在弹出的"批处理"对话框中设置"动作"与"源"选项。

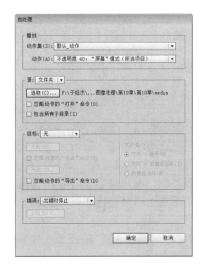

步骤6 设置完成后单击"确定"按钮，同时打开三个图像，制作渐变效果。

🔧 **提示：**
　　在Illustrator CS6中，利用"批处理"命令可以有效地节约工作时间，一般用于处理大批量属性相同的文件。"批处理"命令和Photoshop里的"批处理"命令一样，你要做的只是录制好相应的动作，然后给它设置一个快捷键，就可以轻松快捷地完成图像的批处理。

|10.2 | 使用数据驱动图像

在 Illustrator 中，可以将任一图稿转化成数据驱动图形模板。您要做的只是定义画板上哪些对象是使用变量的动态（可变）对象。可以利用变量来修改图稿中的字符串、链接图像、图形数据以及对象的可视性设置。另外还可以创建各种可变数据组，以便于查看模板渲染后的效果。

数据驱动图形能够既快捷又精确地制作出图稿的多个版本。例如，要根据同一模板制作 500 个各不相同的 Web 横幅，使用数据（图像、文本等）手动填充模板很耗费时间。此时可以改用引用数据库的脚本来生成 Web 横幅。

10.2.1 认识"变量"面板

打开"变量"面板，可以使用"变量"面板来处理变量和数据组。文档中每个变量的类型和名称均列在面板中。如果变量绑定到一个对象，则"对象"列将显示绑定对象在"图层"面板中显示的名称。

❶**面板扩展菜单**：单击该按钮，打开扩展菜单，可以选择菜单中的各个命令。

❷**数据组**：单击右侧的下拉按钮，可以打开扩展菜单，选择菜单中的各个命令。

❸**变量**：显示对象的变量类型和变量名称。

❹**名称**：显示绑定对象的名称。

❺**面板菜单**：显示对象的变量名称和绑定对象的名称。

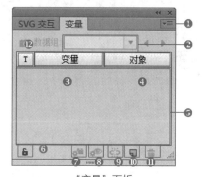

"变量"面板

⑥ **"锁定变量"按钮**：选择要锁定的对象，然后单击"锁定变量"按钮，可锁定变量。

⑦ **"建立动态对象"按钮**：创建文本字符串变量时，选择文字对象，然后单击"建立动态对象"按钮，创建链接文件变量时，选择链接文件，然后单击"建立动态对象"按钮。创建图表数据变量时，选择图表对象，然后单击"建立动态对象"按钮。

⑧ **"建立动态可视性对象"按钮**：选择要建立动态可视性的对象，然后单击"建立动态可视性"按钮，即可。

⑨ **"取消绑定对象"按钮**：选择要取消绑定的对象，然后单击"变量"面板中的"取消绑定对象"按钮，即可取消绑定对象。

⑩ **"新建变量"按钮**：选择要新建的对象，然后单击"变量"面板中的"新建变量"按钮，即可新建变量。

⑪ **"删除变量"按钮**：选择要删除的对象，然后单击"变量"面板中的"删除变量"按钮，即可删除变量。

⑫ **"按类型排序"按钮**：选择要按类型排序的对象，然后单击"变量"面板中的"按类型排序"按钮，即可按类型排序变量。

打开"变量"面板

选中对象时

创建动态对象

10.2.2 关于变量

关于变量我们将会为大家介绍如何创建未链接变量、将变量链接至对象属性、编辑与删除变量、动态对象编辑、用XML ID来辨识动态对象、数据组的使用、加载与存储变量数据库和如何存储数据驱动图像模板等。

10.2.3 创建未链接变量

创建未链接变量单击"变量"面板中的"新建变量"按钮 。要随后将一个对象链接该变量，请选择相应的对象和变量，然后单击"建立动态可视性"按钮 。

打开"变量"面板

将对象绑定到该变量

创建未链接变量

10.2.4 编辑与删除变量

要编辑变量，使用"变量"面板，可以编辑变量的名称或类型，取消绑定变量以及锁定变量。取消绑定变量操作会断开变量与其对象之间的链接。锁定变量可防止创建变量、删除变量和编辑变量选项。但是，可以对锁定的变量绑定对象或取消绑定对象。

要更改变量的名称和类型，双击"变量"面板中的变量。也可以在"变量"面板中选择该变量，然后从"变量"面板菜单中选择"变量选项"，更改变量的名称和类型。

创建"变量"面板

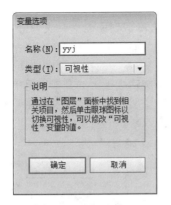

"变量选项"设置

更改变量的名称和类型

要取消绑定变量，单击"变量"面板中的"取消绑定变量"按钮，或从"变量"面板菜单中选择"取消绑定变量"选项。

要锁定或解锁文档中的所有变量，单击"变量"面板中的"锁定变量"或"解锁变量"按钮，锁定或解锁文档中的所有变量。

创建"变量"面板　　　　　取消绑定变量后　　　　　锁定文档中的变量

　　要删除一个变量时会将该变量从"变量"面板上去除。如果删除一个与某对象绑定的变量，则该对象变为静态。选择要删除的变量，执行单击"变量"面板中的"删除变量"图标，或从"变量"面板菜单中选择"删除变量"，若要不经确认即删除变量，请将变量拖至"删除变量"图标上。

创建"变量"面板　　　　　单击"删除变量"按钮🗑　　　　删除变量后

10.2.5　动态对象编辑

　　编辑动态对象时，可通过编辑变量所绑定到的对象来更改与该变量关联的数据。例如，如果您正在处理一个可视性变量，则可以在"图层"面板中更改该对象的可视性状态。可通过编辑动态对象来创建在模板中使用的多个数据组。

　　在画板上选择一个动态对象，或执行下列操作之一来自动选择一个动态对象：按住 Alt 键并单击"变量"面板中的某个变量。在"变量"面板中选择一个变量，然后从"变量"面板中选择"选择绑定对象"。 要选择所有动态对象，请从"变量"面板菜单中选择"选择所有绑定对象"。 按以下方法编辑与对象相关联的数据：对于文本，请编辑画板上的文本字符串；对于链接文件，使用"链接"面板或执行"文件 | 置入"命令替换图像。对于图表，在"图表数据"对话框中编辑数据。对于所有具有动态可视性的对象，请在"图层"面板中更改对象的可视性状态。

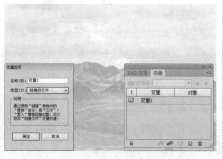

创建图像动态变量　　　　执行"文件 | 置入"命令替换图像　　　对动态对象进行编辑

10.2.6 用XML ID来辨识动态对象

使用 XML ID 识别动态对象时,在"变量"面板中显示动态对象在"图层"面板中显示的名称。如果以 SVG 格式存储模板,以供其他 Adobe 产品使用,那么这些对象的名称必须遵循 XML 的命名规则。例如,XML 的名称必须以字母、下划线或冒号开始,并且不能包含空格。Illustrator 为每个创建的动态对象自动指定一个有效的 XML ID。要查看、编辑和导出使用 XML ID 的对象名称,请执行"编辑 | 首选项 | 单位"命令,要选择XML ID 的对象名称,单击"确定"按钮即可。

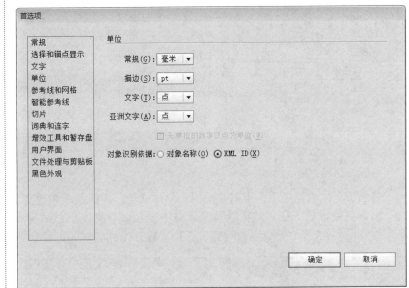

执行"首选项 | 单位"命令选择XML ID

创建"变量"面板

执行"编辑 | 首选项 | 单位"命令

设置XML ID来辨识动态对象

10.2.7 数据组的使用

数据组就是变量及其相关数据的集合。创建数据组时,要抓取画板上当前显示的动态数据的一个快照。您可以在数据组之间切换,将不同的数据上传到模板中。当前数据组的名称显示在"变量"面板的顶部。如果变更某变量的值致使画板不再反映该组中所存储的数据,则该数据组的名称以斜体显示。此时可以新建一个数据组,或者更新该数据组,以使用新的数据覆盖原始数据。要创建数据组,单击"变量"面板中的"捕捉数据组"按钮,也可从"变量"面板中选择"捕捉数据组"选项,单击"确定"按钮。

创建"变量"面板

"变量"面板中选择"新建数据组"选项

生成数据组

要在数据组之间进行切换，从"变量"面板中的"数据组"列表中选择一个数据组。也可以单击"上一数据组"按钮 或"下一数据组"按钮 。

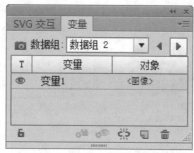

在"数据组"中选择一个数据组　　　　单击"上一数据组"按钮　　　　再单击"下一数据组"按钮

将画板上的数据应用于当前数据组，从"变量"面板菜单中选择"更新数据组"。

重命名数据组，在"数据组"文本框中直接编辑文本。然后单击"确定"按钮。或单击"扩展菜单"按钮 ，选择"重命名数据组"选项，输入新的名称即可重命名数据组。

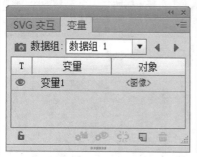
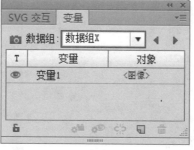
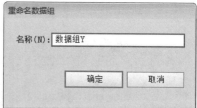

"数据组"文本框　　　　　　　直接编辑文本　　　　　　　重命名数据组

要删除数据组，从"变量"面板菜单中选择"删除数据组"命令即可。

10.2.8　加载与存储变量数据库

在协作环境下，团队成员之间的协调对项目的成功至关重要。例如，在一家制作网站的公司里，网站设计师负责网页的外观，而网站开发人员则负责编写底层代码和脚本。如果设计师更改了网页布局，就必须将这些变更通知开发人员。同样，如果开发人员需要在网页中增加功能，就可能需要更新设计。

变量库通过XML文件使设计师和开发人员能够协调工作。例如，设计人员可以在Illustrator中创建一个名片模板，并将变量数据作为XML文件导出。这样，开发人员就可以用这个XML文件把变量和数据组链接到一个数据库，然后编写一个脚本来渲染最终的图稿。也可以把这一工作流程倒转过来，这时开发人员将变量和数据组名称编码写入一个XML文件，然后设计师把变量库导入到一个Illustrator文档中。

加载与存储变量数据库，要将变量从XML文件导入到Illustrator，请从"变量"面板菜单中选择"载入变量库"，要将变量从Illustrator导出到XML文件，请从"变量"面板菜单中选择"存储变量库"。

10.2.9　存储数据驱动图形模板

在Illustrator文档中定义变量就是在为数据驱动图形创建模板。可以将模板保存为SVG格式，以供其他Adobe产品使用，如Adobe® Graphics Server。例如，使用Adobe Graphics Server的开发人员可以将SVG文件中的变量直接绑定到数据库或其他数据源。执行"文件 | 存储为"命令，输入文件名，选择SVG作为文件格式，然后单击"存储"按钮。单击"更多选项"按钮，然后选择"包含Adobe图形服务器数据"，这个选项可以把SVG文件中变量替换所需的所有信息包括进来。单击"确定"按钮即可。

10.3 操作答疑

在Illustrator CS6中，巧妙地运用动作与自动化命令，通过动作的应用和使用数据驱动图像，并设置多种自动化工作区，帮助读者有效地节约工作时间。前面讲解了动作的应用和如何使用数据驱动图像，现在将对一些知识点进行详细讲解。

10.3.1 专家答疑

（1）在Illustrator CS6中如何指定动作回放速度？

答：可以调整动作的回放速度或将其暂停，以便对动作进行调试。从"动作"面板菜单中选择"回放"选项，指定一个速度，然后单击"确定"按钮，可以正常的速度播放动作。在加速播放动作时，屏幕可能不会在动作执行的过程中更新，某文件可能不曾在屏幕上出现就进行了打开、修改、存储和关闭操作，从而使动作得以更加快速地执行。如果要在动作执行的过程中查看屏幕上的文件，请改为指定"逐步"速度。逐步完成每个命令并重绘图像，然后再执行动作中的下一个命令，"暂停多少秒"指定应用程序在执行动作中的每个命令之间应暂停的时间量。

（2）在Illustrator CS6中如何编辑和重新记录动作？

答：可以调整动作中任何特定命令的设置，向现有动作添加命令或遍历整个动作并更改部分或全部设置。向动作添加命令，首先选择动作的名称，在该动作的最后插入新命令。选择动作中的命令，在该命令之后插入命令。单击"开始记录"按钮，或从"动作"面板菜单中选择"开始记录"。记录其他命令，完成时，单击"动作"面板中的"停止播放/记录"按钮或从面板菜单选择"停止记录"命令。

重新排列动作中的命令在"动作"面板中，将命令拖动到同一动作中或另一动作中的新位置。当突出显示行出现在所需的位置时，松开鼠标按钮。

（3）在Illustrator CS6中如何在播放动作时更改设置？

答：默认情况下，使用最初记录动作时指定的值来完成动作。如果要更改动作内的命令的设置，可以插入一个模态控制。模态控制可使动作暂停，以便在对话框中指定值或使用模态工具。模态控制由"动作"面板中的命令、动作或组左侧的对话框图标表示。红色的对话框图标表示动作或组中的部分命令是模态的。不能在"按钮"模式中设置模态控制。若要为动作中的某个命令启用模态控制，请单击该命令名称左侧的框。再次单击可停用模态控制。若要为动作中所有命令启用或停用模态控制，请单击动作名称左侧的框。若要为组中所有动作启用或停用模态控制，请单击组名称左侧的框。

为动作中某个命令启用模态控制

为动作中所有命令停用模态控制

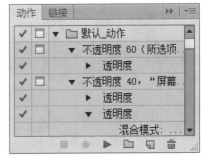

为动作中所有命令启用模态控制

10.3.2 操作习题

1.选择题

（1）执行（　　）命令，将打开"动作"面板。在打开的"动作"面板中可以记录、播放、编辑和删除个别动作，还可以对所记录的动作进行储存和载入。

    A．"窗口 | 变量"　　　　　　B．"窗口 | 外观"　　　　　　C．"窗口 | 动作"

（2）Illustrator CS6中的"动作"面板提供了多种预设动作，使用预设动作可以快速地完成图像边框效果、文字特效、纹理效果等操作。打开一个图像文件，在"动作"面板中选择一个预设的动作，单击（　　）按钮，即可选取动作对象应用于需要的对象。

　　A．椭圆工具 ⬭　　　　　　B．选择工具 ▶　　　　　C．"播放当前所选动作" ▶

（3）重命名数据组，在"数据组"文本框中直接编辑文本。然后单击"确定"按钮。或单击"扩展菜单"按钮 ，选择（　　）选项，输入新的名称即可重命名数据组。

　　A．"重命名数据组"　　　　B．"新建变量"　　　　　C．"建立动态对象"

2. 填空题

（1）插入不能记录的命令，在"动作"面板中，选择需要插入不能记录的命令的位置。可在主菜单中执行_____命令。

（2）可以使用"变量"面板，执行"窗口｜变量"命令来处理变量和数据组。文档中的每个变量的类型和名称均列在面板中。如果变量绑定到一个对象，则_____列将显示绑定对象在"图层"面板中显示的名称。

（3）数据组就是变量及其相关数据的集合。创建数据组时，要抓取画板上当前所显示的动态数据的一个快照。您可以在数据组之间切换，以将不同的数据上传到模板中。当前数据组的名称显示在"变量"面板的顶部时。如果变更某变量的值致使画板不再反映该组中所存储的数据，则该数据组的名称以斜体显示。此时可以新建一个数据组，或者更新该数据组以使用新的数据覆盖原存数据。创建数据组，单击"变量"面板中的"捕捉数据组"按钮，也可从"变量"面板菜单中选择_____选项，单击"确定"按钮。

3. 操作题

应用预设动作。

步骤1

步骤3

（1）打开一张图形文件。

（2）在"动作"面板中选择一个预设的动作，如旋转对话框。

（3）单击"播放当前所选动作"按钮 ▶，即可选取动作对象应用于需要的对象。

第11章

设计文档存储与输出

本章重点：

　　本章主要讲解文档设计完成后的存储与输出，本章针对图形存储、Web图形颜色管理以及Illustrator存储格式进行讲解。图形存储包括存储、存储为、存储副本、存储为模板以及导出选项。Web图形颜色管理包括Web安全色使用、色彩深度、图像的色深、Web安全色面板以及如何使用Web颜色。Illustrator储存格式包括创建GIF、Web颜色、JPEG、PNG、SWF格式和SVG格式。

学习目的：

　　掌握图形存储方法；掌握Web图形颜色管理；了解Illustrator储存格式。

参考时间：20分钟

主要知识	学习时间
11.1　图形存储	6分钟
11.2　图形颜色管理	8分钟
11.3　Illustrator储存格式	6分钟

| 11.1 | 图形存储

图形的存储包括存储、存储为、存储副本、存储为模板以及导出选项。如果您的文档中包含多个画板并且您希望存储到以前的 Illustrator 版本中，可以选择将每个画板存储为一个单独的文件，或者将所有画板中的内容合并到一个文件中。

11.1.1 存储

在存储或导出图稿时，Illustrator 将图稿数据写入到文件。数据的结构取决于选择的文件格式。可将图稿存储为五种基本文件格式：AI、PDF、EPS、FXG 和 SVG。这些格式称为本机格式，因为它们可保留所有 Illustrator 数据，包括多个画板（对于 PDF 和 SVG 格式，必须选择"保留Illustrator 编辑功能"选项以保留所有 Illustrator 数据）。EPS 和 FXG 可以将各个画板存储为单独的文件。SVG 只存储现用画板；但是，所有画板的内容都会显示。您还可以以多种文件格式导出图稿，供在 Illustrator 以外使用。这些格式称为非本机格式，因为如果您在 Illustrator 中重新打开文件，Illustrator 将无法检索所有数据。出于这个原因，建议您以 AI 格式存储图稿，直到创建完毕，然后将图稿导出为所需的其他格式。

11.1.2 存储为

执行"文件 | 存储为"命令，输入文件名，并选择存储文件的位置。选择Illustrator (*.AI) 作为文件格式，然后单击"存储"按钮。在"Illustrator 选项"对话框中设置所需选项，然后单击"确定"按钮。

执行"文件" | "存储为"命令

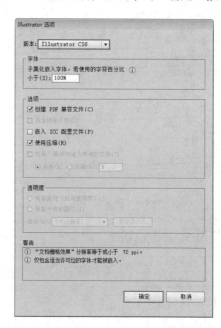

储存文件

11.1.3 存储副本

执行"文件 | 存储副本"命令，输入不同的文件名，并选择存储文件的位置。选择Illustrator (*.AI)作为文件格式，然后单击"存储"按钮。在"Illustrator 选项"对话框中设置所需选项，然后单击"确定"按钮。

11.1.4 存储为模板

使用模板可创建共享通用设置和设计元素的新文档。例如，如果您需要设计一系列外观和质感相似的名片，那么您可以创建一个模板，为其设置所需的画板大小、视图设置（如参考线）和打印选项。该模板还包括通用设计元素（如徽标）的符号，以及颜色色板、画笔和图形样式的特定组合。Illustrator 提供了许多模板，包括信纸、名片、信封、小册子、标签、证书、明信片、贺卡和网站等模板。通过"从模板新建"命令选择模板时，Illustrator 将使用与模板相同的内容和文档设置创建一个新文档，但不会改变原始模板文件。

　　打开新的或现有的文档。按照下列任意方式自定文档，再从模板创建的新文档中设置文档窗口。包括放大级别、滚动位置、标尺原点、参考线、网格、裁剪区域和视图菜单中的选项。在通过模板创建的新文档中，根据需要绘制或导入任意图稿。删除不希望保留的现有色板、样式、画笔或符号。在相应面板中创建所需的任何新色板、样式、画笔和符号。您还可以从 Illustrator 提供的各种库中导入预设的色板、样式、符号和动作。创建所需的图表设计，并将它们添加到"图表设计"对话框中。您还可以导入预设的图表设计。在"文档设置"对话框和"打印选项"对话框中设置所需的选项。

　　执行"文件 | 存储为模板"命令。在"存储为"对话框中，选择文件的位置，输入文件名，然后单击"存储"按钮。Illustrator 将文件存储为 AIT（Adobe Illustrator 模板）格式。

存储为ai 格式

执行"文件 | 存储为模板"命令　　　　存储为模板格式

11.1.5　导出

　　执行"文件 | 导出"命令，输入不同的文件名，并选择存储文件的位置。选择文件格式，然后单击"存储"按钮。在弹出的对话框中设置所需选项，然后单击"确定"按钮。

执行"文件 | 导出"命令

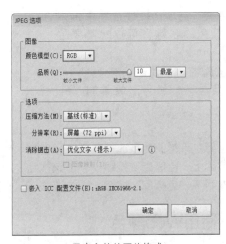
导出文件的图片格式

11.2 | Web图形颜色管理

Web图形颜色管理包括Web安全色使用、色彩深度、图像的色深、Web安全色面板以及如何使用Web颜色。执行"文件 | 储存为Web图形和设备所用格式"命令，或按快捷键Shift+Ctrl+Alt+S，可弹出"储存为Web图形和设备所用格式"对话框。在该对话框中可对Web图形颜色进行管理，以优化图形文件储存对象为Web图形。

11.2.1 Web安全色

颜色通常是组成图稿的重要方面。然而，在画板上看到的颜色未必是在其他系统上的 Web 浏览器中所显示的颜色。创建 Web 图形时，可以通过采取两个预防措施来防止仿色（模拟不可用颜色的方法）和其他颜色问题。第一，始终在 RGB 颜色模式下工作。其次，使用 Web 安全颜色，Web 安全颜色是所有浏览器都使用的 216 种颜色，与平台无关。

11.2.2 色彩深度

色彩深度是计算机图形学领域表示在位图或者视频帧缓冲区中储存1像素的颜色所用的位数，它也称为位/像素。色彩深度越高，可用的颜色就越多。

11.2.3 图像的色深

图像的色深是指存储每个像素所用的位数。可获取颜色丰富、层次清晰的颜色效果。通过这种方式调整颜色，可在颜色填充过程中更加便捷清晰地对颜色进行操作和管理。

11.2.4 Web安全色面板

Web 安全颜色是所有浏览器使用的 216 种颜色，与平台无关。执行"窗口 | 色板 | Web安全色面板"命令，如果选择的颜色不是 Web 安全颜色，则在"颜色"面板、拾色器或"编辑颜色"/"重新着色图稿"对话框中会出现一个警告方块。单击方块可将其转换为最接近的Web 安全颜色（显示在方块旁边的一个较小的框中）。

❶ **"查找"选项**：在该选项中输入需要查找颜色的名称，可查找需要的颜色。

❷ **颜色面板**：使用选择工具 🢒 单击其中任意颜色，可为图像添加Web颜色。

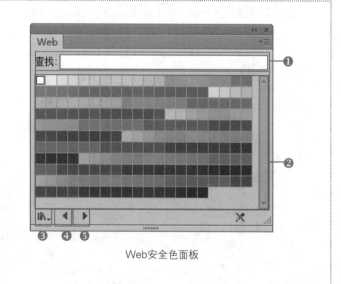

Web安全色面板

❸ **颜色库**：单击此处可选择需要的颜色库。
❹ **"加载上一色板库"按钮**：单击该按钮，可加载上一色板库。
❺ **"加载下一色板库"按钮**：单击该按钮，可加载下一色板库。

11.2.5 使用Web颜色

执行"窗口 | 色板 | Web安全色面板"命令，在弹出的Web安全色面板中的颜色面板上，使用选择工具 🢒 单击其中任意颜色，可为图像添加Web颜色。

专家看板：储存为Web图像

Web常用的格式就是jpg、png、gif的图像格式。

执行"文件 | 储存为Web图形和设备所用格式"命令，或按快捷键Shift+Ctrl+Alt+S，可弹出"储存为Web图形和设备所用格式"对话框。在该对话框中可对Web图形颜色进行管理应用，以优化图形文件储存对象为Web图形。

"图层"面板快捷菜单

❶**应用工具栏：** 包括一些常用工具按钮。

抓手工具，使用该工具拖动视图，可在Web预览窗口中查看指定区域。

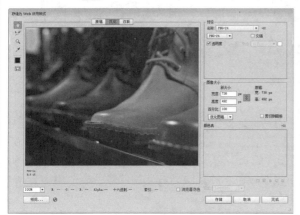

储存为Web图像所用格式

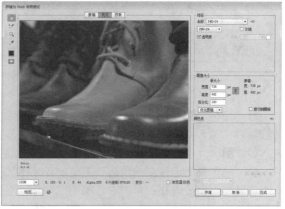

使用抓手工具在Web预览窗口中查看指定区域

切片工具，用于选择图像中的切片。

缩放工具，用于缩放视图比例。按住Alt键可缩小视图比例。

储存为Web图像所用格式

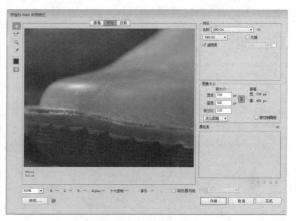

缩放工具，缩放视图比例

吸管工具 ，从图像中吸取颜色并反映到右侧的"颜色表"中。

吸管颜色 ，用于显示吸管工具的取样色，单击该按钮可弹出"拾色器"对话框中，设定特定的颜色。

储存为Web图像所用格式　　　　　吸管工具 ，从图像中吸取颜色　　　　"拾色器"对话框中设定特定的颜色

切换切片可视性按钮 ，用于显示或隐藏预览窗口中的图片。

❷**图像预览框及预览方式**：用于预览对象，并以不同的预览方式查看对象，包括原稿模式、优化模式和双联模式。

原稿模式　　　　　　　　　　　优化模式　　　　　　　　　　　双联模式

❸**"预设"选项组**：在下拉列表中选择储存颜色的名称，并设置下方的相关储存格式、交错、透明度选项。

❹**"图像大小"选项组**：在该栏中可以设置储存图片的长、宽和百分比。

❺**"颜色表"设置**：使用吸管工具 ，从图像中吸取颜色，并反映到右侧的"颜色表"中。

❻**画布大小设置栏**：单击右方的下拉按钮，可对画布大小进行设置。

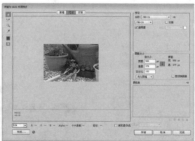

画布大小为100%时　　　　　　画布大小为50%时　　　　　　画布大小为200%时

❼**"浏览器仿色"选项**：勾选该选项可浏览图像仿色。

❽**"在默认浏览器中预览"按钮**：单击该按钮可在默认浏览器中预览图片。

❾**"储存"按钮**：单击该按钮，可储存Web图像。

🔧 提示：了解Web切片

Web切片是通过使用切片工具切割图像为若干个较小的块面，以便在将图像载入Web页面时提高下载的速度，并为不同的切片应用不同的文件格式，或为不同的切片应用不同的链接等。

11.3 | Illustrator储存格式

Illustrtor储存格式有很多种，包括创建GIF、Web靠色、JPEG、PNG、SWF格式和SVG格式。AI是Illustrtor原生文件格式，AI格式可以同时保存矢量信息和位图信息，它是Illustrtor专有的文件格式，可以保存的内容有画笔、蒙版、效果、透明色、色样、混合、图表数据等。

Illustrtor旧版格式不支持Illustrtor当前版本中的所有功能。因此，当您选择当前版本以外的版本时，某些存储选项不可用，并且一些数据将更改。务必阅读对话框底部的警告，这样您可以知道数据将如何更改。

子集化嵌入的字体。若被使用的字符百分比低于指定何时根据文档中使用的字体的字符数量嵌入完整字体（相对于文档中使用的字符），则不必子集化嵌入字体。例如，如果字体包含 1,000 个字符，但文档仅使用其中的10 个字符，则您可以确定不值得为了嵌入该字体而额外增加文件大小。

创建 PDF 兼容文件。在 Illustrtor 文件中存储文档的 PDF 演示。如果希望 Illustrtor 文件与其他 Adobe 应用程序兼容，请选择此选项。包括链接文件嵌入与图稿链接的文件。

嵌入 ICC 配置文件，创建色彩受管理的文档。

使用压缩。在 Illustrtor 文件中压缩 PDF 数据。使用压缩将增加存储文档的时间，因此如果您现在的存储时间很长（8～15 分钟）请取消选择此选项。

将每个画板存储到单独的文件。将每个画板存储为单独的文件，同时还会单独创建一个包含所有画板的主文件。触及某个画板的所有内容都会包括在与该画板对应的文件中。如果需要移动画稿以便容纳到一个画板中，则会显示一条警告消息。如果不选择此选项，则画板会合并到一个文档中，并转换为对象参考线和裁剪区域。用于存储文件的画板基于默认文档启动配置文件的大小。

透明度选项用于设置当您选择早于 9.0 版本的 Illustrtor 格式时，如何处理透明对象。选择"保留路径"可放弃透明度效果并将透明图稿重置为 100% 不透明度和"正常"混合模式。选择"保留外观和叠印"选项可保留与透明对象不相互影响的叠印。与透明对象相互影响的叠印将拼合。

11.3.1 创建GIF

执行"文件 | 储存为Web所用格式"命令，或按快捷键Shift+Ctrl+Alt+S，弹出"储存为Web所用格式"对话框。在该对话框中单击预设选项中的"名称"选项，创建GIF图像。对于 GIF 文件名，请使用默认文件名，或者输入带 .gif 扩展名的新文件名。

GIF 128无仿色

GIF 32无仿色

GIF 64无仿色

11.3.2 Web颜色

执行"文件 | 储存为Web所用格式"命令，或按快捷键Shift+Ctrl+Alt+S，弹出"储存为Web所用格式"对话框。在该对话框中单击预设选项中的"名称"选项，创建Web颜色图像。

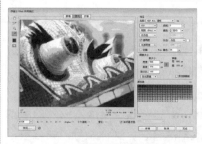

GIF格式文件

Web颜色格式文件

缩小预览后

11.3.3 JPEG

JPEG 使用标准的图像压缩机制来压缩全彩色或灰度图像，以便在屏幕上显示。使用"导出"命令可按 JPEG 格式导出页面、跨页或所选对象，执行"文件 | 储存为Web所用格式"命令，或按快捷键Shift+Ctrl+Alt+S，弹出"储存为Web所用格式"对话框。在该对话框中单击预设选项中的"名称"选项，创建JPEG颜色图像。如果文档包含多个画板，在单击"导出"对话框中的"存储"或"导出"按钮前，请指定导出画板的方式。然后单击"存储"或"导出"（Mac OS）按钮，并指定以下选项。

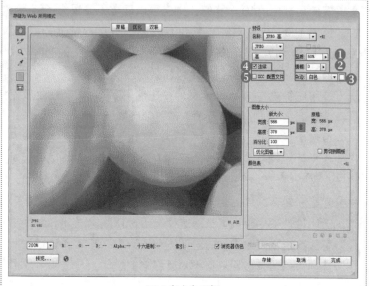

Web安全色面板

❶ **"品质"选项**：拖动其方块，决定 JPEG 文件的品质和大小。从"品质"菜单中选择一个选项，或在"品质"文本框中输入 0 至 10 之间的值。

❷ **"模糊"选项**：设置图片的模糊程度。

❸ **"杂边"颜色选项**：决定 JPEG 文件的颜色模型。

❹ **"连续"选项**：方法和扫描次数。选择"基线（标准）"以使用大多数 Web 浏览器都识别的格式；选择"基线（优化）"以获得优化的颜色和稍小的文件大小；选择"连续"在图像下载过程中显示一系列越来越详细的扫描（可以指定扫描次数）。并不是所有 Web 浏览器都支持"基线（优化）"和"连续"的 JPEG 图像。

❺ **"ICC 配置文件"选项**：嵌入 ICC 配置文件，在 JPEG 文件中存储 ICC 配置文件。

JPEG压缩比低的图像

JPEG压缩比高的图像

JPEG压缩比中的图像

11.3.4 PNG

PNG格式，图像文件存储格式，其目的是试图(原来此处使用了"企图")替代GIF和TIFF文件格式，同时增加一些GIF文件格式所不具备的特性。执行"文件 | 储存为Web所用格式"命令，或按快捷键Shift+Ctrl+Alt+S，弹出"储存为Web所用格式"对话框。在该对话框中单击预设选项中的"名称"选项，创建PNG格式图像。如果文档中包括多个画板，在单击"导出"对话框中的"存储"或"导出"按钮前，请指定导出画板的方式。如果想将每个画板导出为独立的PNG文件，请选中"导出"对话框中的"使用画板"选项。如果只想导出某一范围内的画板，请指定范围。然后单击"存储"或"导出"按钮。

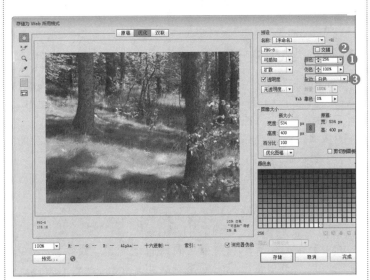

Web安全色面板

❶ **"颜色"分辨率选项**：决定栅格化图像的分辨率。分辨率值越大，图像品质越好，但文件大小也越大。

❷ **"交错"选项**：交错在文件下载过程中在浏览器中显示图像的低分辨率版本。"交错"使下载时间显得较短，但也会增大文件大小。

❸ **"杂边"选项**：指定用于填充透明度的颜色。选择"透明度"表示保留透明度，选择"白色"表示以白色填充透明度，选择"黑色"表示以黑色填充透明度，选择"其他"表示选择另一种颜色填充透明度。

Png -8的图像

Png -24的图像

> **提示：**
> 一些应用程序会以72 ppi打开PNG文件，而不考虑您指定的分辨率。在此类应用程序中，将会更改图像的尺寸。（例如，以150 ppi存储的图稿将超过以72 ppi存储的图稿大小的）。因此，应仅在了解目标应用程序支持非72 ppi分辨率时才可更改分辨率。

11.3.5 SWF格式

可以将Illustrtor图稿移到Flsh编辑环境中，或者将其直接移到Flsh Plyer中。可以复制和粘贴图稿、以SWF格式存储文件，或者将图稿直接导出到Flsh中。另外，Illustrtor还提供了对Flsh动态文本和影片剪辑符号的支持。

从Illustrator中，可以导出与从Flash导出的SWF文件的品质和压缩相匹配的SWF文件。在进行导出时，可以从各种预设中进行选择，以确保获得最佳输出，并且可以指定如何处理符号、图层、文本以及蒙版。例如，可以指定是将Illustrator符号导出为影片剪辑还是图形，或者可以选择通过Illustrator图层来创建 SWF符号。

11.3.6　SVG格式

SVG格式是一种可产生高质量交互式Web图形的矢量格式。SVG格式有两种版本：SVG和压缩SVG。SVG可将文件大小减小50%至80%；但是您不能使用文本编辑器编辑SVG文件。当您将图稿存储为 SVG格式时，网格对象将栅格化。此外，没有Alpha通道的图像将转换为JPEG格式。具有Alpha通道的图像将转换为PNG格式。如果文档包含多个画板并且存储为SVG格式，则现用画板会被保留。不能将每个画板各存储为一个单独的SVG文件。

如果图稿包含任何SVG效果，请选择已经应用SVG效果的每一个项目，然后将效果移动到"外观"面板的底部（正好位于"不透明度"条目的上方）。如果SVG效果后面还有其他效果，SVG输出将由栅格对象组成。此外，如果图稿包含多个画板，请选择要导出的画板。执行"文件丨存储为"或"文件丨存储副本"命令，键入文件名，并选择存储文件的位置。选择SVG（*.SVG）或SVG压缩（*.SVGZ）作为文件格式，然后单击"存储"按钮。在"SVG选项"对话框中，设置所需选项，然后单击"确定"按钮。

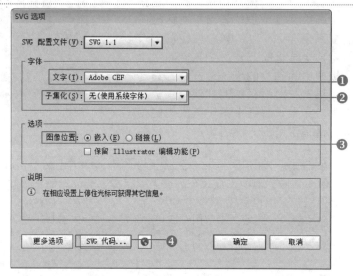

"SVG选项"对话框

❶ **"字体"选项**：Adobe CEF使用字体提示以更好地渲染小字体。Adobe SVG查看器支持此字体类型，但其他SVG查看器可能不支持。SVG不使用字体提示。所有SVG查看器均支持此字体类型。将文字转换为矢量路径。使用此选项可保留文字在所有SVG查看器中的视觉外观。

❷ **"子集化"选项**：控制在导出的SVG文件中嵌入哪些字形（特定字体的字符）。如果您可以依赖安装在最终用户系统上的必需字体，请从"子集"菜单中选择"无"。选择"仅使用的字形"表示仅包括当前图稿中存在的文本的字形。其他值（通用英文、通用英文和使用的字形、通用罗马字、通用罗马字和使用的字形、所有字形）在SVG文件的文本内容为动态（例如服务器生成的文本或用户交互文本）时有用。

❸ **"图像位置"选项**：确定栅格图像直接嵌入到文件，或链接到从原始Illustrator文件导出的JPEG或PNG图像。嵌入图像将增大文件大小，但可以确保栅格化图像将始终可用。

❹ **"SVG 代码"按钮**：单机该按钮，在浏览器窗口中显示SVG文件的代码。

📎 **提示：**
在SVG文件中包含XMP元数据。选择"文件丨信息"命令或使用Bridge浏览器输入元数据。

｜11.4｜操作答疑

本章主要讲解文档设计完成后的存储与输出设置，本章针对图形存储格式、Web图形颜色管理以及Illustrtor储存格式进行讲解。下面将对一些疑难问题进行讲解。

11.4.1　专家答疑

（1）怎样解决 Illustrartor 平面设计输出陷阱：RGB图未转换为CMYK格式。

答：后果：大部分的软件（Freehand,PageMaker等）不会将RGB的图像进行分色，如果误用了RGB图，出来的分色软片或是只在黑版上有图，其他色版图像的部分空空如也，或是在四个色版上有等值的灰度图。

解决：如果你用的扫描仪支持直扫CYMK，最好能够直接扫描为四色文件；如果你只能得到RGB格式的图像，那一定不要忘记在输出之前将RGB转为CYMK。

秘诀：从文件名或是文件图标上很难看出是RGB格式还是CYMK格式，逐一打开又太麻烦。对于TIFF图来说，可以从排版或拼版软件中观察图像的预视颜色来做出判断：CYMK的TIFF图预视比较鲜艳且不自然，RGB的则是比较自然的颜色。至于EPS图，从预视上就很难区分了，在不放心的情况下只能逐一检查。

（2）AI里怎样把一个多页的文档储存为图片？

答：如果你在一个文件里面建了很多个页面的话，执行"文件 | 导出"命令，输入不同的文件名，并选择存储文件的位置。选择文件格式，然后单击"存储"按钮。在弹出的对话框中设置所需选项，然后单击"确定"按钮。导出图片时选择全部就可以了。

（3）怎样导出图片png 格式？

答：PNG格式，图像文件存储格式，其目的是试图(原来此处使用了"企图")替代GIF和TIFF文件格式，同时增加一些GIF文件格式所不具备的特性。执行"文件 | 储存为Web图形和设备所用格式"命令，或按快捷键Shift+Ctrl+Alt+S，弹出"储存为Web图形和设备所用格式"对话框。在该对话框中单击预设选项中的"名称"选项，可创建PNG格式图像。如果文档包含多个画板，在单击"导出"对话框中的"存储" 或"导出" 按钮前，请指定导出画板的方式。如果想将每个画板导出为独立的PNG文件，请选中"导出"对话框中的"使用画板"。如果只想导出某一范围内的画板，请指定范围，然后单击"存储" 或"导出"按钮。

11.4.2　操作习题

1. 选择题

（1）Web图形颜色管理包括Web安全色使用、色彩深度、图像的色深、Web安全色面板以及如何使用Web颜色。执行"文件 | 储存为Web图形和设备所用格式"命令，或按快捷键（　　　），弹出"储存为Web图形和设备所用格式"对话框。在该对话框中可对Web图形颜色进行管理应用，以优化图形文件储存对象为Web图形。

A. Shift+Ctrl+Alt+S　　　　B. Shift+Ctrl+S　　　　C. Ctrl+Alt+S

（2）执行（　　）命令，输入文件名，并选择存储文件的位置。选择Illustrator (*.AI) 作为文件格式，然后单击"存储"。在"Illustrator 选项"对话框中设置所需选项，然后单击"确定"按钮。

A．"文件 | 存储为"　　　　B．"文件 | 存储为模板"　　　C．"文件 | 导出"

（3）可以将 Illustrator 图稿移到 Flash 编辑环境中，或者将其直接移到 Flash Player 中。可以复制和粘贴图稿，以（　　　）存储文件，或者将图稿直接导出到 Flash中。另外，Illustrator 还提供了对 Flash 动态文本和影片剪辑符号的支持。

A. png 格式　　　　　　B. jepg格式　　　　　　C.SWF 格式

2. 填空题

（1）执行"文件 | _____"命令，或按快捷键Shift+Ctrl+Alt+S，弹出"储存为Web所用格式"对话框。在该对话框中单击预设选项中的"名称"选项，创建Web颜色图像。

（2）当您存储或导出图稿时，Illustrator 将图稿数据写入到文件中。数据的结构取决于选择的文件格式。可将图稿存储为五种基本文件格式：_____、PDF、EPS、FXG 和 SVG。这些格式称为本机格式，因为它们可保留所有 Illustrator 数据。

（3）Illustrator储存格式有很多种，包括创建GIF、Web靠色、JPEG、PNG、SWF格式和_____。AI是Illustrator原生文件格式，可以同时保存矢量信息和位图信息，它是Illustrator专有的文件格式，可以保存的内容有画笔、蒙版、效果、透明色、色样、混合、图表数据等。

3. 操作题

储存AI图片的JPEG格式。

步骤1

步骤2

（1）打开一张AI属性的图片。

（2）执行"文件 | 导出"命令，输入不同的文件名，并选择存储文件的位置。选择文件格式，然后单击"存储"按钮。 在弹出的对话框中设置所需选项，然后单击"确定"按钮。即可储存AI图片的JPEG格式。

第**12**章

打印设置

本章重点：

在作品输出之前需要对其进行相关的打印设置，以便得到最佳的输出效果。本章主要针对打印前的设置，图形输出，渐变、网格对象和色彩渐变的输出设置，以及大型或复杂外框形状的打印设置进行全面了解。包括在"打印"对话框中设置打印输出选项、设置图像的裁剪区域、文件的陷印原理和应用方法。

学习目的：

掌握相关的打印设置；掌握打印渐变、网格对象和色彩渐变的方法；掌握分割路径以打印大型及复杂的外框形状的方法。

参考时间：26分钟

主要知识	学习时间
12.1　打印设置	8分钟
12.2　打印输出图形	6分钟
12.3　打印渐变、网格对象和色彩渐变	8分钟
12.4　分割路径以打印大型及复杂的外框形状	6分钟

| 12.1 | 打印设置

　　将完成的作品输出为纸介质的实体时，应在输出前进行相关的打印设置，以便在图像输出效果上达到最佳状态。包括在"打印"对话框中设置打印输出的选项，设置剪裁区域以及了解文件的陷印原理和方法。在"打印"对话框中设置图像打印效果，执行"文件 | 打印"命令，弹出"打印"对话框，其中提供了自定义或默认打印预设选项，包括"常规"、"标记和出血"、"输出"、"图形"、"高级"和"颜色管理"打印选项。

12.1.1　"常规"选项

　　"常规"选项用于设置要打印的页面、打印的份数、打印介质和打印图层的类型等选项。

12.1.2　"标记和出血"选项

　　"标记和出血"选项用于设置打印页面的标记以及出血页面的相关选项。

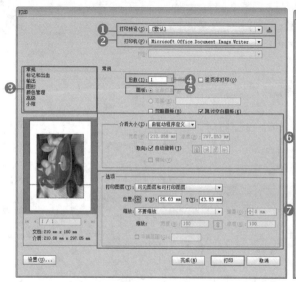

"打印"对话框的"常规"选项　　　　　　　　"打印"对话框的"标记和出血"选项

　　❶ "打印预设"选项：在下拉列表框中选择默认的打印预设选项。

　　❷ "打印机"选项：在下拉列表框中选择链接的打印机。

　　❸ 打印选项：包括"常规"、"标记和出血"、"输出"、"图形"、"高级"和"颜色管理"打印选项，选择相应的选项即可切换至其他选项栏。

　　❹ "份数"文本框：通过输入指定的数字以设置要打印的份数，默认显示数值为1。

　　❺ "面板"复选框：用于指定打印面板，点选复选框中的选项按钮，可设置打印画板的属性。

　　❻ "介质"选项组：设置由哪种程序定义页面大小和页面的取向。

　　❼ "选项"选项组：设置打印的图层类型和页面缩放等相关选项。

　　❽ "标记"选项组：可选择应用的标记类型并对其参数进行设置。

　　❾ "出血"选项组：设置页面的出血范围，即画板或剪裁区域外的指定范围的内容可以打印。

12.1.3　"输出"选项

　　"输出"选项用于设置图稿的输出方式、打印机分辨率和油墨属性等选项。

12.1.4　"图形"选项

　　"图形"选项用于设置路径的平滑度、文字字体选项，以及渐变和渐变网格打印的兼容性等选项。

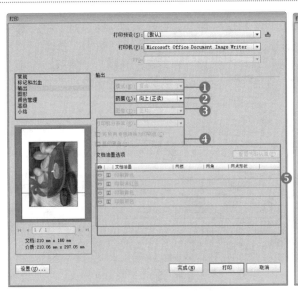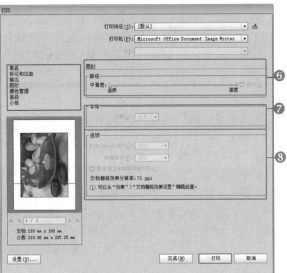

| "打印"对话框的"输出"选项 | "打印"对话框的"图形"选项 |

❶ **"模式"选项**：设置打印模式为复合或者分色，由打印机的配置所决定。

❷ **"药膜"选项**：设置药膜图层的定位方式。

❸ **"图像"选项**：设置正片或负片的图像打印方式。

❹ **"打印机分辨率"选项组**：设置打印机的分辨率，由打印机本身决定最高分辨率的设置。

❺ **"文档油墨属性"选项组**：控制油墨的打印状况，并设置应用何种方式转换专色为印刷色。

❻ **"路径"选项**：设置路径的平滑度。滑块偏向"品质"时产生高平滑效果，但降低打印速度；滑块偏向"速度"时产生低平滑度，但可以提高打印速度。

❼ **"字体"选项**：设置字体下载到打印的方式。

❽ **"选项"选项组**：设置语言和文字的数据格式。

12.1.5 "高级"选项

"高级"选项用于控制打印图像为位图，以及图像叠印的方式和分辨率设置。

12.1.6 "颜色管理"打印选项

"颜色管理"打印选项用于设置打印时图像的颜色应用方法，包括颜色处理、打印机配置文件和渲染等多种方法应用设置。

12.1.7 "小结"选项

"小结"选项用于显示文件的相关打印信息，以及打印图像中所包含的警告信息。

专家看板：认识"打印"对话框

在"打印"对话框中设置图像打印效果，执行"文件 | 打印"命令，可弹出"打印"对话框，其中提供了自定义或默认打印预设选项，包括"常规"选项、"标记和出血"选项、"输出"选项、"图形"选项、"高级"选项、"颜色管理"选项打印以及"小结"选项。在前面已介绍过"常规"选项、"标记和出血"选项、"输出"选项、"图形"选项。下面将对"高级"选项、"颜色管理"选项以及"小结"选项进行讲解。

❶**"颜色处理"选项**：定义使用Illustrator或打印机的颜色。

❷**"打印配置文件"选项**：用于设置颜色管理配置文件。

❸**"渲染方法"选项**：将颜色转换为配置文件时使用的渲染方法。

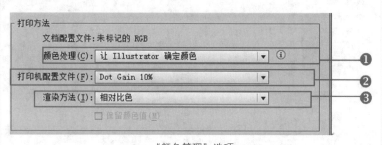

"颜色管理"选项

❶**"打印成位图"选项**：将文件快速打印成位图映射图像。

❷**"叠印和透明度拼合器选项"选项**：用于设置叠印的方式以及预设图稿的分辨率。

❸**"自定"按钮**：通过在弹出的对话框中设置栅格或矢量平衡、对象的分辨率，设置是否将制定的对象转换为轮廓。

"高级"选项

❶**"选项"选项**：用于显示文件设置的所有打印选项的摘要，并通过警告选项检测错误的设置。

❷**"自定"按钮**：在"储存为"对话框中可将打印预设进行储存。

将完成的作品输出为纸质介质的实体，应在输出前进行相关的打印设置，以便在图像输出效果上达到最佳的状态。

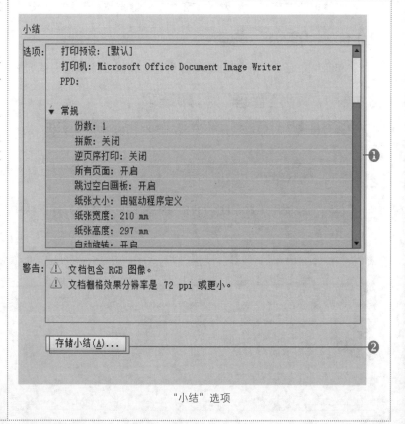

"小结"选项

12.2 | 打印输出图形

打印输出图形时PostScript打印机使用PPD文件（PostScript Printer Description文件）来为特定的PostScript 打印机自定驱动程序的行为。PPD文件包含有关输出设备的信息，其中包括打印机驻留字体、可用介质大小及方向、优化的网频、网角、分辨率以及色彩输出功能。打印之前设置正确的PPD非常重要。通过选择与PostScript打印机或照排机相应的PPD，可以使用输出设备设置填充"打印"对话框。打印输出图形包括查看打印设定、打印预设集设置、设定裁剪标记和设置陷印。

12.2.1 查看打印设定

在打印之前，使用"打印"对话框的"小结"面板查看输出设置，然后根据需要调整设置。例如，可以查看文档是否会因为服务提供商使用了OPI替换而忽略某些图形。

要查看打印设定预设的小结，执行"文件 I 打印"命令。在"打印"对话框中，单击"小结"按钮。 如果要将小结存储为文本文件，请单击"存储小结"按钮。 接受默认的文件名或为该文本文件设置另一个名称，然后单击"存储"按钮。

12.2.2 创建打印预设

如果要定期输出到不同的打印机或作业类型，可以将所有输出设置存储为打印预设，以自动完成打印作业。对于要求"打印"对话框中的许多选项设置都一贯精确的打印作业来说，使用打印预设是一种快速可靠的方法。可以存储和加载打印预设，使其轻松备份，或使其可供服务提供商、客户或工作组中的其他人员使用。

可以在"打印预设"对话框中创建并检查打印预设。执行"文件 I 打印"命令，调整打印设置，然后单击"存储预设"按钮，输入一个名称或使用默认名称，然后单击"确定"按钮。若使用此方法，预设将存储在首选项文件中。执行"编辑 I 打印预设"命令，然后单击"新建"按钮。在"打印预设"对话框中，键入新名称或使用默认名称，调整打印设置，然后单击"确定"按钮返回到"打印预设"对话框。然后再次单击"确定"按钮。

12.2.3 设定裁剪标记

对页面中指定的区域应用裁剪标记，将在打印时应用该剪裁标记，打印出指定范围的图像。应用剪裁标记后，该标记内的区域即为要打印的区域，该区域即为要剪裁的区域。

要应用剪裁标记可通过两种方式实现。其一，在选择对象的情况下执行"对象 I 创建剪裁标记"命令，以创建指定对象的剪裁标记，其二，同样是在选择对象的情况下执行"效果 I 剪裁标记"命令，以创建指定区域的剪裁标记，两者的区别是，前者对选定对象的整个区域应用剪裁标记。而后者是将对象所选的未编组对象分别应用剪裁标记。

打开图形文件

选择指定区域对象

应用剪裁标记

12.2.4 了解陷印

陷印通过叠印不用颜色区域的方式使颜色之间没有间隙，用于图像的打印输出。在Illustrator CS6中，陷印命令位于"路径查找器"面板的扩展菜单中。单击该面板右上角的扩展菜单按钮，可在弹出的菜单中选择"陷印"命令，并在弹出的"路径查找器陷印"对话框中对相关的选项进行设置。

❶**"粗细"文本框**：设置陷印区域的大小。

❷**"高度/宽度"文本框**：设置陷印的高度，宽度允许不同的陷印兼容值。

❸**"色调减淡"文本框**：设置选择区域的两种颜色减淡的百分比。

"路径查找器陷印"对话框

❹**"印刷色陷印"复选框**：选择该复选框，转换专色为只存在于陷印路径中的印刷色。

❺**"反向陷印"复选框**：选择该复选框，转换对象周围的陷印，陷印使用100%的黑色填充。

使用陷印技术，能够避免在印刷时由于对齐效果不够精确，而使打印出来的图像出现小裂缝，用于更正纯色未对齐现象。过多的陷印则会产生轮廓效果，从屏幕中看不到这样的现象，但在印刷成品中却能看见。陷印量的大小视承印刷材料的特性以及系统套印精度而定。

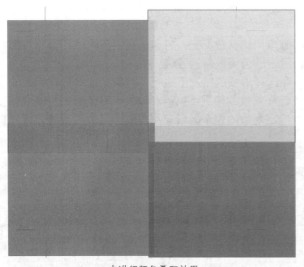

未进行颜色叠印效果

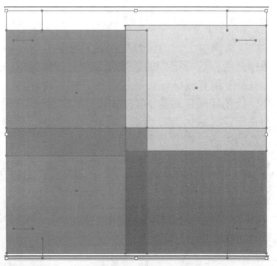

颜色叠印效果

📖 **提示：**

常见的陷印有以下几种：单色线叠印法，在色块边上添加浅色线条，并进行叠印；合成线法，在色块边上添加合成线，且线条不叠印；分层法，通过在不同的层上内缩或外扩元素以实现陷印；移位法，应用移动色块拐角位置实现内缩或外扩。

12.2.5 打印输出选项

储存输出图像时可通过设置指定的输出对象优化图像效果。单击"储存为Web和设备所用格式"对话框中预设选项组右上角的"优化菜单"按钮,在弹出的菜单中选择"编辑输出设置"命令,并在弹出的"输出设置"对话框中分别设置HTML、切片背景和储存文件等选项。

HTML选项用于设置HTML代码的格式化选项,以及编码与Adobe配套软件兼容性的相关选项。

"切片"选项用于设置切片输出时生成表格或生成CSS的相关选项,以及每个切片的命名方式。

"背景"选项用于设置将文档看作图像或背景的选项,以及指定页面的背景图像和背景颜色等选项。

储存文件选项用于设置文件命名的方式,文件兼容性,以及优化文件时的储存名称和相关选项。

12.2.6 了解"画板选项"对话框

画板工具用于剪裁或拓展画板的尺寸;"画板选项"对话框可用于设置当前文件的画板精确属性,使用画板工具时,可通过直接拖动画板锚点的方式进行调整,也可在属性栏中设置其他参数。选择画板工具后,按Enter键可打开"画板选项"对话框,在之前的章节中已经讲过如何设置画板的大小,所以这里主要对"画板选型"对话框进行讲解。

❶**名称:** 用于设置当前选定画板的名称。

❷**预设:** 通过在下拉列表中选择预设的画板选项,以应用其他尺寸的画板,也可通过自定义画板的尺寸、比例和方向的方式应用画板。

❸**显示:** 用于显示或隐藏一些辅助的标记等。

❹**全局:** 用于显示应用的画板区域和被剪裁区域的状态。

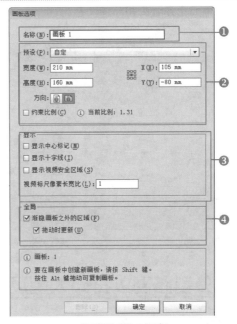

"画板选项"对话框

打开图形文件

区域剪裁

12.3 打印渐变、网格对象和色彩渐变

某些打印机可能难以平滑地打印(没有不连续色带)或者根本不能打印具有渐变、网格或颜色混合的文件。请按下列一般性指导原则改善打印效果。

- 使用两种或两种以上印刷色分量之间至少 50% 变色率的混合。
- 使用较短的混合。最佳长度取决于混合中的颜色，但最好保持混合短于 7.5 英寸。
- 使用较浅的颜色，或缩短深色混合。很深的颜色和白色之间最可能出现色带。
- 使用可保持 256 个灰度等级的适当的灰度等级。
- 如果在两个或多个专色之间创建渐变，请在创建分色时为这两个专色指定不同的网角。如果不能确定应使用哪种角度，请咨询您的印刷商。
- 尽可能打印到支持 PostScript® Lnguge Level 3 的输出设备。
- 如果必须打印到支持 Postscript Lnguge Level 2 的输出设备，或者当打印包括透明度的网格时，可以选择在打印过程中栅格化渐变和网格。这样，Illustrator 就会把渐变和网格从矢量对象转换为 JPEG 图像。

在打印过程中栅格化渐变和网格对象，执行"文件 | 打印"命令。选择"打印"对话框左侧的"图形"，并选择"兼容渐变和渐变网格打印"。 因为"兼容渐变和渐变网格打印"选项会降低无渐变问题的打印机的打印速度，所以请仅当遇到打印问题时选择此选项。

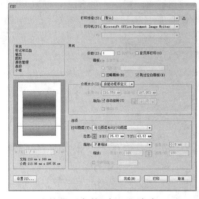
执行"文件 | 打印"命令

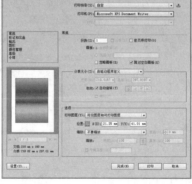
选择"兼容渐变和渐变网格打印"选项

打印

12.4 分割路径以打印大型及复杂外框形状

可在任意锚点或沿任意线段分割路径。分割路径时，请记住以下注意事项。如果要将封闭路径分割为两个开放路径，必须在路径上的两个位置进行切分。如果只切分封闭路径一次，则将获得一个其中包含间隙的路径。由分割操作生成的任何路径都继承原始路径的路径设置，如描边粗细和填充颜色。描边对齐方式会自动重置为居中。

要选择路径以查看其当前锚点，执行下列操作，选择剪刀工具并单击要分割路径的位置。在路径段中间分割路径时，两个新端点将重合（一个在另一个上方），选中其中的一个端点。选择要分割路径的锚点，然后单击"控制"面板中的"在所选锚点处剪切路径"按钮 。当在锚点处分割路径时，新锚点将出现在原锚点的顶部，并会选中一个锚点。使用直接选择工具调整新锚点或路径段。可以使用美工刀工具将一个对象划分为各个构成部分的表面（表面是指线段不可划分的区域）。

12.5 操作答疑

本章主要针对打印前的打印设置、打印输出图形、打印渐变、网格对象和色彩渐变和分割路径以打印大型及复杂外框形状进行全面讲解。下面将对本章中相关的功能和应用重点难点列举一些思考练习，以便于巩固学习效果。

12.5.1 专家答疑

（1）Illustrator CS6的页面和打印设置。

答：常见一些朋友对Illustrator CS6的页面和打印设置不怎么明白，往往被页面上的那个虚线框弄蒙了，虚线框内的图像是可打印的，虚线框以外都是不可打印的，虚线框是可以移动的，虚线框还可以随着页面设置的不同而随大小变化。

（2）怎样设置Illustrator CS6分页的拼贴方法？

答：页面拼帖工具没有快捷键。先按H键转换为 抓手工具后，按住Alt键用鼠标单击工具栏中的抓手工具，可以在 和 工具间切换。通常在做图时可以完全不考虑画板区域以及页面拼贴区域。执行"菜单|视图|隐藏画板"命令可以隐藏画板线；执行"视图|隐藏页面拼贴"命令，可以隐藏页面拼贴的虚线；执行"菜单|文件|文档设置"或按快捷键Ctrl+Alt+P打开文档设置面版，设置选项参数，选择自定义画板区域大小，填写"四开"尺寸44cm×59cm，同时定义方向为"竖向"。单击"拼贴完整页面"命令，将出现图中的页面情况，缩小视图到35%，可以看到4个页面区域，同时可以看到每个页面拼版左下角的页数字符。

如果你的工作区没有出现图中的情况，请查看拼贴虚线位置是否在画板的边缘。如不是，选择拼贴工具挪动拼贴虚线到画板边缘。如果还没有出现图中情况，请打开文档设置面板按快捷键Ctrl+Alt+P，选择Letter（信纸）选项，因为画板的尺寸必须满足4个版的尺寸才能正确显示。

（3）"打印"对话框中有哪些选项？

答：在"打印"对话框中可设置图像的打印效果，执行"文件 | 打印"命令，可弹出"打印"对话框，其中提供了自定义或默认打印预设选项，包括"常规"选项、"标记和出血"选项、"输出"选项、"图形"选项、"高级"选项、"颜色管理"选项打印以及"小结"选项。

12.5.2　操作习题

1. 选择题

（1）（　　）选项用于设置要打印的页面、打印的份数、打印介质和打印图层的类型等选项。

　A. "常规"　　　　　　B. "输出"　　　　　　C. "高级"

（2）要应用剪裁标记可通过两种方式实现。其一，在选择对象的情况下执行"对象 |（　　）"命令，以创建指定对象的剪裁标记，其二，同样是在选择对象的情况下执行"效果 | 剪裁标记"命令，以创建指定区域的剪裁标记，两者的区别是，前者对选定对象的整个区域应用剪裁标记。而后者是将对象所选的未编组对象分别应用剪裁标记。

　A. 创建剪裁标记　　　B. 创建剪裁　　　　　C. 创建标记

（3）储存输出图像时可通过设置指定的输出对象优化图像效果。单击"储存为Web和设备所用格式"对话框中预设选项组右上角的"优化菜单"按钮，在弹出的菜单中选择"编辑输出设置"命令，并在弹出的"输出设置"对话框中分别设置（　　）、切片背景和储存文件等选项。

　A. HTML　　　　　　B. HTTP　　　　　　C. ALT

2. 填空题

（1）画板工具用于剪裁或拓展画板的尺寸；"画板选项"对话框可用于设置当前文件的画板精确属性，使用画板工具时，可通过直接拖动画板锚点的方式进行调整，也可在属性栏中设置其他参数。选择画板工具后，按Enter键可打开"画板选项"对话框，在之前的章节中已经讲过如何设置画板的大小，所以这里主要对＿＿＿＿＿＿对话框进行讲解。

（2）使用＿＿＿＿＿＿技术，能够避免在印刷时由于对齐效果不够精确，而使打印出来的图像出现小裂缝，用于更正纯色未对齐现象。过多的陷印则会产生轮廓效果，从屏幕中看不到这样的现象，但在印刷成品中却能看见。陷印量的大小视承印刷材料的特性以及系统套印精度而定。

（3）如要查看打印设定预设的小结，执行"_____"命令。在"打印"对话框中，单击"小结"按钮。 如果要将小结存储为文本文件，请单击"存储小结"按钮。 接受默认的文件名或为该文本文件输入另一个名称，然后单击"存储"按钮。

3. 操作题

创建剪裁标记。

步骤1   步骤2   步骤3

（1）打开一张AI文件。

（2）按住Shift键，并使用选择工具 选择需要剪裁标记的图形。

（3）执行"效果 | 剪裁标记"命令，创建指定区域的剪裁标记。

第13章

平面设计综合案例

本章重点：

    本章主要讲解了VI设计、网页设计、包装设计、插画设计等常见案例，通过制作不同类型的平面设计案例，巩固前面的基础知识，帮助读者加强Illustrator熟练程度与实际应用技巧。

学习目的：

    让读者了解实际案例的制作方法，能更有效地的应用于实际工作中，掌握Illustrator应用技巧。

参考时间：255分钟

主要知识	学习时间
13.1　VI设计	30分钟
13.2　平面广告设计	45分钟
13.3　网页设计	45分钟
13.4　产品与包装设计	45分钟
13.5　书籍装帧设计	45分钟
13.6　插画设计	45分钟

13.1 VI设计

VI设计是Visul Identity的缩写，它是以标志、标准字、标准色为核心而展开的，是完整且系统的视觉表达体系。它包括基础部分和应用部分。

13.1.1 VI标志设计

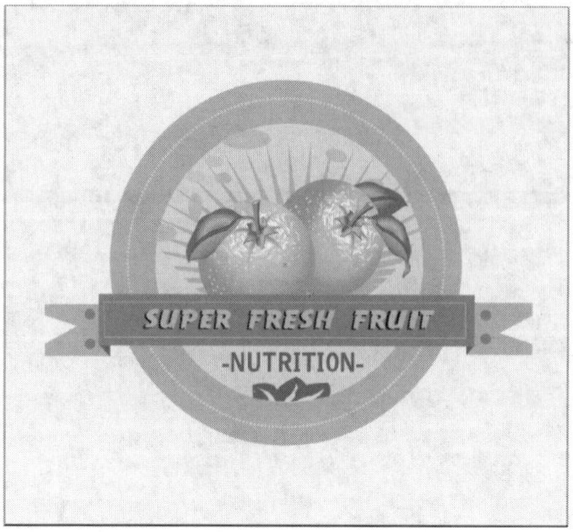

案例分析：

本案例是制作一个饮料标志，主要通过绘制图像并编辑图像细节的方式制作出标志的效果，再加上文字和舒服的颜色进行配置，让整个标志更加清新，给人想品尝的感觉，极具吸引力，画面效果更加突出。

主要使用功能：

选择工具、钢笔工具、星形工具、矩形工具、文字工具、渐变工具。

💿 **光盘路径：**第13章\Complet\13.1\VI标志设计.ai

🎞 **视频路径：**第13章\VI标志设计.swf

步骤1 执行“文件 | 新建”命令，在弹出的“新建文档”对话框中设置文件名称为“饮料标志设计”，并设置其他相关参数。完成后单击“确定”按钮，新建一个空白图像文件。

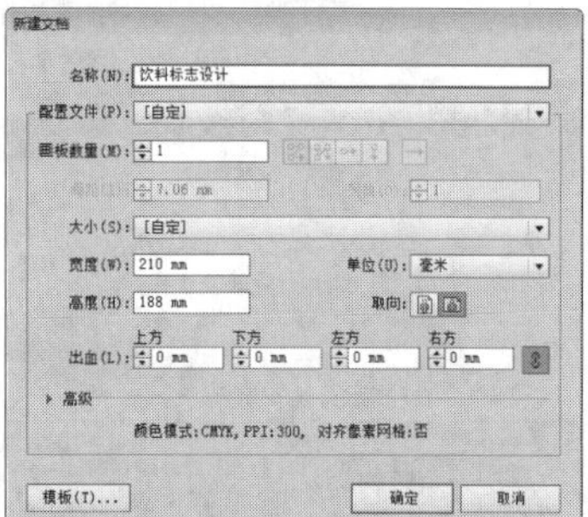

步骤2 新建图像文件后，单击椭圆工具⬭，按住Shift键的同时单击鼠标左键，在画面中心绘制一个正圆。并填充为黄绿色（C33、M12、Y94、K0）。

步骤3 使用相同方法，再绘制一个圆，并填充为浅黄色（C9、M2、Y82、K0），使用选择工具↖，框选两个圆。然后在属性栏中单击“对齐”按钮在弹出的快捷菜单中，进行不同设置，以达到对齐效果。

步骤4 单击椭圆工具⬭，在属性栏中设置相应的值，设置颜色为黄色（C0、M0、Y100、K0）。画笔定义选择“剪切此处”，按住Shift键的同时单击鼠标左键不放，在画面中绘制出圆。

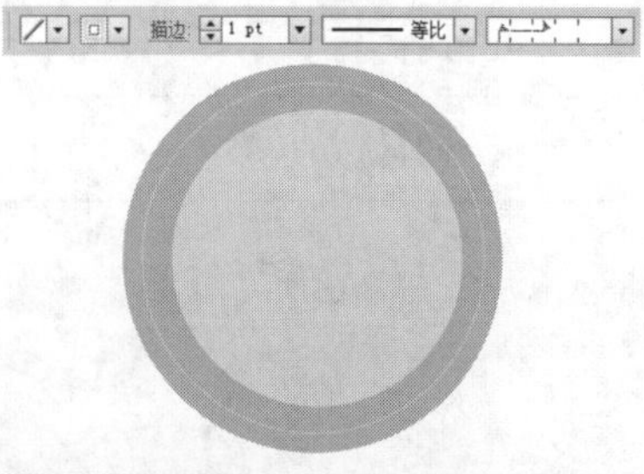

步骤5 单击椭圆工具⬭，在画面中随意绘制出一个不同的椭圆，然后选择黄色圆复制一个，放置在绘制好的圆上面，使用选择工具↖，框选这几个圆，单击鼠标右键，在弹出的快捷菜单中选择“建立剪切蒙版”。

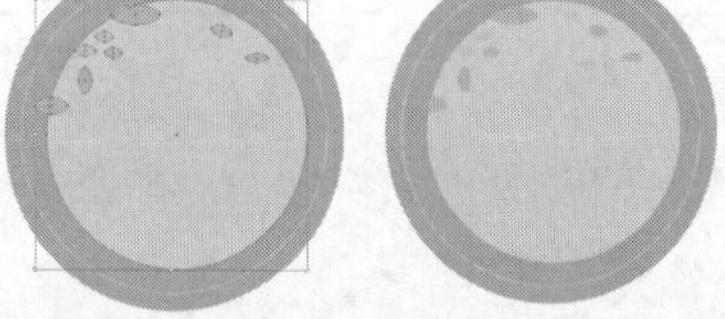

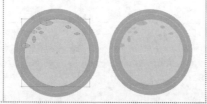

步骤6 单击星形工具☆，在画面中单击鼠标，在弹出的对话框中设置参数值，单击“确定”按钮。在圆里绘制出发射的星形。创建剪切蒙版，隐藏圆圈外的图形效果。

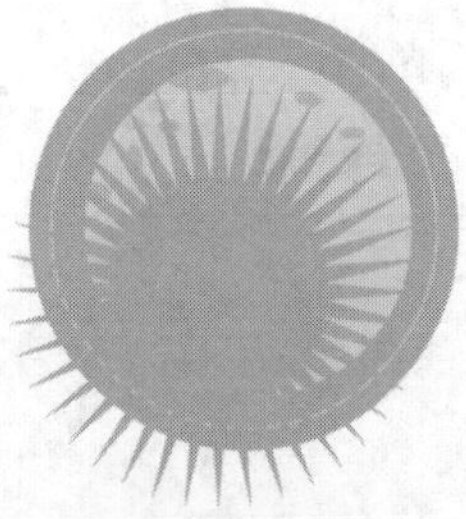

步骤7 再调整下圆的形状,然后再复制一个黄色的圆,放置在星形上面,使用选择工具 ↖,框选这两个物体,单击鼠标右键,在弹出的快捷菜单中选择"建立剪切蒙版"命令。以创建剪切蒙版效果。

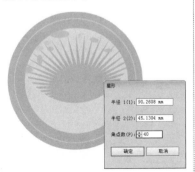

步骤8 单击椭圆工具 ⬭,按住Shift键同时单击鼠标左键不放,在画面中心绘制一个正圆,再单击渐变工具 ▣,在右边打开渐变面板,设置各项参数值,然后在圆里拖出渐变效果。

步骤9 单击钢笔工具 ✎,绘制出橘子的深色部分。并填充颜色为橘红(C7、M59、Y94、K0),继续使用钢笔工具 ✎绘制出不同形状的纹理,再全选图形,单击鼠标右键,选择"建立复合路径",然后单击渐变工具 ▣,打开渐变面板,设置各项参数值,然后在纹理拖出渐变效果。

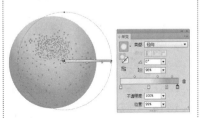

步骤10 复制刚绘制出的纹理,并填充为黄色(C5、M12、Y74、K0),将纹理放到橘子上方偏左的位置。

步骤11 再次复制纹理,并填充颜色为黄色(C2、M0、Y20、K0),将纹理放到橘子上方偏左的位置。

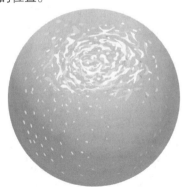

步骤12 单击钢笔工具 ✎,绘制出橘子的果蒂。并填充颜色为橘黄(C6、M32、Y91、K0)。

步骤13 复制一个刚绘制出的果蒂,设置颜色为橘红(C7、M61、Y95、K0),并填充。再等比列缩放,然后单击选择工具 ↖,选中所有橘子,单击鼠标右键,选择"编组"命令。

步骤14 单击钢笔工具 ✎,在橘子里绘制出叶子形状,然后单击渐变工具 ▣,打开渐变面板,设置相应的参数值。再次使用钢笔工具 ✎,绘制出叶子的边,再使用宽度工具 ✍,将叶子的线条画得更自然,并设置颜色为绿色(C87、M4、Y96、K6)。

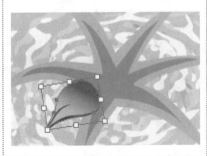

步骤15 继续使用相同的方法,使用钢笔工具 ✎绘制出果把。

步骤16 单击钢笔工具 ✐ 绘制出橘子的叶子，单击"渐变"工具 ▣，打开渐变面板，并设置相应的参数值，在画面的叶子上拖出渐变。

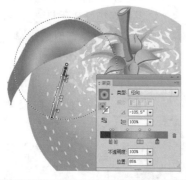

步骤17 继续使用钢笔工具 ✐ 绘制出叶子的形状，并填充颜色为浅绿（C81、M21、Y95、K0）和深绿（C87、M44、Y96、K6）。使用钢笔工具 ✐ 绘制叶子的另一半，单击渐变工具 ▣，打开渐变面板，设置相应的参数值，在画面中拖出渐变效果。

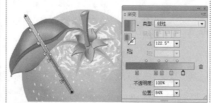

步骤18 继续使用之前的方法，绘制出另外一个橘子。然后拖到标志里面，并适当调整位置和大小。

步骤19 单击矩形工具 ▣，在橘子下方绘制一个长方形，并填充为黄绿色（C60、M33、Y100、K0）。再次单击矩形工具 ▣，在绿色框中绘制一个长方形，颜色为（C33、M13、Y94、K0），然后在属性栏中单击"对齐"按钮，在弹出的快捷菜单中。进行不同的设置，以达到对齐效果。

步骤20 单击钢笔工具 ✐，在长方形的左边绘制出图案。并填充为淡绿色（C33、M13、Y94、K0）和深绿（C71、M53、Y100、K15）。再单击椭圆工具 ◉，在上面绘制两个正圆，填充其颜色为墨绿（C60、M33、Y100、K0）。并按快捷键Ctrl+G群组。

步骤21 选择刚绘制出的图形，按快捷键Ctrl+C+F复制并原位粘贴图形，单击鼠标右键，在弹出的菜单中选择"变化｜对称"命令，在弹出的对话框中选择"垂直"选项，单击"确定"按钮。按住Shift键同时拖至长方形右边。

步骤22 单击文字工具 T，在长方形中输入相应的英文，将颜色填充为黑色，再复制一个该文字，并填充颜色为橘红色（C3、M33、Y89、K0）。做出影子的感觉。

步骤23 单击文字工具 T，在长方形下面输入相应的英文，颜色设置为墨绿（C71、M52、Y100、K13）。使用钢笔工具 ✐ 绘制出叶子的形状，颜色为绿色（C80、M35、Y100、K0），并填充，复制黄色圆，将复制的圆放在叶子上面，单击鼠标右键，选择"建立剪切蒙版"。

步骤24 单击矩形工具 ▣，绘制出一个正方形，填充为浅黄色（C4、M0、Y25、K0）。按快捷键Ctrl+G群组。至此，本实例制作完成。

13.1.2　标准色和辅助色

案例分析：
　　本案例制作的是VI设计基础部分中的标准色和辅助色，通过提取标志中主要使用的颜色或辅助使用颜色以及衍生而来的颜色，并加以标注，用于之中其他应用系统的颜色依据。

主要使用功能：
钢笔工具、矩形工具、文字工具。
光盘路径：第13章\Complete\13.1\标准色和辅助色.ai
视频路径：第13章\标准色和辅助色.swf

步骤1　打开"VI标志设计.ai"文件。

步骤2　使用选择工具，取消编组，再取消剪切蒙版，在标志下方的绿叶图形上按快捷键Ctrl+C复制图形。

步骤3　使用选择工具，选择该图形，将颜色改为标准色里的黄色（C9、M2、Y82、K0）。

步骤4　单击文字工具，在画面右上角输入相应的文字。将标志调至适当大小，放置于文字的后面。

步骤5　使用矩形工具，在画面中绘制一个矩形色块，并分别填充为与标志图形相应的颜色及其他辅助色。

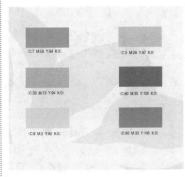

步骤6　再使用文字工具标注文字。至此，本实例制作完成。

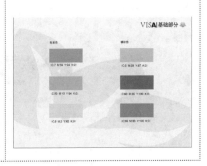

13.1.3 标准图形和辅助图形

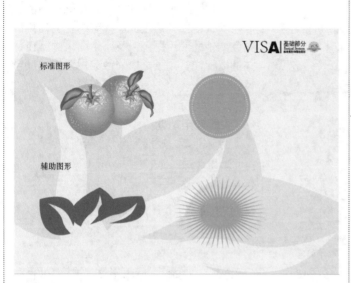

案例分析：

本案例是在标志图形的基础上制作的标志标准图形和辅助图形，通过以标志图形为基础制作的图形轮廓，或从标志图形上截取部分图形元素，以及通过图形衍生的方式制作辅助图形，以便将这些图形应用在后期制作中。

主要使用功能：

钢笔工具、矩形工具、文字工具。

💿 光盘路径：第13章\Complete\13.1\标准图形和辅助图形.ai

🎬 视频路径：第13章\标准图形和辅助图形.swf

步骤1 选择"文件｜新建"命令。在弹出的对话框中设置其参数，完成后单击"确定"按钮，新建一个图形文件。

步骤2 打开"标准色和辅助色.ai"文件，将文件里的背景图形及文字元素等，按快捷键Ctrl+C复制图形拖至当前文件中。

步骤3 单击文字工具 T，在画面右上角输入相应的文字。将标志调至适当大小，放置于文字后面。

步骤4 打开"VI标志设计.ai"文件，将标志里的橘子和圆形复制一份。将其拖至当前文件中，再使用文字工具 T 在画面左上方输入相应的文字。

步骤5 使用选择工具 ▶，选择辅助图形绿叶和放射星形。再使用文字工具 T，在画面左上方输入相应的文字。至此，本实例制作完成。

🔖 **提示：**

使用文字工具输入文字时，若文字所单击的区域为一些图形的边缘轮廓区域，则有可能改变文字的应用范围，可将背景图形进行锁定，以免对对象和文字造成影响。

13.1.4　卡片

案例分析:

　　本案例制作的是VI设计办公应用部分中的卡片设计效果,以标志图形的标准图形及辅助图形等元素制作卡片,并分别采用不同的标准色和辅助色,制作丰富的卡片效果。

主要使用功能:

　　选择工具、钢笔工具、矩形工具、文字工具。

🔘 **光盘路径:** 第13章\Complete\13.1\卡片.ai

🎬 **视频路径:** 第13章\卡片.swf

步骤1　使用选择工具 ▶,选择"标准色和辅助色.ai"文件里的背景图形及文字元素等,按快捷键Ctrl+C复制图形,拖至当前文件中。

步骤2　更改右上角内容页的基本文字为"应用部分"、及"卡片"文字。

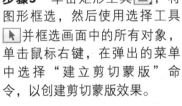

步骤3　单击矩形工具 ▢,在画面左下角中绘制一个矩形图形,并填充颜色为标准色黄色(C9、M2、Y82、K0)。

步骤4　打开"VI标志设计.ai"文件。将标志文字复制一个,拖至当前文件中,并调整文字位置,然后放置在卡片上端。复制一个辅助图形,并将其粘贴至当前图像文件中,放置在卡片左下方的位置。

步骤5　单击矩形工具 ▢,将图形框选,然后使用选择工具 ▶ 并框选画面中的所有对象,单击鼠标右键,在弹出的菜单中选择"建立剪切蒙版"命令,以创建剪切蒙版效果。

步骤6 再次单击矩形工具 ▣，在画面中绘制一个矩形图形，设置填充颜色为标准色绿色（C80、M35、Y100、K0）。

步骤7 复制步骤4里的标志文字，将文字进行位置及大小调整，将颜色改为浅绿色（C33、M13、Y94、K0）。

步骤8 再次复制标志文字，调整文字的大小及位置，并将颜色改为白色。

步骤9 打开"VI标志设计.ai"图像文件。将标志复制并拖至当前文件中，放置在卡片的右下端。

步骤10 单击矩形工具 ▣，绘制一个矩形图形，将卡片全部覆盖，使用选择工具 ➤ 并框选画面中的所有对象，单击鼠标右键，在弹出的菜单中选择"建立剪切蒙版"命令，以创建剪切蒙版效果。

步骤11 复制该矩形后删除其中的图形，完成后设置填充颜色为标准色橘红色（C5、M28、Y87、K0）。

步骤12 复制标志文字，再使用文字工具 Ｔ 添加一排文字，并调整其大小及位置，颜色改为黑色。再复制一个标志图形，并调整大小及位置，放置在卡片中间的位置。

步骤13 单击矩形工具 ▣，绘制一个矩形图形，将卡片全部覆盖，使用选择工具 ➤ 并框选画面中的所有对象，单击鼠标右键，在弹出的菜单中选择"建立剪切蒙版"命令，以创建剪切蒙版效果。

步骤14 使用相同方法，复制该矩形后删除其中的图形，完成后设置其填充颜色为标准色绿色（C33、M13、Y94、K0）。再复制标准文字，设置颜色为白色。再复制一个复制图形，创建剪切蒙版。至此，本实例制作完成。

13.1.5　手提袋

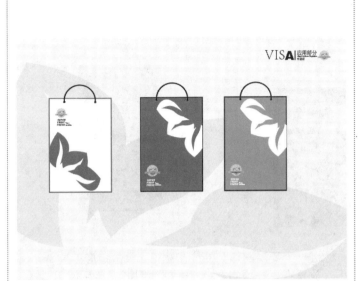

案例分析：
　　本案例制作的是VI设计的办公应用系统中的手提袋应用效果，通过绘制图形并添加基本图形元素的方式制作手提袋，体现手提袋应用的效果。

主要使用功能：
　　钢笔工具、矩形工具、文字工具、选择工具。
　　光盘路径：第13章\Complete13.1\手提袋.ai

步骤1　打开"第13章\Complete\13.1\VI标志设计.ai"文件。

步骤2　单击文字工具 T，在画面右上角输入相应的文字，将标志调至适当大小，放置在文字后面。

步骤3　单击矩形工具 ▣，在画面中绘制一个矩形图形，颜色填充为咖啡色（C0、M0、Y20、K80），表现影子效果。

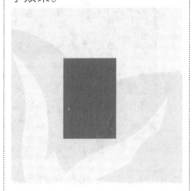

步骤4　再次使用矩形工具 ▣，绘制一个小矩形，放置在咖啡上面。

步骤5　单击钢笔工具 ✎，绘制出手提袋的提手，结合使用椭圆工具 ◉绘制出两个椭圆。

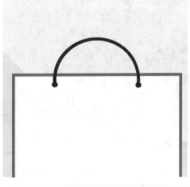

步骤6　复制一个标志图形，并调整大小及位置，单击文字工具 T，在手提袋左上方输入相应的文字，并设置字体样式和大小。

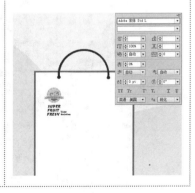

步骤7 复制一个辅助图形,并调整大小,将其放置在手提袋左下方位置,然后单击矩形工具 ▣ ,框选辅助图形,使用选择工具 ▶ 框选辅助图形和矩形对象,单击鼠标右键,在弹出的菜单中选择"建立剪切蒙版"命令,创建剪切蒙版效果。

步骤8 使用选择工具 ▶ ,复制一个矩形图形,将颜色更改为绿色(C80、M35、Y100、K0)。

步骤9 复制一个手提袋提手,将放置在适当的位置。

步骤10 复制一个标志图形,并调整大小及位置,单击文字工具 T ,在手提袋左下方输入相应的文字,并设置字体样式和大小。

步骤11 复制一个复制图形,并调整大小,放置在手提袋的右上方位置。

步骤12 单击矩形工具 ▣ ,框选辅助图形,然后使用选择工具 ▶ 框选辅助图形和矩形对象,单击鼠标右键,在弹出的菜单中选择"建立剪切蒙版"命令,以创建剪切蒙版效果。

步骤13 继续使用相同的方法,制作出其他的手提袋效果,至此,本实例制作完成。

🌐 **知识链接:**

调整路径文字:使用路径文字工具或直排路径文字工具,在路径中输入文字后,要调整路径中文字的位置,可使用选择工具拖动路径中的分隔符;要显示路径中的溢流文字,可使用直接选择工具拖动溢流文字区域的路径锚点,加长路径线段以显示文字。

13.1.6　办公用品−信封

案例分析：

　　本案例制作的是VI设计办公应用系统中的信封应用效果，通过绘制图形并添加基本图形元素的方式制作信封，体现信封应用的效果。

主要使用功能：

　　选择工具、钢笔工具、矩形工具、文字工具。

　　光盘路径：第13章\Complete\13.1\办公用品−信封.ai

步骤1　使用选择工具，选择"标准色和辅助色.ai"文件里的背景图形及文字元素等，按快捷键Ctrl+C复制图形，拖至当前文件中。

步骤2　然后更改右上角内容页的基本文字为"应用部分"、及"办公部分−信封"文字。

步骤3　单击矩形工具，在画面中绘制一个白色矩形图形，然后在矩形左上方绘制一个描边为红色（C7、M87、Y100、K0）的小矩形，按住Alt键同时拖动鼠标至右边，再按Ctrl+D快捷键重复复制。

步骤4　单击矩形工具，在信封右上方绘制两个矩形，其中一个为虚线，然后在菜单栏中选择"虚线"，并设置各项参数值。

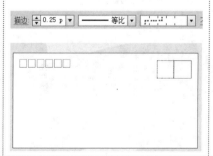

步骤5　单击钢笔工具，绘制出信封的封口部分。并填充颜色为绿色（C80、M35、Y100、K0）。

步骤6 单击文字工具 T，在信封左下角输入相应的文字，并设置其字体样式和大小。

步骤7 复制一个标准图形，并调整大小，将图形放置在信封的左下角位置。

步骤8 复制一个辅助图形，并调整大小，然后放置在信封的右下角位置。

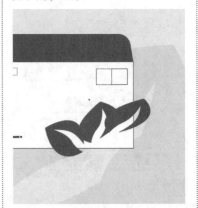

步骤9 单击矩形工具 ▣，将图形框选，然后使用选择工具 ▸ 框选画面中的辅助图形，再单击鼠标右键，在弹出的菜单中选择"建立剪切蒙版"命令，以创建剪切蒙版效果。

步骤10 使用选择工具 ▸，将信封上端封口的绿色复制一个，并更改颜色为灰色（C39、M31、Y30、K0）。将图形放置在下方，以达到影子效果。

步骤11 再次使用选择工具 ▸ 选择白色信封矩形框，复制一个，颜色更改为灰色（C39、M31、Y30、K0）。放置信封下面，以达到影子效果，最后进行编组。

步骤12 继续使用相同的方法制作其他的信封效果。至此，本实例制作完成。

🌐 知识链接：

对图层进行管理时，通过应用一些快捷键命令或配合使用快捷键进行操作，可在一定程度上提高工作效率，下面就对图层中的应用的相关操作进行介绍。

Shift+单击图层：选择连续的多个图层。

Ctrl+单击图层：可选择非连续的多个图层。

Alt+拖动彩色方块到不同图层：复制对象到不同图层。

Ctrl+单击"创建新图层"按钮：在当前图层下面新建图层。

13.1.7　办公用品–名片

案例分析：
　　本案例制作的是VI设计办公应用系统的名片设计，通过使用相关工具制图并调整图形元素的方式制作名片的正面和背面效果。

主要使用功能：
　　钢笔工具、矩形工具、文字工具、选择工具。

　　光盘路径：第13章\Complete\13.1\办公用品–名片.ai

　　视频路径：第13章\办公用品–名片.swf

步骤1　打开"第13章\Complete\13.1\VI标志设计.ai"文件。 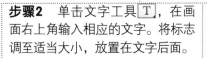	**步骤2**　单击文字工具 T ，在画面右上角输入相应的文字。将标志调至适当大小，放置在文字后面。 	**步骤3**　单击矩形工具 ▣ ，在画面中绘制一个白色矩形的名片框。 
步骤4　再次单击矩形工具 ▣ ，在矩形里绘制两个大小不同的矩形，颜色填充为黄色（C9、M2、Y82、K0）。  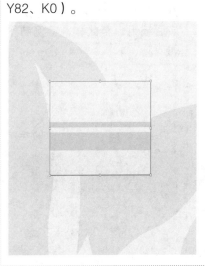	**步骤5**　将标志复制一个，并调整大小，放置于名片正中间位置。 	**步骤6**　单击矩形工具 ▣ ，框选所有图形，然后使用选择工具 ➤ 框选画面中的所有对象，单击鼠标右键，在弹出的菜单中选择"建立剪切蒙版"命令，以创建剪切蒙版效果。 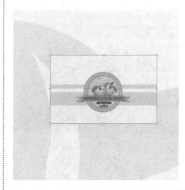

步骤7 单击矩形工具 ▣，绘制一个灰色（C39、M31、Y30、K0）的矩形，并放置在最下面，然后进行编组，制作影子的效果，然后再编组。

步骤8 复制一个刚绘制好的名片，取消编组并删除相应图形，但保留一个矩形图形。

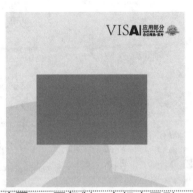

步骤9 再复制一个矩形，颜色更改为黄色（C5、M28、Y87、K0）。

步骤10 复制一个辅助图形，并调整大小，将图形放置在名片右上段。

步骤11 再复制一个标志图形，放置在名片的左上方位置，并适当调整大小。

步骤12 单击文字工具 T，在名片右下方输入相应的文字，并设置字体样式及大小。

步骤13 单击矩形工具 ▣，框选所有图形，然后使用选择工具 ▶框选画面中的所有对象，单击鼠标右键，在弹出的菜单中选择"建立剪切蒙版"命令，以创建剪切蒙版效果。

步骤14 使用相同的方法，复制两个矩形，并设置颜色为白色。

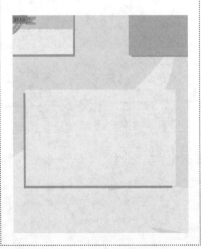

步骤15 再复制一个辅助图形，调整大小放置矩形的右上方，然后使用步骤6的方法，最后编组，至此，本实例制作完成。

13.1.8 服装

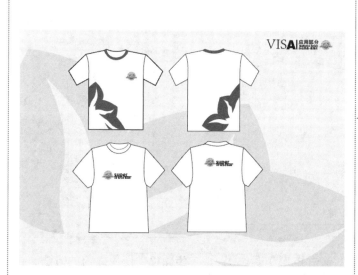

案例分析：
　本案例制作的是VI设计应用系统中的服装服饰效果，通过绘制图形并添加图形元素的方式制作文化衫，以应用品牌基本元素至服装服饰中。

主要使用功能：
　钢笔工具、矩形工具、文字工具、选择工具。

　💿 光盘路径：第13章\Complete\13.1\服装.ai

步骤1　打开"第13章\Complete\13.1 \VI标志设计.ai"文件。	**步骤2**　单击文字工具 T，在画面右上角输入相应的文字。将标志调至适当大小，放置在文字后面。	**步骤3**　单击钢笔工具 ✒️，在画面中绘制出衣服的形状，并填充为白色。

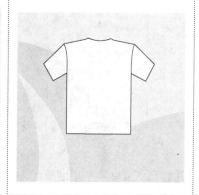

步骤4　再次使用钢笔工具 ✒️ 绘制出衣服的领子，并填充为绿色（C80、M35、Y100、K0）。	**步骤5**　单击选择工具 ▶️，复制一个标志图形，并调整大小。然后放在衣服左端胸口位置。	**步骤6**　复制一个辅助图形，并调整大小，放置在衣服左下端。

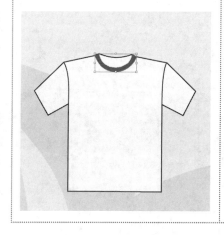
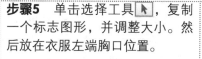

步骤7 单击矩形工具 ▣，框选辅助图形，然后使用选择工具 ▶ 框选辅助图形和矩形，单击鼠标右键，在弹出的菜单中选择"建立剪切蒙版"命令，以创建剪切蒙版效果。

步骤8 复制一个刚绘制好的衣服，删除其他图形，保留白色衣服轮廓。

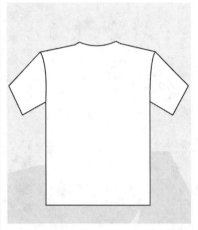

步骤9 单击钢笔工具 ✐，绘制出衣服背面的衣领口。

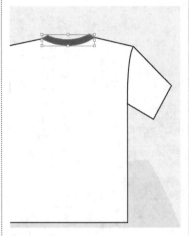

步骤10 复制一个辅助图形，并调整大小，放置在衣服右下端。

步骤11 单击矩形工具 ▣，框选辅助图形，然后使用选择工具 ▶ 框选辅助图形和矩形，单击鼠标右键，在弹出的菜单中选择"建立剪切蒙版"命令，创建剪切蒙版效果。

步骤12 使用之前的方法，再次复制一个衣服轮廓。

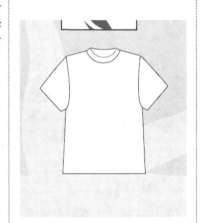

步骤13 复制一个标志图形，然后单击文字工具 T，输入相应的文字，并设置字体样式和大小，并编组，放置在衣服中间位置。

步骤14 再次使用之前的方法，复制一个白色衣服轮廓。然后单击钢笔工具 ✐，绘制出衣服后背领子部分。

字符: TrueCrimes* | -* | 6.23 p

步骤15 复制一个整体标志图形组合，然后放置在衣服中间偏上的位置。至此，本实例制作完成。

13.1.9 指示系统

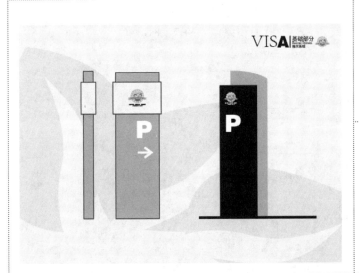

案例分析:

本案例制作的是VI设计中的指示系统,通过相关的绘制工具绘制图形,并复制标准图形、辅助图形和标志文字等方式,制作指示牌。

主要使用功能:

选择工具、钢笔工具、矩形工具、文字工具。

💿 光盘路径:第13章\Complete\13.1\指示系统.ai

步骤1 打开"第13章\Complete\卡片.ai"文件,按快捷键Ctrl+C复制文件里的背景图形及文字元素等,将图形拖至当前文件中。

步骤2 单击文字工具 T ,在画面右上角更改内容页的基本文字。

步骤3 单击矩形工具 ▣ ,在画面左下角中绘制一个矩形图形 ,并填充颜色为标准色绿色(C36、M11、Y87、K0)。

步骤4 再次单击矩形工具 ▣ ,绘制出一个小圆,并填充颜色为标准色淡黄色(C4、M0、Y25、K0),放置在矩形上方位置。

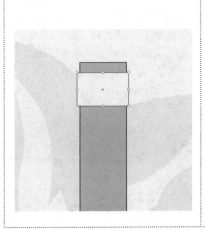

步骤5 单击直线段工具 ╱ ,在指示牌下方绘制一条线,并设置菜单栏中的相应属性。

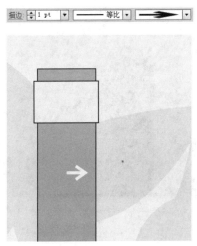

步骤6 单击文字工具 T ,在指示牌中间位置输入相应文字,并填充为白色。

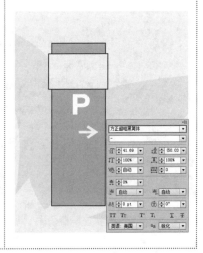

步骤7 复制一个标准图形，将图形放置在小矩形框里。单击文字工具 T，在标志下方输入相应的文字，并设置字体样式和大小。

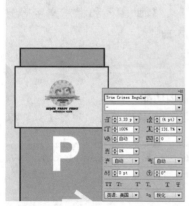

步骤8 单击矩形工具 ，绘制两个不同大小的矩形指示牌侧面的效果图。颜色填充为淡黄色（C4、M0、Y25、K0）和绿色（C36、M11、Y87、K0）。

步骤9 单击钢笔工具 ，绘制出一个不规则的矩形图形，颜色填充为绿色（C36、M11、Y87、K0）。

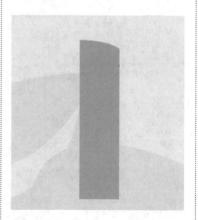

步骤10 单击矩形工具 ，在矩形下面绘制一个小长方矩形，并填充为黑色。

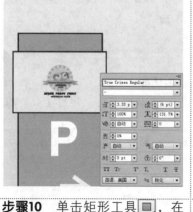

步骤11 再次使用矩形工具 ，绘制出一个黑色矩形。

步骤12 复制一个标准图形，并调整大小，放置在黑色矩形的左上方。

步骤13 复制一个P字体，放置在标志下方。至此，本实例制作完成。

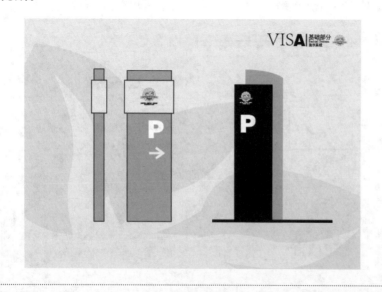

🌐 **知识链接：**

绘制符号图形、图表或添加对象图形样式时，通过使用一些快捷键或操作命令，可快捷地调整对象效果，并简化编辑对象的操作程度。

Shift+S：符号喷枪工具。

J：柱形图形工具。

Shift+Ctrl+F11：显示/隐藏"符号"面板。

Shift+F5：显示/隐藏"图形样式"面板。

13.1.10 车体

案例分析:

本案例制作的是VI设计中的交通运输广告,通过为汽车素材对象添加品牌基本图形元素的方式制作品牌交通运输广告效果。

主要使用功能:

钢笔工具、圆角矩形工具、文字工具、选择工具。

💿 光盘路径:第13章\Complete13.2\车体.ai

步骤1 打开"第13章\Complete\卡片.ai"文件,按快捷键Ctrl+C复制文件里的背景图形及文字元素等,将图形拖至当前文件中。

步骤2 单击文字工具 T,在画面右上角输入相应的文字。将标志调至适当大小,放置在文字后面。

步骤3 打开"第13章\Complete\Media\车体.ai"文件。将图像拖至当前图像文件中,并调整图像大小和位置。

步骤4 复制一个标志图形,并调整图像大小,然后将图形放置在车体身上,单击文字工具 T,在车体右下方输入相应的文字,并设置字体样式和大小。

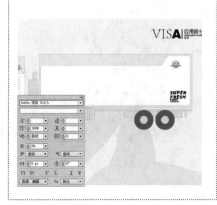

步骤5 单击矩形工具 ▦,框选辅助图形,然后使用选择工具 ▸框选辅助图形和矩形图形,单击鼠标右键,在弹出的菜单中选择"建立剪切蒙版"命令,以创建剪切蒙版效果。

步骤6 将另外一个车体使用相同方法制作出车体广告效果。

13.1.11 礼品

案例分析：
　　本案例制作的是VI设计中的礼品，通过为汽车素材对象添加品牌基本图形元素的方式制作品牌交通运输广告效果。

主要使用功能：
钢笔工具、选择工具。
💿 光盘路径：第13章\Complete\13.1\杯子.ai

步骤1　打开"第13章\Complete\卡片.ai"文件，按快捷键Ctrl+C复制文件里的背景图形及文字元素等，将图形拖至当前文件中。

步骤2　单击文字工具 T ，在画面右上角输入相应的文字。将标志调至适当大小，放置在文字后面。

步骤3　单击钢笔工具 ✐ ，在画面中绘制一个白色杯子的形状。

步骤4　复制标志图形，将图形放置在杯子的中间位置。

步骤5　继续使用相同的方法，绘制出另一个杯子。至此，本实例制作完成。

13.2 | 平面广告设计

平面广告设计是以加强销售为目的所做的设计，它应用广告学与设计学的知识，用软件实现设计构想，表现预期的设计效果与美感，传达设计所表达的内涵。

13.2.1 音乐节海报设计

案例分析：

本案例制作音乐节海报通过深蓝色的背景与多种颜色的搭配，使海报突出醒目，极大地加强了海报的视觉看点，极其吸引眼睛的关注。此外，还结合使用矩形工具、钢笔工具，使其形状变换中又产生一定的秩序感，在各种颜色形状叠加下，画面丰富、生动且具有一定的跳跃性。海报的主副标题合理且有心意的排版，更加突出海报要表达的主题，增强了海报时尚感。

主要使用功能：

矩形工具、钢笔工具、文字工具。

光盘路径：第13章\Complete\13.2\音乐节海报设计.ai

步骤1 执行"文件 | 新建"命令，在弹出的对话框中设置各项参数，设置完成后单击"确定"按钮，新建一个图形文件。

步骤2 单击矩形工具 ▣，绘制出与新建图形文件大小相同的矩形，并设置"填色"为深蓝灰色（C100、M100、Y59、K18），"描边"为无。

步骤3 继续使用矩形工具 ▣，绘制长条矩形，按住Ctrl+Alt键的同时拖动鼠标左键，向下平移一定距离后，按快捷键Ctrl+D连续重复上一次的复制，得到间断的长条矩形条。

提示：

连续复制多个相同的间隔纹样，有两种方法。按住Ctrl+Alt键的同时拖动鼠标左键向下平移一定距离后，按快捷键Ctrl+D连续重复上一次的复制，得到多个相同间隔纹样，或是执行"效果 | 扭曲和变换 | 变换"命令，并设置水平、垂直等变换的副本参数，单击"确定"按钮，即可得到多个相同间隔纹样。

步骤4 单击选择工具 🔺，全选所有间断的长条矩形条，执行"效果|扭曲和变换|扭转"命令，在弹出的对话框中设置参数，单击"确定"按钮即可扭转矩形条。

步骤5 按住Alt键，连续单击钢笔工具 ✏️，使其变成 🔼 图标。选择一个矩形条，按住Shift键同时按住矩形条的一个角点，上下拖动改变矩形条的形状，再单击选择工具 🔺 旋转矩形条，将其造型幅度变大。

步骤6 使用相同方法，对每一个矩形条进行拉扯变换，使其产生变换波动的效果。

步骤7 使用选择工具 🔺，依次选择每一个变换的矩形条，设置不同的颜色，使其看起来变化万千，又不失秩序性。

步骤8 全选矩形条的所有图层，按快捷键Ctrl+G合并图层，将其移动到蓝灰色图层画面的下方，全选所有图层，单击鼠标右键，选择"建立剪切蒙版"选项。

步骤9 单击矩形工具 ▢，绘制出与新建图形文件大小相同的矩形，并设置"填色"为深蓝灰色（C100、M100、Y59、K18），按快捷键Ctrl+Shift+[，将其置于画面最底层作为背景图层。

步骤10 单击矩形工具 ▢，设置"填色"为玫瑰红色（C0、M100、Y0、K0），"描边"为无，在图像上下两旁绘制矩形，分割画面。

步骤11 使用相同方法，设置不同颜色，绘制白色和黄色的矩形，整合分割的画面，分出主标题和副标题。

步骤12 单击钢笔工具 ✏️，设置"填色"为黑色，绘制不规则的矩形，打破规则的标题形状，使画面更具视觉效果。

步骤13 按快捷键Ctrl+C+F原位粘贴路径，并设置"填色"为蓝色（C70、M0、Y32、K0），使用选择工具，将其向右上角轻移，产生立体的效果。

步骤14 使用相同方法，设置下面图层的"填色"为黑色，上面图层的"填色"为黄色（C0、M0、Y78、K0），使主标题处更为丰富，且具有层次。

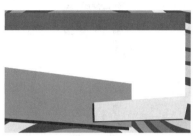

步骤15 使用相同方法，在副标题处绘制出图形，设置下面图层的"填色"为黑色，上面图层的"填色"为白色，丰富副标题，增加画面的层次感。

步骤16 单击文字工具，输入所需文字，在其菜单栏中设置参数，单击"字符"选项，选择所需的字体，设置其颜色为玫瑰红色（C0、M100、Y0、K0）。

步骤17 使用文字工具，输入所需文字，在菜单栏中设置参数，单击"字符"选项，选择所需的字体，设置颜色为玫瑰红色（C0、M100、Y0、K0）。

步骤18 继续使用文字工具，输入所需文字，在菜单栏中设置参数，单击"字符"选项，选择所需的字体并设置颜色，使用选择工具，将其放置到画面的合适位置，充实副标题。

步骤19 继续使用文字工具，输入所需文字，在菜单栏中设置参数，单击"字符"选项，选择所需的字体并设置颜色，使用选择工具将其放置到画面的合适位置，将主标题的排版制作饱满。

步骤20 单击矩形工具，设置"填色"为黑色，在主标题处绘制竖条矩形，制作出主标题的分割，丰富主标题。至此，本实例制作完成。

13.2.2　培训宣传海报设计

案例分析：

本案例通过绘制可爱的儿童人物造型，制作出培训宣传海报设计，可爱的蓝色甜甜圈效果背景，配合张开手臂想要拥抱你的可爱小孩，点缀可爱的小花朵，使画面充满了天真活泼，积极向上的烂漫朝气，可爱的文字效果与画面的色调相互协调，使其更加突出培训宣传海报主题。

主要使用功能：

选择工具、钢笔工具、文字工具、矩形工具、椭圆工具。

💿 光盘路径：第13章\Complet\13.2\培训宣传海报设计.ai

🎬 视频路径：第13章\培训宣传海报设计.swf

步骤1　执行"文件 | 新建"命令，在弹出的对话框中设置各项参数，设置完成后单击"确定"按钮，新建一个图形文件。

步骤2　单击矩形工具，设置"填色"为蓝色（C21、M2、Y7、K0），"描边"为无，新建一个与图像一样大小的背景。

步骤3　按快捷键Ctrl+C+F原位复制并粘贴路径，设置"填色"为"漩涡1"，打开"效果"面板，设置"不透明度"为50%，叠加于画面，增加背景纹理。

步骤4 单击钢笔工具 ，设置"填色"为深蓝色（C95、M97、Y40、K7），在画面底端绘制具有齿轮的图形，分割画面的构成。

步骤5 按快捷键Ctrl+C+F原位复制并粘贴路径，设置"填色"为"小百花"，打开"效果"面板，设置"不透明度"为50%，叠加于画面，增加背景纹理。

正常 ▼ 不透明度: 30% ▼

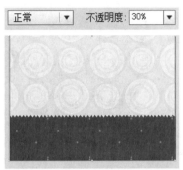

步骤6 单击钢笔工具，设置"填色"为深蓝色（C95、M97、Y40、K7），在画面右上角绘制具有齿轮的图形，分割画面的构成。

步骤7 按快捷键Ctrl+C+F原位复制并粘贴路径，设置"填色"为"秋叶"，打开"效果"面板，设置"不透明度"为50%，叠加于画面，增加背景纹理。

步骤8 单击矩形工具，设置"填色"为蓝色（C47、M5、Y13、K0），绘制矩形，使用选择工具，将其放置于画面的右上角的图形上，旋转一定角度，增加画面层次。

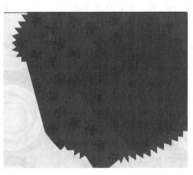

步骤9 单击钢笔工具，设置"填色"为黑色，在画面右上角的图形前面绘制帽子的大体图形，为后面绘制帽子做铺垫。

步骤10 继续使用钢笔工具，设置不同的"填色"，分别绘制出帽子组成的每一部分的色块，勾勒出帽子的完整形状。

步骤11 在帽子的每个色块上，按快捷键Ctrl+C+F原位复制并粘贴路径，设置不同的"填色"，增加帽子的纹理。

步骤12 打开"效果"面板，设置"不透明度"为80%，使帽子更真实。

正常 ▼ 不透明度: 80% ▼

步骤13 使用钢笔工具 ，设置"填色"为黑色，绘制出小孩的头发，单击铅笔工具 ，设置前景色为白色，绘制出头发的高光。

步骤14 单击椭圆工具 ，设置"填色"为黑色，按住Shift键绘制出正圆。

步骤15 连续按快捷键Ctrl+C+F原位复制并粘贴路径，按住Shift +Alt键，等比例缩放，并设置不同的"填色"，绘制出孩子的眼睛。

步骤16 使用钢笔工具 ，设置"填色"为黑色，绘制出小孩的眼睫毛。

步骤17 单击椭圆工具 ，设置"填色"为白色，按住Shift键绘制出眼睛高光，使其更萌动。

步骤18 全选眼睛的所有图层，按快捷键Ctrl+G合并图层，按快捷键Ctrl+C+F原位复制并粘贴路径，并适当旋转，放置于画面合适的位置。

步骤19 单击椭圆工具 ，设置"填色"为粉色（C13、M35、Y3、K0），按快捷键Ctrl+C+F原位复制并粘贴路径，按住Shift +Alt键将其等比例缩放，并设置"填色"为红色（C13、M83、Y10、K0），按住Shift键全选图形，按快捷键Ctrl+G合并图层，移到眼睛图层下方。

步骤20 按快捷键Ctrl+C+F原位复制并粘贴路径，并适当旋转，放置于另一只眼睛的下方，完整绘制出儿童的眼睛和腮红。

步骤21 使用钢笔工具 ，设置不用"填色"，绘制出小孩的嘴巴、牙齿和舌头。此时孩子的五官完整地绘制出来，可爱地展现于画面。

步骤22　单击钢笔工具 ，设置"填色"为黑色，在画面上孩子的脸下绘制手的大体图形，为后面绘制手做铺垫。

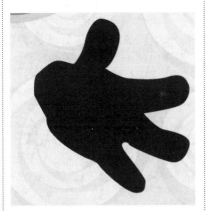

步骤23　设置"填色"为白色，在绘制的手的大体图形上继续绘制更加完整的手的形状。

步骤24　设置"填色"为灰色，在绘制的手的大体图形上继续绘制更加完整的手的形状。

步骤25　全选手的所有图层，按快捷键Ctrl+G合并图层，按快捷键Ctrl+C+F原位复制并粘贴路径，单击鼠标右键，执行"变换丨对称"命令，设置垂直旋转90°，使用选择工具 ，将其置于画面中的合适位置。

步骤26　单击钢笔工具 ，设置"填色"为咖啡色（C56、M99、Y100、K48），绘制花瓣的图形。

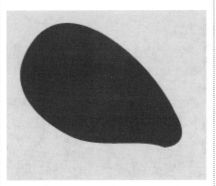

步骤27　按快捷键Ctrl+C+F原位复制并粘贴路径，按Shift+Alt键等比例缩放，并设置"填色"为白色。

步骤28　全选花瓣的所有图层，按快捷键Ctrl+G合并图层，按快捷键Ctrl+C+F原位复制并粘贴路径，按Ctrl+Alt键旋转一定角度，再按Ctrl+D快捷键，绘制出花朵的花瓣。

步骤29　单击椭圆工具 ，设置"填色"为咖啡色（C56、M99、Y100、K48），按住Shift键在画板上绘制小正圆作为花心，绘制出完整的小花。

步骤30　全选花朵的所有图层，按快捷键Ctrl+G合并图层，按快捷键Ctrl+C+F原位复制并粘贴路径，使用选择工具 按住Shift键，适当调整大小，并放置于画面的合适位置。

步骤31 单击文字工具 T ，输入所需文字，在菜单栏中设置参数，单击"字符"选项，选择所需的字体，将颜色设置为深绿色（C86、M62、Y55、K11）。

步骤32 按快捷键Ctrl+C+F原位复制并粘贴路径，颜色设置为黄绿色（C19、M4、Y50、K0）。使用选择工具 ，将其向左下方轻移一定距离，制作出文字立体感的效果。

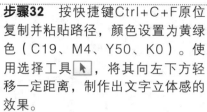

步骤33 按快捷键Ctrl+C+F原位复制并粘贴路径，在其属性栏中设置"填色"为无，"描边"为无。执行"窗口丨外观"命令，设置"填色"为白色，执行"效果丨风格化丨涂抹"命令，在弹出的对话框中设置参数，使文字有粉笔字的效果。

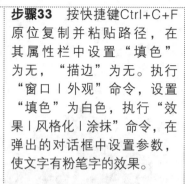

步骤34 单击钢笔工具 ，在人物帽子上绘制出云朵的形状，增加画面的层次感。

步骤35 按快捷键Ctrl+C+F原位复制并粘贴路径，使用选择工具 按住Shift键，适当调整大小，并放置于画面的合适位置，使画面更加可爱丰富。

步骤36 打开"01.png"文件，使用选择工具 ，将其拖曳到当前文件图像中，按Shift键适当调整图像的大小，放至于文字上方适当的位置，突出主题。

步骤37 单击矩形工具 ，设置颜色为淡蓝色（C47、M5、Y13、K0），在文字下方绘制出成条矩形，单击钢笔工具 ，在矩形两旁绘制修饰图案，绘制出可爱的横幅。

步骤38 单击文字工具 T ，输入所需文字，在其菜单栏中设置参数，单击"字符"选项，选择所需的字体，设置颜色为白色，使用选择工具 ，将其移动到淡蓝色横幅上，制作出副标题。

步骤39 单击文字工具 T ，输入所需文字，在菜单栏中设置参数，单击"字符"选项，选择所需的字体及颜色，使用选择工具 ，将其移动到画面右上方的图案上。

步骤40 单击文字工具 T ，输入所需文字，在菜单栏中设置参数，单击"字符"选项，选择所需的字体并设置颜色，使用选择工具 ，将其移动到淡蓝色横幅下，制作出二级副标题。

步骤41 单击文字工具 T ，输入所需文字，在其菜单栏中设置参数，单击"字符"选项，选择所需的字体，设置颜色，使用选择工具 ，将其移动到二级副标题下，制作出三级副标题。

步骤42 单击文字工具 T ，输入所需文字，在菜单栏中设置参数，单击"字符"选项，选择所需的字体，设置颜色为粉色（C15、M52、Y0、K0），使用选择工具 ，将其移动到画面底端的深蓝色底纹上，突出备注主标题。

步骤43 单击文字工具 T ，输入所需文字，在菜单栏中设置参数，单击"字符"选项，选择所需的字体，设置颜色为亮蓝色（C21、M2、Y7、K0），使用选择工具 ，将其移动到备注主标题下，突出备注副标题。

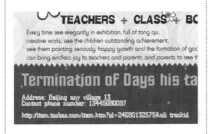

步骤44 单击钢笔工具 ，设置颜色为粉色（C15、M52、Y0、K0），绘制窗户形状的图形。

步骤45 单击文字工具 T ，输入所需文字，在菜单栏中设置参数，单击"字符"选项，选择所需的字体，设置颜色为白色，使用选择工具 ，将其移动到窗户形状的图形上方，增加宣传单的内容和视觉效果。

步骤46 打开"02.png"文件，使用选择工具 ，将其拖曳到当前文件图像中，按Shift键适当调整图像大小，放至于文字上方的适当位置，丰富画面层次。

步骤47 按快捷键Ctrl+C+F原位复制并粘贴路径，更改颜色，使用选择工具 按住Shift键，适当调整其大小，并放置于画面合适的位置，丰富画面。

步骤48 打开"03.png"文件，使用选择工具 ，将其拖曳到当前文件图像中，按Shift键适当调整图像大小，放至于文字上方的适当位置。至此，本实例制作完成。

13.2.3　俱乐部宣传海报设计

案例分析：

　　本案例是通过钢笔工具来绘制出整个人物形象的一个宣传海报，通过绘制出来的单个图形，组成一个完整的图像，具有创意又吸引读者的眼球。再加上文字的效果，使整个画面丰富起来。

主要使用功能：

　　选择工具、钢笔工具、矩形工具、宽度工具、文字工具。

💿 光盘路径：第13章\Complete\13.2\俱乐部宣传海报设计.ai

步骤1　执行"文件 | 新建"命令，在弹出的"新建文档"对话框中设置文件名称为"俱乐部宣传海报设计"，并设置其他相关参数。完成后单击"确定"按钮，新建一个空白图像文件。

步骤2　单击矩形工具▣，在画面中绘制出矩形，并填充颜色为黄色（C13、M5、Y46、K0）。单击钢笔工具✐，绘制出头像的头发，并设置颜色为黑色。结合宽度工具🖊加宽头发丝的不同粗细。

步骤3　再次使用钢笔工具✐，绘制出额头上面部分，并填充颜色为绿色（C38、M0、Y77、K0）。

步骤4　继续使用钢笔工具✐，绘制出头部左侧的头发丝，颜色设置为黑色，结合宽度工具🖊加宽头发丝的不同粗细。

步骤5　单击钢笔工具✐，绘制出右边的头发，设置颜色为黑色。

步骤6　单击钢笔工具 ✐ ，绘制出左边的头发，设置颜色为黑色。

步骤7　继续在头部绘制出整个脸的轮廓，并填充颜色为黄色（C10、M7、Y81、K0）。

步骤8　然后再绘制出人物鼻子的轮廓，并填充颜色为红色（C0、M84、Y93、K0）。

步骤9　采用相同的方法绘制出人物的嘴巴及脸部的形状，并设置颜色为黑色。

步骤10　继续绘制出人物两边的手，分别为图像填充不同的颜色，选择右侧的红色图形，然后执行"效果 | 风格化 | 投影"命令，在弹出的对话框中设置相应的参数值，以达到影子效果。

步骤11　继续绘制出人物的胸前的形状，分别为图像填充不同的颜色，选中胸前中间黄色图形，然后执行"效果 | 风格化 | 投影"命令，在弹出的对话框中设置相应的参数值，以达到投影效果。

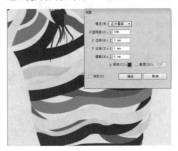

步骤12　单击矩形工具 ▢ ，在画面正上方绘制出一个矩形，并填充颜色为蓝色（C51、M0、Y11、K0）。

步骤13　单击文字工具 T ，在矩形框上输入相应的文字，并设置字体样式和大小，颜色设置为浅黄色（C6、M4、Y7、K0）和深蓝色（C100、M100、Y51、K14）。

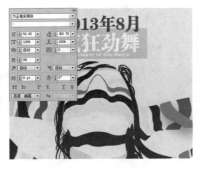

步骤14　采用相同的方法，在画面最下方输入相应的文字，并设置字体样式和大小，颜色设置为深蓝色（C100、M100、Y51、K14）和白色。至此，本实例制作完成。

13.2.4 食品宣传DM单设计

案例分析：
　　本案例是制作一个食品宣传DM单设计，主要通过添加丰富的素材文件，再加上丰富的英文字体，使整个画面更加生动。文字颜色的搭配，让食品宣传单更具有吸引力和宣传的作用，让人一目了然，更加明确DM的宣传，整个画面效果很、和谐、醒目使消费者产生购买的冲动。

主要使用功能：
　　选择工具、钢笔工具、矩形工具、文字工具、渐变工具。

　光盘路径：第13章\Complete\13.2\食品宣传DM单设计.ai

　视频路径：第13章\食品宣传DM单设计.swf

步骤1　执行"文件｜新键"命令，在弹出的"新建文档"对话框中设置文件名称为"食品宣传DM单设计"，并设置其他相关参数。完成后单击"确定"按钮，新建一个空白图像文件。

步骤2　单击矩形工具，在画面中绘制出矩形。在单击星形工具，绘制出黄色（C6、M9、Y78、K0）的星形，再复制一个星形，拖至矩形最右边，选中两个星形。

步骤3　执行"对象｜混合｜混合选项"命令，再次执行"对象｜混合｜建立"命令，然后在按住Alt键的同时单击鼠标不放，拖动至下面。

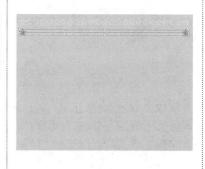

步骤4　按 Ctrl+D快捷键重复上步操作，复制多排星形，再进行编组，以达到背景底纹的效果。

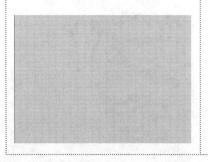

步骤5　单击钢笔工具，在底纹上绘制出不同大小及颜色不一的图案。

步骤6　单击椭圆工具，在画面上方绘制出一个椭圆，并填充颜色为土黄色（C15、M20、Y77、K0）。

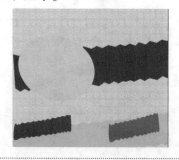

步骤7　再次单击椭圆工具 ，按Ctrl+Alt+F快捷键原位复制并粘贴，按 Shift+ Alt键拖动鼠标至最小圆上，执行"对象 | 混合 | 混合选项"命令，再次执行"对象 | 混合 | 建立"命令，然后设置填充描边颜色为黄色（C10、M0、 Y 83、K0），将边缘的颜色设置填充为橘红色（C3、M54、 Y 88、K0）。打开01.png图像文件，将其拖至画面的上方，然后执行"效果 | 风格化 | 投影"命令，在弹出的对话框中设置相应的参数值。

步骤8　打开02.png图像文件，将图像拖至红色波浪矩形的上面。然后执行"效果 | 风格化 | 投影"命令，在弹出的对话框中设置相应的参数值。

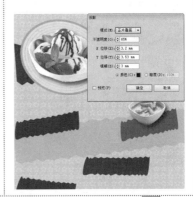

步骤9　打开03.png图像文件，将图像拖至咖啡色波浪矩形的上面，并调整位置和大小，然后执行"效果 | 风格化 | 投影"命令，在弹出的对话框中设置相应的参数值。

步骤10　继续打开04.png图像文件，将图像拖至画面下方，并调整位置和大小。然后执行"效果 | 风格化 | 投影"命令，在弹出的对话框中设置相应的参数值。

步骤11　单击星形工具 ⭐，在画面单击鼠标，在弹出的对话框中设置相应的参数值，然后在白色的圆碗的上方绘制出一个多边形五角星，并填充颜色为红色（C0、M95、 Y58、K0），再单击直接选择工具 ⬆，选中多边形五角星，所需描点转换为平滑点。然后选择属性栏中的"将所选描点转换为平滑"。

步骤12　单击文字工具 T，在画面上方输入相应的英文。并在"字符"面板中设置其字体和大小等属性，颜色设置为红色（C0、M95、 Y58、K0）和黑色。

步骤13　再单击文字工具 T，在画面上方输入相应的英文。并在"字符"面板中设置其字体和大小等属性，颜色设置为白色。

步骤14　单击文字工具 T，在画面中的白色碗下方输入相应的英文。并在"字符"面板中设置字体和大小等属性，颜色设置为浅黄色（C4、M0、 Y31、K0）。

步骤15 单击文字工具 T，在画面下方输入相应的英文。并在"字符"面板中设置字体和大小等属性，颜色设置为白色。

步骤16 再次单击文字工具 T，在画面下方输入相应的英文。并在"字符"面板中设置字体和大小属性，颜色设置为（C4、M0、Y31、K0）。

步骤17 单击矩形工具，在画面下方绘制出一个长方形，并填充颜色为白色。

步骤18 单击圆角矩形工具，在画面下方绘制出一个圆角矩形，并填充颜色为白色，描边颜色为橘红色（C2、M32、Y72、K0）。

步骤19 单击文字工具 T，在画面下方的圆角矩形上输入相应的英文。并在"字符"面板中设置字体和大小等属性，单击渐变工具，打开渐变面板，设置相应的参数值和颜色。

步骤20 在单击椭圆工具，在画面下方的英文字体右上角绘制出一个椭圆，然后单击文字工具 T，在椭圆里输入英文。并在"字符"面板中设置字体和大小等属性。颜色设置为红色（C0、M95、Y58、K0）。

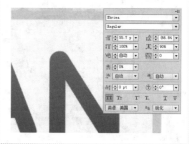

步骤21 单击文字工具 T，在画面下方的白色矩形里输入相应的英文。并在"字符"面板中设置字体和大小等属性，设置颜色为红色（C8、M98、Y100、K0）和咖啡色（C53、M80、Y99、K29）。

步骤22 单击矩形工具，在整个画面上绘制出一个矩形，以覆盖所选区域，使用选择工具框选画面中的所有对象，单击鼠标右键，在弹出的菜单中选择"建立剪切蒙版"命令，以创建剪切蒙版效果。至此，本实例制作完成。

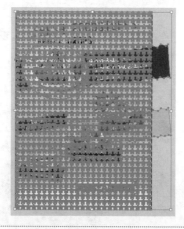

13.2.5 眼镜广告设计

主要素材：

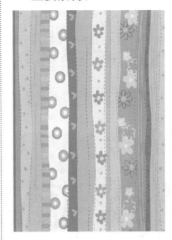

案例分析：

　　本案例是通过添加素材和丰富的背景图像，再结合使用钢笔工具绘制丰富的图形，增加画面的整体效果，整个画面颜色统一，给人活跃的氛围，画面效果更加完善。

主要使用功能：

　　选择工具、钢笔工具、矩形工具、渐变工具、宽度工具、文字工具。

🔘 光盘路径：第13章\Complete\13.2\眼镜广告设计.ai

🔘 视频路径：第13章\眼镜广告设计.swf

步骤1 执行"文件 | 新键"命令，在弹出的"新建文档"对话框中设置文件名称为"眼镜广告设计"，并设置其他相关参数。完成后单击"确定"按钮，新建一个空白图像文件。

步骤2 打开01.png图像文件，将图像拖至画面中。

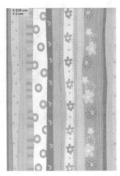

步骤3 再打开02.png图像文件，将图像拖至画面中，并调整位置。

步骤4 打开03.png图像文件，将图像拖至人物的里面，将图层放置于人物后面，按 Ctrl+[快捷键，可以将图层往下移一层。

步骤5 打开04.png图像文件，将图像拖至人物两边，并适当调整大小和位置。

步骤6 将图像拖至人物的脸部和颈部。将"不透明度"设置为30%。

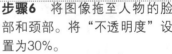

步骤7 单击椭圆工具 ，在人物的左下方绘制出一个椭圆，描边颜色设置为土黄色（C34、M77、Y89、K1），按Ctrl+C+F快捷键原位复制并粘贴图像，按住快捷键Shift + Alt时单击鼠标，将圆缩小至合适大小，然后设置颜色为黄色（C16、M34、Y94、K0）。单击选择工具，框选刚才绘制的圆。执行"对象 | 混合 | 混合选项"命令，在弹出的对话框中设置相应的参数值。再执行"对象 | 混合 | 建立"命令。

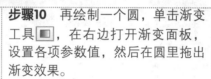

步骤8 继续使用相同方法，设置颜色为橘红色（C4、M78、Y87、K0）和黄色（C9、M4、Y84、K0）。

步骤9 单击椭圆工具，在人物的热右下方绘制出一个圆，并填充颜色为土黄色（C15、M57、Y95、K0）。

步骤10 再绘制一个圆，单击渐变工具 ，在右边打开渐变面板，设置各项参数值，然后在圆里拖出渐变效果。

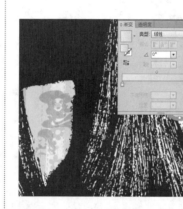

步骤11 再绘制出一个圆，颜色设置为浅黄色（C7、M29、Y69、K0），单击钢笔工具，在上面绘制出一个桃心，并填充颜色为红色（C3、M75、Y72、K0）。

步骤12 单击钢笔工具，在人物的眼睛处绘制出眼镜框，并填充颜色为黑色。再复制一个，将图形往下移一下。

步骤13 复制一个刚绘制的眼镜框，颜色设置为白色，单击钢笔工具，在上面绘制出两个镜片的形状，打开右边的"路径查找器"面板，在面板中选择"减去顶层"命令。

步骤14 再次复制眼镜框，打开05.png图像文件，将图像拖到眼镜框架的下一层，并调整大小和位置，使用选择工具框选白色眼镜框和图形，单击鼠标右键，在弹出的菜单中选择"建立剪切蒙版"命令，以创建剪切蒙版效果。

步骤15 单击钢笔工具 ✐，绘制出一个长三角形，并填充颜色为红色（C7、M96、Y90、K0）。

步骤16 继续使用相同方法，填充不同的颜色。

步骤17 单击矩形工具 ▣，在彩虹上面绘制出一个矩形，然后再单击渐变工具 ▣，打开渐变面板，设置各项参数值，然后在矩形里拖出渐变效果。

步骤18 单击选择工具 ▶，框选彩虹和矩形，然后单击鼠标右键，在弹出的菜单中选择"建立剪切蒙版"命令，以创建剪切蒙版效果。

步骤19 再复制一个彩虹条，将彩虹条放置在画面右边。

步骤20 打开06.png图像文件，将图像拖到人物的头部位置。并调整位置和大小。再复制多个刚才的图像，以达到突出效果。

步骤21 打开07.png图像文件，单击文字工具 T，在图像上输入相应的英文，并设置字体样式和大小，然后单击鼠标右键，在弹出的菜单中选择"建立剪切蒙版"命令，以创建剪切蒙版效果。

步骤22 复制整个眼镜，将最底层形状的颜色填充为黄色（C9、M0、Y82、K0）放置在左下角。单击文字工具 T 输入相应的英文，颜色设置为红色（C12、M95、Y91、K0）。单击矩形工具 ▣，在画面右下方绘制出一个矩形，并填充颜色为红色（C8、M90、Y97、K0）。再输入相应的英文，颜色设置为白色。单击矩形工具 ▣，框选整个画面，再单击鼠标右键，在弹出的菜单中选择"建立剪切蒙版"命令，以创建剪切蒙版效果。至此，本实例制作完成。

13.2.6　美容DM宣传单设计

案例分析：

　　本案例通过粉嫩的颜色与精美的字体和图案相结合，制作出美容DM宣传单设计。该设计运用梦幻般的淡雅色系作为背景，与淡雅色调的文字和图案相结合，整体色调展现出了女性特有的柔美特征，非常符合美容DM宣传单设计的主题，画面整体给人一种美丽中带着小清新的感觉，整体设计具有女性美。

主要使用功能：

　　选择工具、钢笔工具、文字工具。

　　光盘路径：第13章\Complete\13.2\美容DM宣传单设计.ai

步骤1　执行"文件 l 新建"命令，在弹出的对话框中设置各项参数，设置完成后单击"确定"按钮，新建一个图形文件。

步骤2　单击矩形工具，绘制出与新建文件相同大小的矩形，打开"渐变"面板，从左到右设置渐变色为玫瑰色（C22、M64、Y8、K0）到粉色（C1、M16、Y20、K0）再到天蓝色（C21、M2、Y7、K0）到粉色（C1、M16、Y20、K0）的线性渐变填充颜色，并设置渐变角度为−90°，绘制出美容DM宣传单的背景。

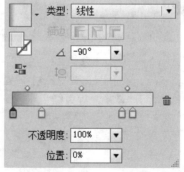

步骤3　按快捷键Ctrl+C+F原位复制并粘贴路径，按住Shift +Alt键将其等比例缩放，设置"填色"为粉色（C1、M16、Y20、K0），"描边"为无。再次按快捷键Ctrl+C+F原位复制并粘贴路径，设置"填色"为花瓣色，打开"效果"面板，设置其"不透明度"为10%。

步骤4　单击钢笔工具，在画面下部绘制出具有女性柔美特征的形状，并设置"填色"为粉色（C1、M16、Y20、K0），"描边"为红色（C19、M98、Y100、K0）。

步骤5　按快捷键Ctrl+C+F原位复制并粘贴路径，设置"填色"为天蓝色（C21、M2、Y7、K0），使用选择工具，将其垂直向下轻移适当的距离，增加画面层次。

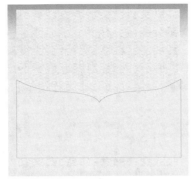

步骤6 使用相同方法，依次设置不同的颜色，并垂直向下轻移适当的距离，丰富画面层次。

步骤7 单击选择工具，选择玫瑰色图层，设置"填色"为雏菊花瓣色，打开"效果"面板，设置其"不透明度"为50%，为图形做出肌理纹样。

步骤8 单击钢笔工具，在画面上部绘制出具有女性柔美特征的形状，并设置"填色"为玫瑰色（C22、M64、Y8、K0），"描边"为无。

步骤9 按快捷键Ctrl+C+F原位复制并粘贴路径，按住Shift +Alt键将其等比例缩放，设置"填色"为粉色（C1、M16、Y20、K0），执行"效果丨风格化丨投影"命令，在弹出的对话框中设置参数，单击"确定"按钮即可增加图形立体感，增加画面层次。

步骤10 使用选择工具，选择下一层的玫瑰色块，按快捷键Ctrl+C+F原位复制并粘贴路径，按住Shift +Alt键，将其等比例缩放，按快捷键Ctrl+Shift+』，将其置于最上面一层，丰富画面层次。

步骤11 使用矩形工具绘制矩形，并设置"填色"为黄灰色（C0、M28、Y44、K0），"描边"为无。

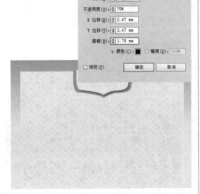

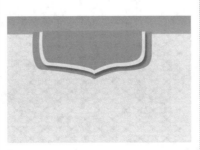

步骤12 执行"文件 | 打开"命令，打开"花朵.png"文件。拖曳到当前文件图像中。

步骤13 连续按快捷键Ctrl+C+F原位复制并粘贴路径，复制多个花朵图层，使用选择工具 将其从左到右移动到绘制的黄灰色矩形上。使其饱满地填充于矩形上。为后面剪切字体作铺垫。

步骤14 单击文字工具 ，输入FACE文字，设置其前景色为黑色，在其菜单栏中设置参数，单击"字符"选项，选择所需的字体，按住Shift键，将其拖曳到与画出的黄灰色矩形相合适的大小。

步骤15 使用选择工具 ，选择FACE文字图层，将其移动到矩形和所有花朵图层的上方，并且全选所有图层，为后面剪切字体作铺垫。

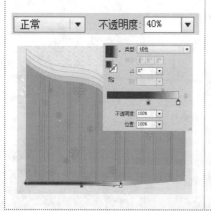

步骤16 全选所有图层后，单击鼠标右键，在弹出的菜单栏中选择"新建剪切蒙版"选项，将得到如图所示的剪切字体形状。

步骤17 使用选择工具 ，选择剪切后的FACE文字图层，将其移动到画面的中上方，突出主题。

步骤18 单击钢笔工具 ，在画面下部绘制出图形之间的阴影，并打开"渐变"面板，从左到右设置渐变色为黑色到粉色（C1、M16、Y20、K0）的线性渐变填充颜色。打开"效果"面板，设置其"不透明度"为40%，制作真实阴影效果。

步骤19 执行"文件 | 打开"命令，打开"花朵2.png"文件。拖曳到当前文件图像中，使用选择工具 ，将其旋转合适的角度，按住Shift键将其缩放到画面合适大小，并放置于画面合适的位置。

步骤20 连续按快捷键Ctrl+C+F，原位复制并粘贴路径，复制多个花朵图层，按住Shift +Alt键将其等比例缩放，使用选择工具 ，将其旋转合适的角度，并放置于画面合适的位置。丰富画面，使画面具有一定的女性魅力。

步骤21 执行"文件 | 打开"命令，连续打开"花朵3.png"、"花朵4.png"、"花朵5.png"文件。将其拖曳到当前文件图像中，使用选择工具 ▶，将其旋转合适的角度，按住Shift键将其缩放到画面合适大小，并放置于画面合适的位置。

步骤22 使用选择工具 ▶，选择花朵5图形，连续按快捷键Ctrl+C+F，原位复制并粘贴路径，复制多个花朵图形，按住Shift+Alt键将其等比例缩放，使用选择工具 ▶，旋转为合适的角度，并放置于画面合适的位置。

步骤23 单击文字工具 T，输入文字，在其菜单栏中设置参数，单击"字符"选项，选择所需的字体，设置颜色，使用选择工具 ▶，按住Shift键缩放到画面合适大小，并放置于画面合适的位置。合理布置字体在画面上的位置。

步骤24 继续使用文字工具 T，输入所需文字，在其菜单栏中设置参数，单击"字符"选项，选择所需的字体，设置颜色，使用选择工具 ▶，按住Shift键将缩放到画面合适大小，并放置于画面合适的位置。执行"效果 | 风格化 | 投影"命令，在弹出的对话框中设置参数，单击"确定"按钮即可增加字体立体感。

步骤25 执行"文件 | 打开"命令，打开"条状.png"文件。拖曳到当前文件图像中，按住Shift键缩放到画面合适大小，并放置于画面合适的位置。按快捷键Ctrl+C+F原位复制并粘贴路径，旋转180° 并放置于画面合适的位置，分割文字图层。

步骤26 使用文字工具 T，输入所需文字，在其菜单栏中设置参数，单击"字符"选项，选择所需的字体，设置其颜色，使用选择工具 ▶，按住Shift键缩放到画面合适大小，并放置于画面上方的图形的上方。

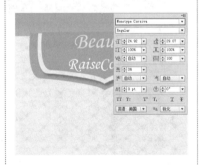

步骤27 继续使用文字工具 T，输入所需文字，在其菜单栏中设置参数，单击"字符"选项，选择所需的字体，设置其颜色为灰色，使用选择工具 ▶，按住Shift键将缩放到画面合适大小，并放置于画面合适的位置。

步骤28 按快捷键Ctrl+C+F原位复制并粘贴路径，设置其颜色为蓝灰色（C61、M11、Y29、K0），使用选择工具 ▶，将其向右上方轻移一定距离，制作出立体效果。

步骤29 使用相同方法，设置颜色为玫瑰色，设置混合模式为"颜色加深"，"不透明度"为50%，并将其放置于画面合适的位置，丰富美容DM宣传单画面。至此，本实例制作完成。

13.2.7 酒吧POP宣传设计

主要使用素材:

案例分析:

本案例制作酒吧POP广告设计。该设计以阳光海滩美女作为主体,通过绘制不同颜色的几何图形以及多种素材的拼叠,增加画面的层次感,结合多种混合模式点亮画面,突出阳光绿色酒吧的主题。传达了酒吧POP广告设计健康活跃的视觉感受。

主要使用功能:

椭圆工具、钢笔工具、文字工具、混合模式。

光盘路径: 第13章\Complete\3.2\酒吧POP宣传设计.ai

视频路径: 第13章\酒吧POP宣传设计.swf

步骤1 执行"文件|打开"命令,打开"背景.jpg"文件。

步骤2 单击椭圆工具 ,画一个适宜大小的圆并填充为白色。执行"效果|扭曲和变换|变换"命令,在弹出的对话框中设置参数,单击"确定"按钮,即可水平复制一排圆。

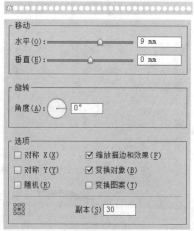

步骤3 对所得的结果再次使用"效果|扭曲和变换|变换"命令,在弹出的对话框中设置参数,单击"确定"按钮旋转小圆并产生多个副本,即可得到最终放射状图案。

提示:

执行"效果|扭曲和变换|变换"命令,在弹出的对话框中设置参数,单击"确定"按钮后会弹出这将会再应用一次此效果"对话框,单击"应用新效果"按钮即可。

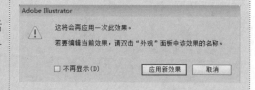

步骤4 单击选择工具，选择放射状图案，按住Shift键适当调整大小，并放置于画面右上方，增加画面发散效果。

步骤5 单击椭圆工具，在放射状图案上画一个大小合适的圆，设置"填色"为红灰色（C10、M74、Y18、K0），"描边"为无。

步骤6 使用相同方法，设置不同的填色，依次在上面绘制不同大小的正圆，使画面具有丰富的层次感。

步骤7 打开"人物.png"文件，使用选择工具，将其拖曳到当前文件图像中，按Shift键适当调整图像的大小，放至于画面适当位置。

步骤8 单击钢笔工具，在人物图层上绘制出大面积的矩形，设置"填色"为蓝灰色（C81、M44、Y56、K1），合理分割画面。

步骤9 继续使用钢笔工具，在画面的左下角，绘制"填色"为淡绿色（C66、M29、Y71、K0）的小三角形分割画面。

步骤10 选择淡绿色三角形图层，按住Shift键将其缩放，并设置"填色"为淡粉色（C10、M86、Y43、K0），增加层次感。

步骤11 使用相同方法，在画面右下角依次设置不同颜色的小三角形叠放，丰富画面的层次感，制作叠加效果。

步骤12 单击椭圆工具，在画面下方绘制出适当大小的圆，设置"填色"为红灰色（C4、M86、Y43、K0），在其上方按住Shift +Alt键等比例缩放，设置"填色"为黄灰色（C32、M32、Y72、K0）。

步骤13 按住Shift键同时单击鼠标左键，全选圆的所有图层，按快捷键Ctrl+G合并图层，按快捷键Ctrl+C+V复制并粘贴合并的图层，再按住Shift键进行缩放，使用选择工具 ，将其放置于画面适当位置。

步骤14 使用钢笔工具 ，设置"填色"为淡绿色（C40、M11、Y64、K0），连续按快捷键Ctrl+C+F原位复制并粘贴路径，并设置不同的颜色，使用选择工具 轻移其图案位置，丰富画面层次。

步骤15 使用钢笔工具 ，设置颜色为黑色，绘制出阴影色块，使用选择工具 ，将其拖曳到朱红色图层下方，并打开"效果"面板，设置混合模式为"正片叠底"，"不透明度"为20%，制作阴影效果，增加立体感。

步骤16 使用相同方法，在上一阴影图层下方绘制出大面积的阴影图层，再在朱红的图层上方绘制阴影图层。

步骤17 使用钢笔工具 ，在画面右上方绘制大面积的三角形，并设置"填色"为淡黄色（C9、M4、Y36、K0）。打开"效果"面板，设置混合模式为"变亮"，"不透明度"为50%，制作发光效果，增强画面光感。

步骤18 继续使用绘制三角形的相同方法，在画面右上角依次设置"填色"为淡绿色（C24、M14、Y57、K0）、淡粉色（C25、M47、Y44、K0）、暗红色（C44、M74、Y83、K6）的小三角形叠放，丰富画面的层次感，制作叠加效果。

步骤19 打开"草.png"文件，使用选择工具 ，将拖曳到当前文件图像中，再将其拖曳到淡绿色图层下方，按Shift键适当调整图像的大小位置。

步骤20 使用选择工具 ，选择草图层，按快捷键Ctrl+C+F原位复制并粘贴路径，并移动其位置，放置于画面适当位置，增加画面的层次效果。

步骤21 打开"光.png"文件，使用选择工具 ，将其拖曳到当前文件图像中，并置于画面左上角，产生发光的效果。

步骤22 使用选择工具 ▶ ，选择光图层，按快捷键Ctrl+C+F原位复制并粘贴路径，并轻移其位置，增加光感效果。

步骤23 选择光图层，连续按快捷键Ctrl+C+F原位复制并粘贴路径，复制多个光图层的副本，并摆放到画面不同位置，打开"效果"面板，设置混合模式为"变亮"，"不透明度"为70％，增加层次感。

步骤24 再次选择光图层，连续按快捷键Ctrl+C+F原位复制并粘贴路径，复制多个光图层的副本，并摆放到画面不同位置，打开"效果"面板，设置混合模式为"明度"，"不透明度"为90％，丰富点亮画面，使其具有闪亮刺眼效果。

步骤25 打开"草2.png"文件，使用选择工具 ▶ ，将其拖曳到当前文件图像中，并移动方向，按Shift键适当调整图像的大小位置。

步骤26 单击椭圆工具 ◯ ，在草2图层上画一个适宜大小的圆，设置"填色"为绿色（C70、M27、Y81、K0）。

步骤27 选择绿色圆，按住Shift+Alt键等比例缩放，打开"渐变"面板，从左到右设置渐变色为黄色（C18、M35、Y57、K0）到红色（C10、M100、Y50、K0）再到深红色（C50、M100、Y75、K10）的线性渐变填充颜色。

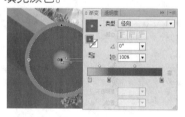

步骤28 再次打开"光.png"文件，使用选择工具 ▶ ，将其拖曳到当前文件图像中，并置于圆图标的左上角，按Shift键适当调整图像的大小和位置。表现发光的效果。

步骤29 打开"草3.png"文件，使用选择工具 ▶ ，将拖曳到当前文件图像中并移动方向，按Shift键适当调整图像的大小位置，丰富画面的层次。

步骤30 单击文字工具 T ，输入所需文字，在菜单栏中设置参数，单击"字符"选项，选择所需的字体，设置其颜色为咖啡色（C70、M84、Y96、K64），并进行旋转。

步骤31 选择文字图层，按下快捷键Ctrl+C+F原位复制并粘贴路径，更改"填色"为白色。并轻向左上方移动位置，使文字产生立体效果。

步骤32 使用与上面步骤相同的方法，输入不同的文字，设置颜色，将其放置于画面中心位置，并进行旋转，按住Shift键改变大小，突出主题。

步骤33 单击文字工具 T，输入所需文字，在菜单栏中设置参数，单击"字符"选项，选择所需的字体，设置颜色为黄色（C7、M3、Y39、K0）并进行旋转放置于圆上，使其突出。

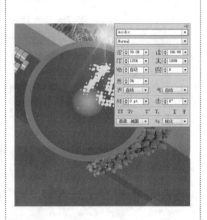

步骤34 使用相同方法，输入不同的文字，在菜单栏中设置参数，单击"字符"选项，选择所需的字体，设置颜色为亮黄色（C3、M0、Y25、K0），并旋转放置于圆上。

步骤35 使用与步骤30、步骤31相同的方法，依次输入不同的文字，设置不同的颜色，结合选择工具设置不同的方向，按住Shift键改变大小，丰富画面。

步骤36 使用文字工具 T，输入所需文字，在菜单栏中设置参数，单击"字符"选项，选择所需的字体，设置颜色为淡灰色，将其旋转放置于合适位置。打开"效果"面板，设置"不透明度"为80%，丰富画面层次。

步骤37 打开"鸟.png"文件，使用选择工具，将其拖曳到当前文件图像中，并移动方向，按Shift键适当调整图像的大小和位置。

步骤38 依次打开"树.png"、"酒品.png"文件，使用选择工具，将其拖曳到当前文件图像中，分别放置于画面左下角和右下角，不仅丰富画面，而且突出酒吧POP广告的主题。

步骤39 单击矩形工具，绘制出所需画面大小的矩形，单击选择工具，全选所有图形，单击鼠标右键，选择"建立剪切蒙版"选项。至此，本实例制作完成。

13.3 | 网页设计

制作网页设计效果的时候，运用对比的手法，使网页效果突出醒目，并且运用多种绘图工具，对细节进行编辑，使画面效果融合，增强画面真实感，使人不禁想要点击进入。

13.3.1 美食网页设计

案例分析：

本案例制作的是美食网页，通过绘制可口的汉堡包与可爱的糖果冰淇淋造型，并应用明暗对比强烈的色调突出表现食品，画面营造出一种太空奇境的美食特征，充满了想象力。不仅突出了汉堡包的视觉效果，还体现了该美食网页魔幻美食的主题，从而更容易引起观者的注意，达到宣传的目的。

主要使用功能：

钢笔工具、星形工具、椭圆工具、网格工具。

🔘 **光盘路径：** 第13章\Complete\13.3\美食网页设计.psd

🎬 **视频路径：** 第13章\美食网页设计.swf

步骤1 执行"文件 | 新建"命令，在弹出的对话框中设置各项参数，设置完成后单击"确定"按钮，新建一个图形文件。

步骤2 单击矩形工具▣，绘制矩形，打开"渐变"面板，从左到右设置渐变色为蓝色（C95、M80、Y30、K0）到深蓝色（C100、M90、Y60、K68）的线性渐变填充颜色。

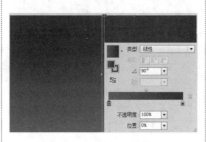

步骤3 继续使用矩形工具▣，在画面上绘制矩形，设置"填色"为装饰地毯颜色，"描边"为无。打开"效果"面板，并设置其混合模式为"叠加"、"不透明度"为20%，为背景制作肌理。

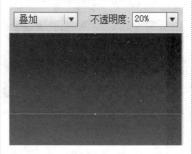

步骤4 单击钢笔工具 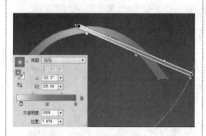，绘制弧形，打开"渐变"面板，从左到右设置渐变色为粉色（C4、M17、Y0、K0）到紫红色（C36、M82、Y0、K68）再到深紫色（C47、M91、Y0、K0）的径向渐变填充颜色。

步骤5 按快捷键Ctrl+C+F原位复制并粘贴路径，按住Shift+Alt键将其等比例缩放，设置不同的径向渐变颜色。

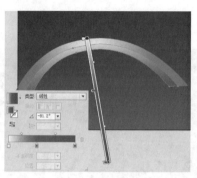

步骤6 使用相同方法，绘制出不同颜色的弧度条，绘制出彩虹。

步骤7 全选彩虹的所有图层，按快捷键Ctrl+G合并图层，打开"效果"面板，设置"不透明度"为80%，制作背景中的彩虹。

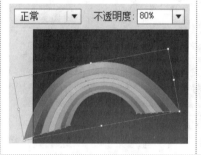

步骤8 按快捷键Ctrl+C+F原位复制并粘贴路径，按住Shift +Alt键将其等比例缩放，使用选择工具，移动到画面合适的位置，丰富画面。

步骤9 使用选择工具，选择复制的彩虹，设置"不透明度"为30%，制作背景中的彩虹。增加画面的层次感。

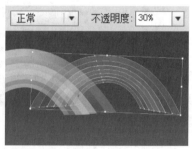

步骤10 单击钢笔工具，绘制山坡，打开"渐变"面板，从左到右设置渐变色为蓝色（C95、M80、Y30、K0）到深蓝色（C100、M90、Y60、K68）的线性渐变填充颜色。

步骤11 执行"文件 | 打开"命令，打开01.png 文件。将其拖曳到当前画面中，按Shift键缩放其大小，放置于画面合适的位置。

步骤12 使用选择工具，选择打开的文件，按住Alt键并按住鼠标左键不放，连续复制多个图形，以与云彩相似外形的鸡蛋制作天上的白云，增加画面的趣味感，和美食主题的生动性。

步骤13 选择每一个复制的文件，使用选择工具 ，适当地缩放每一个文件的大小并旋转方向，设置不同的"不透明度"，丰富画面层次。

步骤14 打开"汉堡包.ai"文件。将其拖曳到当前画面中，并按Shift键缩放其大小，放置于画面合适的位置。

步骤15 单击钢笔工具 ，绘制光束，设置"填色"为白色，打开"效果"面板，设置其"不透明度"为40%，制作出透亮的光。

步骤16 使用相同方法，绘制出山坡周围的光，并设置其不同的"不透明度"，制作出透亮发散的光。

步骤17 打开"冰淇淋.ai"文件。并按Shift键缩放其大小，放置于画面合适的位置。

步骤18 打开"甜甜圈.ai"文件，将其拖曳到当前画面中，并按Shift键缩放大小，放置于画面合适的位置。

步骤19 按快捷键Ctrl+C+F原位复制并粘贴路径，单击鼠标右键，选择"变换 | 旋转"命令，设置旋转度数为180°。单击选择工具 ，将其拖动到文件下方，设置"填色"为黑灰色，制作阴影效果。

步骤20 打开"甜甜圈2.ai"文件。将其拖曳到当前画面中，并按Shift键缩放大小，将其放置于画面合适的位置。打开"效果"面板，设置"不透明度"为80%，制作甜甜圈太阳效果。

步骤21 单击钢笔工具 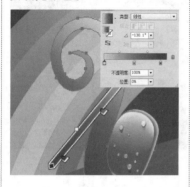，绘制甜甜圈，打开"渐变"面板，从左到右设置渐变色为淡绿色（C33、M8、Y19、K0）到绿色（C84、M43、Y57、K0）再到深绿色（C93、M69、Y73、K77）的线性渐变填充颜色。

步骤22 按快捷键Ctrl+C+F原位复制并粘贴路径，单击鼠标右键，选择"变换 | 旋转"命令，设置其旋转度数为180°。单击选择工具 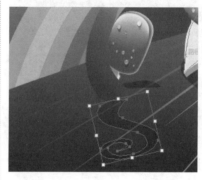，将其拖动到文件下方，设置"填色"为黑色，"不透明度"为50%，制作阴影效果。

步骤23 单击钢笔工具 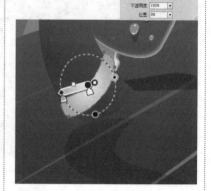，绘制甜甜圈，打开"渐变"面板，从左到右设置渐变色为白色到灰色（C39、M30、Y28、K0）的径向渐变填充颜色。

步骤24 使用相同方法进行绘制。

步骤25 使用相同方法，绘制另一个甜甜圈，并适当更改颜色。

步骤26 单击文字工具 ，输入文字，在菜单栏中设置参数，单击"字符"选项，选择所需的字体，设置颜色为白色。单击选择工具 ，将其放大并放置于画面合适位置。

步骤27 单击椭圆工具 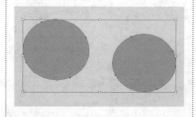，按住Shift键绘制正圆，设置"填色"为粉红色（C0、M76、Y10、K0），按快捷键Ctrl+C+F原位复制并粘贴路径，将其拖到另一方。

步骤28 单击钢笔工具 ，设置"填色"为黑色，绘制荔枝杆。

步骤29 单击椭圆工具 ，设置"填色"为白色，绘制荔枝高光。

步骤30 全选荔枝的所有图层，按快捷键Ctrl+G合并图层，单击选择工具，将其缩小并放置于文字上，增强画面的有趣感。

步骤31 单击星形工具，在画面上双击，在弹出的对话框中设置参数，单击"确定"按钮。并设置"填色"为白色，使用选择工具，将其放置于文字右上方。

步骤32 使用选择工具，选择才绘制的五角星，按住Alt键，并按住鼠标左键不放，连续复制多个五角星形。

步骤33 使用选择工具，选择每一个复制的文件，适当地缩放每一个文件的大小，并旋转方向，放置于画面文字上合适的位置，丰富画面层次。

步骤34 执行"文件 | 打开"命令，打开02.png 文件。将其拖曳到当前画面中，按Shift键缩放大小，放置于画面合适的位置，并设置"填色"为白色。

步骤35 使用选择工具，选择才打开的五角星，按住Alt键，并按住鼠标左键不放，复制五角星。按住Shift键适当地缩放五角星的大小，将其放置于文字左上方，增加文字上的元素。

步骤36 单击文字工具，输入文字，在菜单栏中设置参数，单击"字符"选项，选择所需的字体，设置颜色为白色。单击选择工具，将其放大并放置于画面合适位置，增加文字的层次。

步骤37 使用相同方法，依次输入文字，并设置不同的字体大小。增加文字的层次和画面整体排版的丰富性。

步骤38 执行"文件 | 打开"命令，打开03.png 文件。将其拖曳到当前画面中，按Shift键缩放大小放置于画面合适的位置，设置"填色"为白色。

步骤39 单击文字工具 T ，输入文字，在菜单栏中设置参数，单击"字符"选项，选择所需的字体，设置颜色为白色。单击选择工具 ，将其放至于图形的上下方，做出可爱的效果。

步骤42 单击文字工具 T ，输入文字，在菜单栏中设置参数，单击"字符"选项，选择所需的字体，设置其颜色为白色。单击选择工具 ，放至于刚才绘制的椭圆框内。

步骤45 执行"文件 | 打开"命令，打开06.png 文件。将其拖曳到当前画面中，按Shift键缩放大小，放置于画面合适的位置，制作网页效果。

步骤40 执行"文件 | 打开"命令，打开04.png 文件。将其拖曳到当前画面中，按Shift键缩放其大小，放置于画面合适的位置，丰富画面。

步骤43 执行"文件 | 打开"命令，打开05.png 文件。将其拖曳到当前画面中，按Shift键缩放其大小，放置于画面合适的位置，并设置"填色"为白色，制作网页效果。

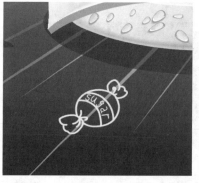

步骤46 单击钢笔工具 ，设置"填色"为无，"描边"为白色，粗细为2pt，绘制鲜贝形状，单击文字工具 T ，输入文字，在菜单栏中设置参数，单击"字符"选项，选择所需的字体，设置颜色为白色。制作美食网页效果。至此，本实例制作完成。

步骤41 单击钢笔工具 ，设置"填色"为无，"描边"为白色，粗细为2pt，线的效果为"剪裁"，绘制椭圆框。

步骤44 单击钢笔工具 设置"填色"为无，"描边"为白色，粗细为2pt，线的效果为"剪裁"，绘制椭圆框。单击文字工具 T ，输入文字，在菜单栏中设置参数，单击"字符"选项，选择所需的字体，设置颜色为白色。

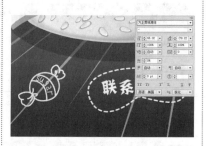

13.3.2 儿童网站设计

主要素材：

案例分析：

本案例是制作儿童网页，以突出儿童音乐活动为主题的网页设计。运用多种素材的结合，叠加制作出炫彩的儿童音乐网页效果。在色调表现方式上采用暖色和冷色对比的方式，突出设计主题所要传达的炫彩儿童网页的效果。在画面构成上采用分割的构成方式。应用渐变填充和谐色调与画面，产生丰富的色彩效果。

主要使用功能：

钢笔工具、椭圆工具、矩形工具。

💿 光盘路径：第13章\Complete\13.3\儿童网站设计.ai

步骤1 执行"文件 | 新建"命令，在弹出的对话框中设置各项参数，设置完成后单击"确定"按钮，新建一个图形文件。

步骤2 单击矩形工具 ▢，绘制与画面相同大小的矩形。打开"渐变"面板，从左到右设置渐变色为白色到蓝紫色（C33、M0、Y4、K0）的线性渐变填充颜色。

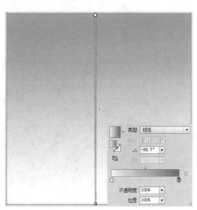

步骤3 按快捷键Ctrl+C+F原位复制并粘贴路径，打开"渐变"面板，单击反向渐变 ▣ 按钮，制作渐变矩形。

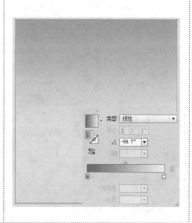

步骤4 继续使用矩形工具 ，打开"渐变"面板，从左到右设置渐变色为蓝色（C33、M0、Y3、K0）到深蓝色（C91、M64、Y45、K4）的线性渐变填充颜色。

步骤5 执行"文件｜打开"命令，打开"04.ai"文件。将其拖到当前画面上，按住Shift键适当缩放大小，放置于画面上方。

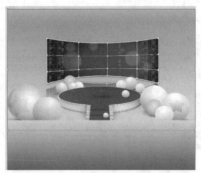

步骤6 执行"文件｜打开"命令，打开"02.ai"文件。将其拖到当前画面上，按住Shift键适当缩放大小，放置于画面适当位置。

步骤7 打开"效果"面板，设置其"不透明度"为50%，制作炫彩的舞台背景。

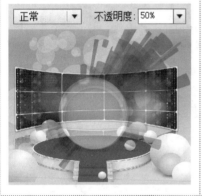

步骤8 单击椭圆工具 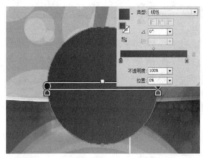，按住Shift键，在舞台中间绘制正圆，打开"渐变"面板，从左到右设置渐变色为深红色（C33、M100、Y83、K48）到红色（C22、M100、Y88、K16）的线性渐变填充颜色。

步骤9 按快捷键Ctrl+C+F原位复制并粘贴路径，设置"填色"为"渐变"，增加样式效果。

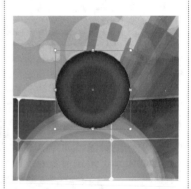

步骤10 单击文字工具 T，输入文字，在菜单栏中设置参数，单击"字符"选项，选择所需的字体，设置颜色为黄绿色（C20、M0、Y100、K0），"描边"为蓝色，粗细为0.75pt，放置于绘制的圆形左侧。

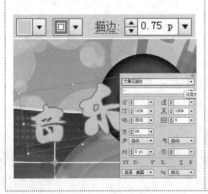

步骤11 单击文字工具 T，输入文字，在菜单栏中设置参数，单击"字符"选项，选择所需的字体，设置颜色为黄绿色（C20、M0、Y100、K0），"描边"为蓝色，粗细为1pt，放置于绘制的圆形右侧。

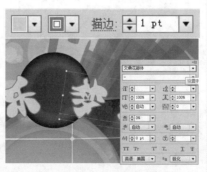

步骤12 执行"文件｜打开"命令，打开"05.ai"文件。并将其拖到当前画面上，按住Shift键适当缩放大小，放置于画面适当位置。

步骤13 按快捷键Ctrl+C+F原位复制并粘贴路径，使用选择工具 ▶ 将其移动到画面合适的位置。

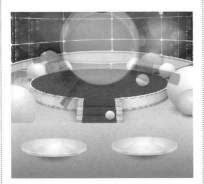

步骤14 按住Alt键并按下鼠标左键不放，连续复制多个图形，使用选择工具 ▶ 将其移动到画面合适的位置，并按住Shift键缩放大小，

步骤15 单击椭圆工具 ◯ ，打开"渐变"面板从左到右设置渐变色为黑色到灰色再到黑色不断重复的线性渐变填充颜色。打开"效果"面板，设置"不透明度"为20%，制作阴影。

步骤16 打开"03.ai"文件。并将其拖到当前画面上，按住Shift键适当缩放大小，放置于画面适当位置。

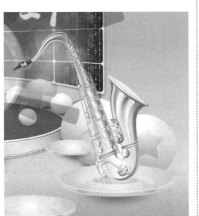

步骤17 打开"效果"面板，设置"不透明度"为70%，做出画面的层次。

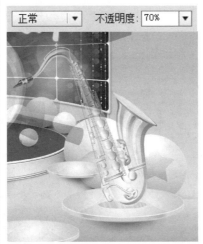

步骤18 使用相同的方法，单击鼠标右键，选择旋转，将其反转制作出对称的舞台造型。

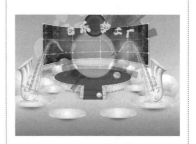

步骤19 打开"06.ai"文件。将其拖到当前画面上，按住Shift键适当缩放其大小，放置于画面适当位置。

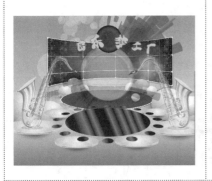

步骤20 按快捷键Ctrl+C+F原位复制并粘贴路径，按住Shift+Alt键将其等比例缩放，设置"填色"为白色，制作出舞台丰富的效果。

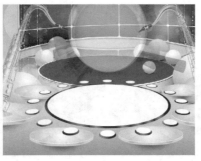

步骤21 执行"文件|打开"命令，打开"07.ai"文件。将其拖到当前画面上，使用选择工具 ▶ ，按住Shift键适当缩小，并移动到画面合适的位置。

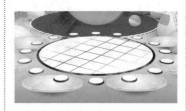

步骤22 执行"文件 | 打开"命令，打开"08.ai"文件。将其拖到当前画面上，使用选择工具，按住Shift键适当缩小，并移动到画面合适的位置。

步骤23 打开"01.ai"文件。将其拖到当前画面上，按住Shift键适当缩放大小，然后放置于画面适当位置。

步骤24 执行"文件 | 打开"命令，打开"09.ai"文件。并将其拖到当前画面上，使用选择工具，按住Shift键适当缩小，并移动到画面合适的位置。

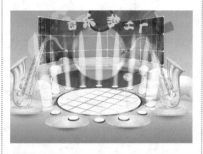

步骤25 执行"文件 | 打开"命令，打开"10.ai"文件。将其拖到当前画面上，使用选择工具，按住Shift键适当缩小，并移动到画面合适的位置。按下快捷键Ctrl+C+F原位复制并粘贴路径，适当缩小旋转放置于画面合适位置。

步骤26 执行"文件 | 打开"命令，打开"11.ai"文件。将其拖到当前画面上，使用选择工具，按住Shift键适当缩小，并移动到画面合适的位置。

步骤27 单击文字工具T，输入文字，在其菜单栏中设置参数，单击"字符"选项，选择所需的字体，设置颜色为白色，使用选择工具将其移动到画面合适的位置。

步骤28 执行"文件 | 打开"命令，打开"12.ai"文件。将其拖到当前画面上，使用选择工具按住Shift键适当缩小，并移动到画面合适的位置。

步骤29 执行"文件 | 打开"命令，打开"13.ai"文件。将其拖到当前画面上，使用选择工具，按住Shift键适当缩小，并移动到画面合适的位置。使用相同方法，输入文字，排列于画面中，使画面具有网站设计的效果。

步骤30 单击矩形工具，绘制画面大小的矩形，全选所有图层，单击鼠标右键，选择"建立剪切蒙版"选项。至此，本实例制作完成。

13.3.3 汽车网站设计

案例分析：

本案例制作汽车网站设计，该网页设计以缤纷多彩的颜色，营造流行、多彩的背景，添加时尚女孩，突出一种欢乐的潮流气氛。通过添加各种质感的车辆，突出画面的主题，使画面更具时尚现代感。结合使用多种文字效果，使设计更具时尚、魅力、潮流感。

主要使用功能：
钢笔工具、矩形工具。

光盘路径：第13章\Complete\13.3\汽车网站设计.ai

视频路径：第13章\汽车网站设计.swf

主要素材：

步骤1 执行"文件|新建"命令，在弹出的对话框中设置各项参数，设置完成后单击"确定"按钮，新建一个图形文件。

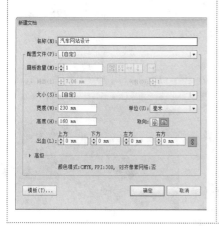

步骤2 单击矩形工具，在画面上绘制矩形，设置"填色"为浅灰色（C9、M7、Y7、K0），"描边"为无。

步骤3 继续使用矩形工具，在画面下方绘制矩形，打开"渐变"面板，从上到下设置渐变色为蓝色（C92、M72、Y0、K0）到深蓝色（C96、M99、Y57、K28）再到黑色到的线性渐变填充颜色。

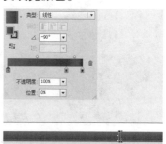

步骤4 继续使用矩形工具 ▣，在画面上绘制长条矩形，设置"填色"为绿色（C53、M0、Y100、K0）。

步骤5 按住Ctrl和Alt键的同时单击鼠标右键不放，拖动上一步骤所绘制的图形复制。设置"填色"为蓝紫色（C84、M89、Y0、K0）。

步骤6 按快捷键Ctrl+D重复上一步骤，连续复制多个相同的矩形，并设置不同的颜色，做出时尚多彩的感觉。

步骤7 使用选择工具 ▸，选择开始绘制好的矩形，按快捷键Ctrl+C+F原位复制并粘贴路径，将其拖动到下方，按住Shift键并拖动角点，做出透视的效果。

步骤8 使用相同方法，分别对每一个矩形按快捷键Ctrl+C+F原位复制并粘贴路径，将其拖动到下方，按住Shift键并拖动角点做出透视的效果，制作出画面的立体感。

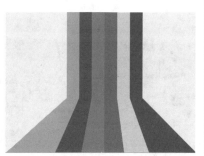

步骤9 执行"文件|打开"命令，打开03.png文件。将其拖动到当前画面中来，使用选择工具 ▸，适当缩小，并放置于画面合适的位置。

步骤10 执行"文件|打开"命令，打开02.png文件。将其拖动到当前画面中来，使用选择工具 ▸，适当缩小，并放置于画面合适的位置。

步骤11 执行"文件|打开"命令，打开01.png文件。将其拖动到当前画面中来，使用选择工具 ▸，适当缩小，并放置于画面合适的位置。

步骤12 单击钢笔工具 ✐设置"填色"为黑色，打开"效果"面板，设置"不透明度"为40%，制作阴影效果，增加画面立体感。

步骤13　单击文字工具[T]，输入文字，在其菜单栏中设置参数，单击“字符”选项，选择所需的字体，设置其颜色为黄绿色（C53、M0、Y100、K0）。

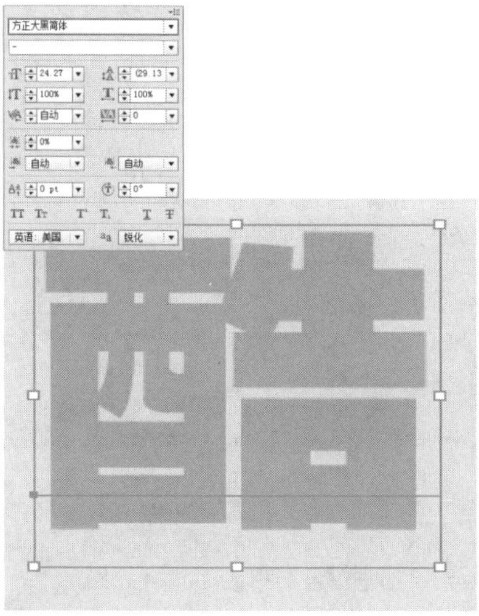

步骤14　执行“效果 | 3D | 凸出和斜角”命令，在弹出的对话框中设置各个选项，单击“确定”按钮，即可出现立体文字透视的效果。

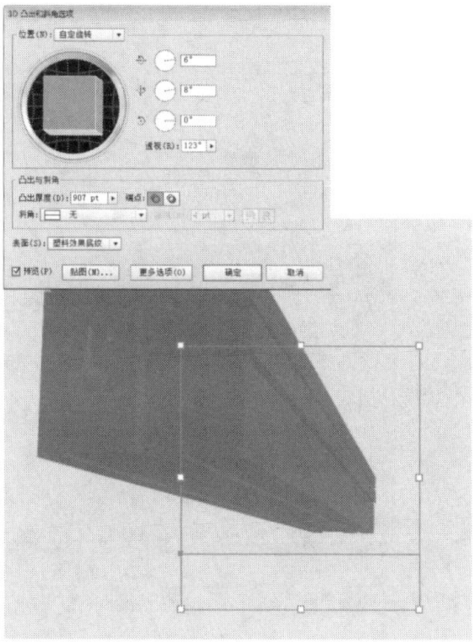

步骤15　选择对象，执行“对象 | 扩展外观”命令，得到如图所示的效果。

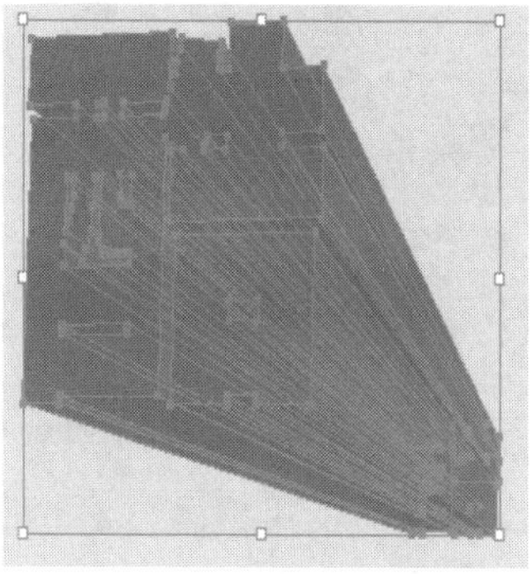

步骤16　单击鼠标右键，选择“取消群组”选项，使用选择工具[↖]，结合Shift键，选择最上一层的文字。

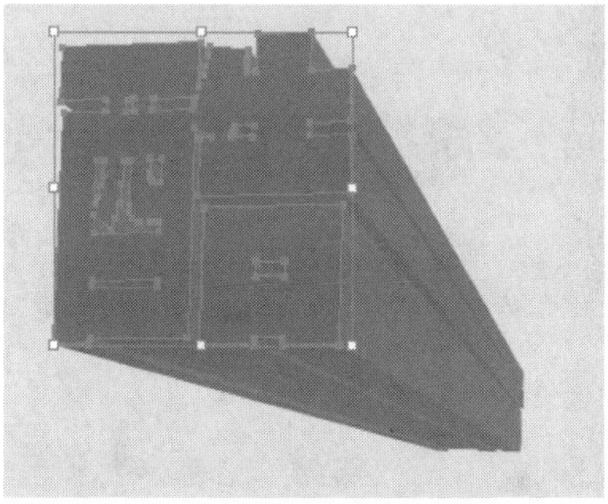

步骤17　设置“填色”为白色，“描边”为黑色，粗细为1pt 。

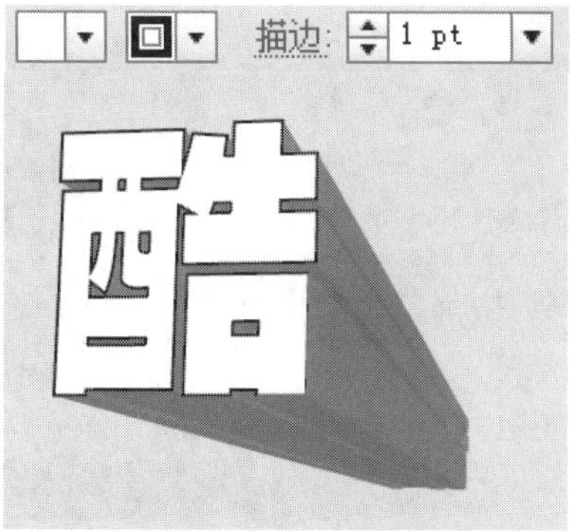

步骤18　全选酷字的所有图层，按快捷键Ctrl+G合并图层，使用选择工具[↖]，将其适当缩小并放置于画面合适的位置。

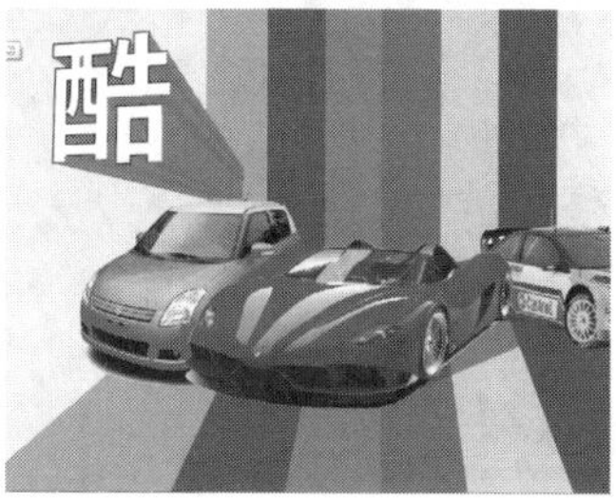

步骤19　使用上面制作字体相同方法，分别制作不同颜色的立体透视的主题文字。给视觉上带来一种酷炫强烈冲击的效果。

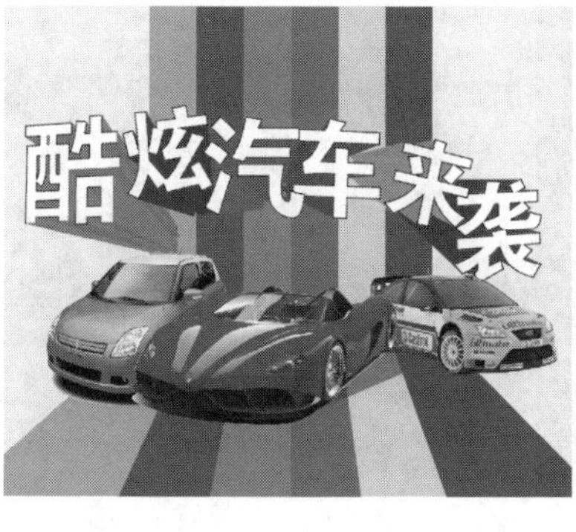

步骤20　单击文字工具[T]，输入文字，在菜单栏中设置参数，单击“字符”选项，选择所需的字体，设置颜色，使用上面制作字体相同方法，制作立体文字透视的效果，增加酷炫强烈冲击的效果。

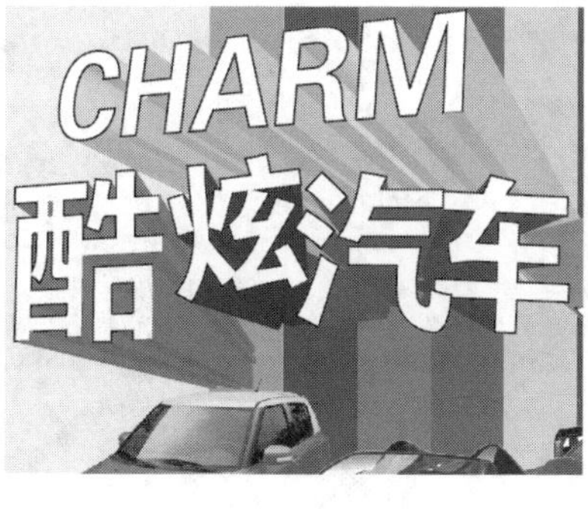

步骤21　选择并打开自己喜欢的图片，执行“效果 | 3D | 凸出和斜角”命令，在弹出的对话框中设置各个选项，单击“确定”按钮即可。

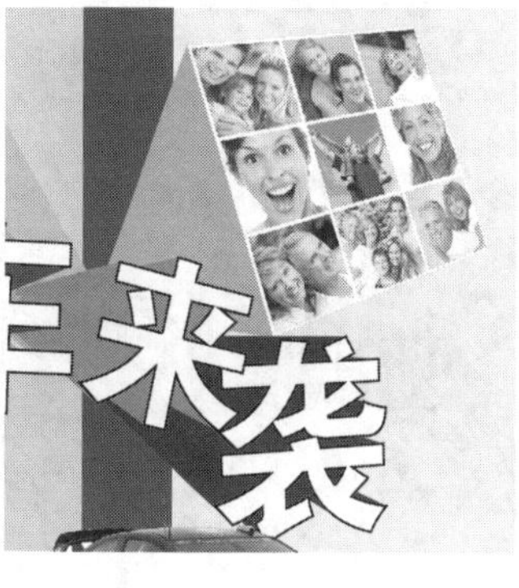

步骤22 执行"文件 | 打开"命令，打开04.png 文件。将其拖动到当前画面中来，使用选择工具 ，适当缩小，并放置于画面合适的位置。

步骤23 单击钢笔工具 ，在人物脚下绘制阴影，设置"填色"为黑色，打开"效果"面板，设置其"不透明度"为40%，制作阴影。

| 正常 | ▼ | 不透明度：40% | ▼ |

步骤24 执行"文件 | 打开"命令，依次打开05.png 文件和06.png 文件。将其拖动到当前画面中来，使用选择工具 ，适当缩小，并放置于画面合适的位置。

步骤25 使用相同方法制作人物阴影。

步骤26 打开07.png 文件。将其拖动到当前画面中来，使用选择工具 ，适当缩小，并放置于画面合适的位置。

步骤27 单击文字工具 ，输入文字，在菜单栏中设置参数，单击"字符"选项，选择所需的字体，设置颜色为白色。

步骤28 依次输入文字，并设置不同的颜色文字。

步骤29 单击文字工具 ，输入文字，在菜单栏中设置参数，单击"字符"选项，选择所需的字体，设置颜色为灰色。

步骤30 单击矩形工具 ，在文字的右侧绘制矩形。设置"填色"为淡灰色（C20、M15、Y15、K0），增加副标题的层次。

步骤31　单击文字工具 $\boxed{T}$，输入文字，在其菜单栏中设置参数，单击"字符"选项，选择所需的字体，设置颜色为橘黄色。

步骤32　使用相同方法，输入不同的文字，副标题制作完成。

步骤33　单击文字工具 $\boxed{T}$，输入文字，在菜单栏中设置参数，单击"字符"选项，选择所需的字体，设置颜色为白色，制作三级标题。

步骤34　使用相同方法，输入不同的文字，三级标题制作完成。

步骤35　单击圆角矩形工具 $\boxed{\square}$，绘制按钮，打开"渐变"面板从左到右设置渐变色为黄色（C6、M11、Y82、K0）到橘红色（C0、M82、Y93、K0）的线性渐变填充颜色。

步骤36　单击钢笔工具 $\boxed{\mathscr{D}}$，绘制立体按钮，打开"渐变"面板，从左到右设置渐变色为黄色（C6、M21、Y86、K0）到黑色的线性渐变填充颜色。

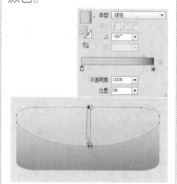

步骤37　全选按钮的所有图层，按快捷键Ctrl+G合并图层，使用选择工具 $\boxed{\uparrow}$，将其适当缩小并放置于画面适当的位置。

步骤38　按快捷键Ctrl+C+F原位复制并粘贴路径，使用选择工具 $\boxed{\uparrow}$，将其移动到右侧。并更改其渐变颜色，制作不同颜色的按钮。

步骤39　按快捷键Ctrl+C+F原位复制并粘贴路径，使用选择工具 $\boxed{\uparrow}$，将其移动到右侧。并更改渐变颜色，制作不同颜色的按钮。

步骤40 执行"文件 | 打开"命令，依次打开01.ai 文件，将其拖动到当前画面中来，使用选择工具 ▶，适当缩小，并放置于每一个按钮的合适位置。

步骤41 单击文字工具 T，在三个按钮上分别输入不同文字，在菜单栏中设置参数，单击"字符"选项，选择所需的字体，设置其颜色为白色。使用选择工具 ▶，适当缩放大小，并放置于按钮合适的位置。

步骤42 执行"文件 | 打开"命令，依次打开02.ai文件，并将其拖动到当前画面中来，使用选择工具 ▶，适当缩小，并放置于每一个按钮的合适位置。

步骤43 单击文字工具 T，输入文字，在菜单栏中设置参数，单击"字符"选项，选择所需的字体，设置颜色为黑色。

步骤44 继续输入文字，更改颜色为蓝色。

步骤45 单击矩形工具 ▢，绘制黑色的矩形，分隔文字。

步骤46 单击文字工具 T，输入文字，在菜单栏中设置参数，单击"字符"选项，选择所需的字体，设置颜色为深蓝色。

步骤47 执行"文件 | 打开"命令，依次打开01.ai文件，并将其拖动到当前画面中来，使用选择工具 ▶，适当缩小，并放置于画面左上角。

13.3.4　音乐网页设计

主要使用功能：

钢笔工具、网格工具、椭圆工具、矩形工具、铅笔工具。

🖸 光盘路径：第13章\Complete\13.3\音乐网页设计.ai

🎬 视频路径：第13章\音乐网页设计.swf

主要素材：

案例分析：

本案例设计制作音乐网页，该网页设计以绿黑色作为画面的主题色调，营造流行、质感的背景，带耳机听音乐的女孩突出一种欢乐的音乐气氛。通过对各种形状添加渐变色，丰富画面的层次，使画面更具时尚现代感。在人物右侧绘制影视框，并添加粉笔质感的文字，结合使用多种文字效果，使设计更具时尚、魅力、潮流感。

步骤1　执行"文件 | 新建"命令，在弹出的对话框中设置各项参数，设置完成后单击"确定"按钮，新建一个图形文件。

步骤2　单击矩形工具 ▭ ，设置前景色为黑色，在画面上方绘制大面积的黑色矩形块。作为画面的总体背景。

步骤3　按快捷键Ctrl+C+F原位复制并粘贴路径，打开"渐变"面板从左到右设置渐变色为深蓝色（C100、M100、Y64、K52）到黄灰色（C20、M20、Y38、K0）再到绿色（C90、M61、Y76、K32）到深蓝色（C100、M100、Y64、K52）的线性渐变填充颜色。

步骤4 打开"人物.png"文件,使用选择工具 ，将其拖曳到当前文件图像中,按Shift键适当调整图像大小,放置于画面适当位置。

步骤5 单击矩形工具 ▣，设置前景色为黑色,在画面下方绘制一定面积的黑色矩形块。使其刚好挡住人物腿部,为后面制作网页效果做铺垫。

步骤6 单击矩形工具 ▣，打开"渐变"面板,从左到右设置渐变色为深蓝色(C100、M100、Y64、K52)到黄灰色(C20、M20、Y38、K0)再到绿色(C90、M61、Y76、K32)到深蓝色(C100、M100、Y64、K52)的线性渐变填充颜色,绘制出矩形条。

步骤7 按快捷键Ctrl+C+F原位复制并粘贴路径,使用相同方法,更改渐变的角度为-90°,增加矩形条的渐变层次。

步骤8 单击钢笔工具 ✐，设置前景色为黑色,在人物上方绘制多边形长条提示栏的底,为制作网页效果做铺垫。

步骤9 使用相同方法,依次设置不同颜色,在画面中的人物上方绘制出完整的网页效果提示框,为制作网页效果做铺垫。

步骤10 单击钢笔工具 ✐，设置前景色为黑色,在人物下方绘制多边形长条提示栏的底,为制作网页效果做铺垫。

步骤11 按快捷键Ctrl+C+F原位复制并粘贴路径,打开"渐变"面板,从左到右设置渐变色为浅黄色(C20、M15、Y53、K0)到黑色的线性渐变填充颜色,增加多边形长条提示栏的层次。

步骤12 单击钢笔工具 ✐，打开"渐变"面板,从左到右设置渐变色为浅黄色(C20、M15、Y53、K0)到黑色的线性渐变填充颜色,绘制多边形长条提示栏的细节。

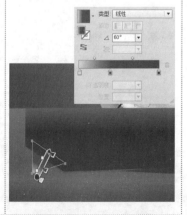

步骤13 使用相同方法,更改渐变的角度为-90°,增加矩形条提示栏的细节层次。

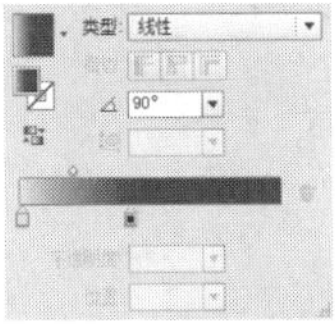

步骤14 单击椭圆工具 ⬤ ,设置前景色为黑色,在网页效果提示框上方,按住Shift键绘制正圆,单击网格工具 ▦ ,设置前景色为白色,绘制出圆的立体效果。

步骤15 按快捷键Ctrl+C+F原位复制并粘贴路径,按住Shift +Alt键将其等比例缩放,单击网格工具 ▦ ,使用相同方法,绘制立体的圆形图标。

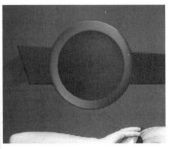

步骤16 单击圆角矩形工具 ▢ ,设置"填色"为朱红色(C39、M98、Y100、K5),"描边"为无,在提示框上绘制小的单元格提示框。

步骤17 按住Ctrl+Alt键的同时单击鼠标左键,向右平移一定距离,再按下快捷键Ctrl+D连续复制多个小的单元格,并设置不同的颜色,区分各个单元格。

步骤18 依次打开"01.png"、"02.png"、"03.png"、"04.png"文件,使用选择工具 � ,将其拖曳到当前文件图像中,按Shift键适当调整图像大小,放置于每个彩色单元格中。

步骤19 单击钢笔工具 ✎ ,设置不同的前景色,绘制出人物旁边的提示框,制作出影视框的效果。

步骤20 单击文字工具 T ,输入文字,在菜单栏中设置参数,单击"字符"选项,选择所需的字体,设置前景色为黑色,按Shift键适当调整图像大小。

步骤21 在菜单栏中设置"填色"为无,"描边"为无。

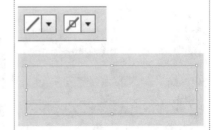

步骤22 执行"窗口 | 外观"命令，设置"填色"为白色，"描边"为无。

步骤23 执行"效果 | 风格化 | 涂抹"命令，在弹出的对话框中设置参数，使文字有粉笔字的效果。

步骤24 使用选择工具 ，将粉笔文字图层移动到影视框图层上方，设置"填色"为黄色（C8、M11、Y88、K0），突出影视框上的粉笔字。

步骤25 单击文字工具 T ，输入文字，在菜单栏中设置参数，单击"字符"选项，选择所需的字体，设置颜色为"摇摆"图案填色，"描边"为白色，大小为0.75PT。

步骤26 单击椭圆工具 ，设置"填色"为橘黄色（C0、M70、Y88、K0），单击网格工具 ，设置前景色为亮黄色，绘制有色立体图标。

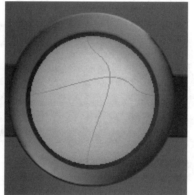

步骤27 单击文字工具 T ，输入文字，在菜单栏中设置参数，单击"字符"选项，选择所需的字体，设置颜色为黑色。按Shift键适当调整图像，使其小于画面。

步骤28 继续使用文字工具 T ，输入文字，在菜单栏中设置参数，单击"字符"选项，选择所需的字体，设置颜色为白色。按Shift键适当调整图像，使其小于画面。

步骤29 单击椭圆工具 ，设置"填色"为橘黄色（C0、M70、Y88、K0），单击文字工具 T ，输入文字，在菜单栏中设置参数，单击"字符"选项，选择所需的字体，设置颜色为黑色。旋转到合适位置，按Shift键适当调整图像使其小于画面。

步骤30 全选上一步骤的两个图层，按住Ctrl+Alt键的同时单击鼠标左键，向右平移一定距离，按快捷键Ctrl+D连续复制多个小的单元格。

步骤31　单击钢笔工具 ，在提示框的右侧绘制不规则图形，并设置前景色为黑色。使用选择工具 ▶，将绘制的不规则图形旋转一定角度，打破有序的画面，使其更具有趣味性。

步骤32　使用相同方法，打开"渐变"面板，从左到右设置渐变色为玫瑰色（C60、M0、Y18、K0）到白色的透明线性渐变填充颜色。

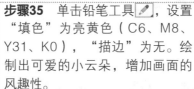

步骤33　单击文字工具 T，输入文字，在菜单栏中设置参数，单击"字符"选项，选择所需的字体，设置颜色，按Shift键适当调整文字大小。

步骤34　单击文字工具 T，输入文字，在菜单栏中设置参数，单击"字符"选项，选择所需的字体，设置颜色，按Shift键适当调整文字大小。并调整文字的不透明度，使文字在图像上有主次之分。

步骤35　单击铅笔工具 ✐，设置"填色"为亮黄色（C6、M8、Y31、K0），"描边"为无。绘制出可爱的小云朵，增加画面的风趣性。

步骤36　单击钢笔工具 ✐，绘制小云朵的形状，设置颜色为"USGS 葡萄园"图案填色。

步骤37　单击矩形工具 ▢，在影视框底下的文字上绘制长条矩形框，设置前景色为黑色，并打开"效果"面板，设置其混合模式为"正片叠底"、"不透明度"为50%，按快捷键Ctrl+[，将其置于文字图层的下面。

步骤38　打开"05.png"、文件，使用选择工具 ▶，将其拖曳到当前文件图像中，按Shift键适当调整图像大小，放置于图像适当位置。

步骤39　打开"06.png"文件，使用选择工具 ▶，将其拖曳到当前文件图像中，按Shift键适当调整图像大小，放置于图像适当位置。至此，此实例制作完成。

| 13.4 | 产品与包装设计

制作产品与包装设计效果的时候，使用颜色层次不多的背景和相同的色调突出主体产品，使画面产生中心聚焦的效果。突出所要的产品及包装效果，结合钢笔工具 和网格工具 ，使产品包装更加的真实。

13.4.1 熨斗造型设计

主要素材：

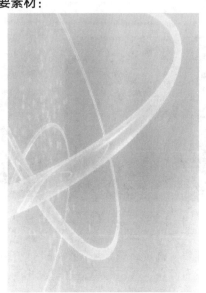

案例分析：

本案例是制作熨斗造型设计。制作仿真的熨斗造型外观效果。设计中使用钢笔工具 绘制熨斗的基本轮廓，应用"渐变"面板结合网格工具 制作具有立体效果的质感熨斗。并最后添加高光，使绘制效果看起来更加真实。

主要使用功能：
钢笔工具、网格工具。

光盘路径：第13章\Complete\13.4\熨斗造型设计psd

视频路径：第13章\熨斗造型设计.swf

| **步骤1** 执行"文件 | 新建"命令，在弹出的对话框中设置各项参数，设置完成后单击"确定"按钮，新建一个图形文件。 | **步骤2** 单击钢笔工具 ，绘制熨斗的基本形状。打开"渐变"面板，从左到右设置渐变色为灰色到白色的线性渐变填充颜色。 | **步骤3** 按快捷键Ctrl+C+F原位复制并粘贴路径，打开"渐变"面板，单击反向渐变 按钮，并向前轻移图形。 |

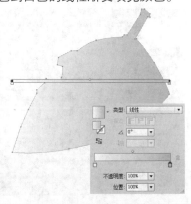

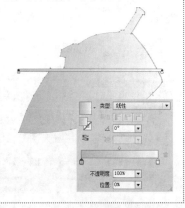

步骤4 继续使用钢笔工具 ✐，绘制熨斗的内轮廓。打开"渐变"面板，从左到右设置渐变色为蓝色（C70、M14、Y13、K0）到深蓝色（C71、M31、Y29、K0）的线性渐变填充颜色。

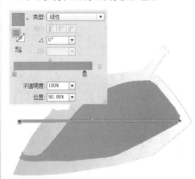

步骤5 继续使用钢笔工具 ✐，绘制熨斗的底部，打开"渐变"面板，从左到右设置渐变色为黑色到灰色再到黑色的线性渐变填充颜色。

步骤6 继续使用钢笔工具 ✐，绘制熨斗的底部的光感，打开"渐变"面板，从左到右设置渐变色为黑色到白色再到灰色的线性渐变填充颜色。

步骤7 继续使用钢笔工具 ✐，设置"填色"为蓝色（C71、M31、Y29、K0），单击网格工具 ▦，在蓝色的路径上创建网格锚点，并设置"填色"为白色，绘制熨斗的表面。

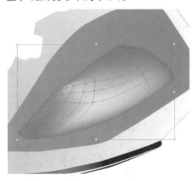

步骤8 继续使用钢笔工具 ✐，设置"填色"为白色，绘制熨斗中间的镂空。

步骤9 继续使用钢笔工具 ✐，设置"填色"为蓝色（C71、M31、Y29、K0），单击网格工具 ▦，在该蓝色的路径上创建网格锚点，并设置"填色"为白色，绘制熨斗的把手。

步骤10 使用相同方法，绘制熨斗表面的阴影颜色变化。

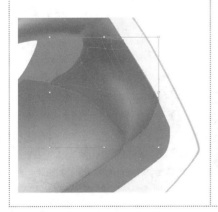

步骤11 使用相同方法，绘制熨斗把手后部的阴影颜色变化。

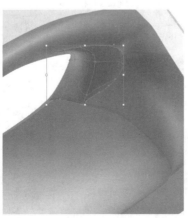

步骤12 继续使用钢笔工具 ✐，打开"渐变"面板从左到右设置渐变色为蓝色（C70、M14、Y13、K0）到透明的线性渐变填充颜色。

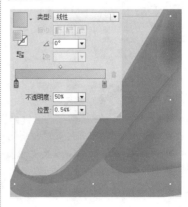

步骤13 使用钢笔工具 ✐ ，打开"渐变"面板，从左到右设置渐变色为深蓝色到蓝色的线性透明渐变填充颜色，绘制熨斗的前半部分光影。

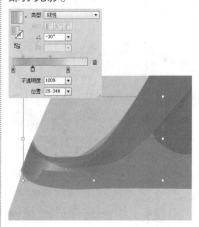

步骤14 使用钢笔工具 ✐ ，设置"填色"为蓝灰色（C76、M36、Y25、K0），绘制熨斗的阴影部分。

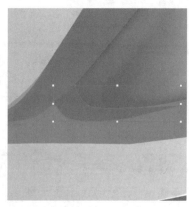

步骤15 使用钢笔工具 ✐ ，打开"渐变"面板，从左到右设置渐变色为蓝色到白色再到蓝色的线性透明渐变填充颜色。绘制熨斗的前半部分高光。

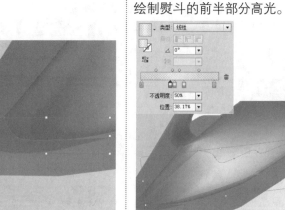

步骤16 使用钢笔工具 ✐ ，设置"填色"为灰色（C19、M14、Y14、K0），绘制熨斗头上的阴影。

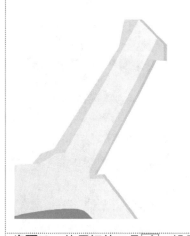

步骤17 使用钢笔工具 ✐ ，设置"填色"为黑色，绘制熨斗前面的小细节。

步骤18 按快捷键Ctrl+C+F原位复制并粘贴路径，设置"填色"为灰色，单击网格工具 ▦ ，在灰色的路径上创建网格锚点，并设置"填色"为白色，绘制熨斗前面的小球。

步骤19 使用钢笔工具 ✐ ，设置"填色"为黑色，绘制熨斗前面调节开关的阴影。

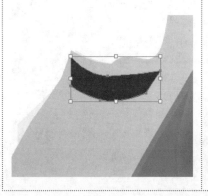

步骤20 按快捷键Ctrl+C+F原位复制并粘贴路径，设置"填色"为灰色，绘制熨斗前面的调节开关。

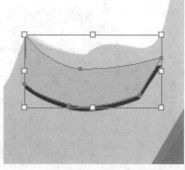

步骤21 使用钢笔工具 ✐ ，设置"填色"为黑色，绘制熨斗前面开关的阴影。

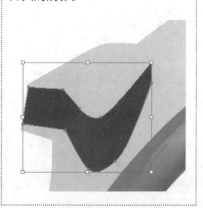

步骤22 使用相同方法，绘制熨斗前面的开关。

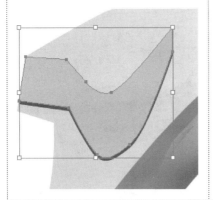

步骤23 使用钢笔工具，打开"渐变"面板，从左到右设置渐变色为灰色到黑色再到灰色的线性透明渐变填充颜色，绘制熨斗的调节开关。

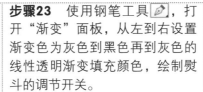
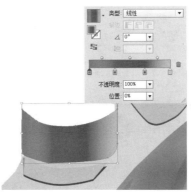

步骤24 单击椭圆工具，设置"填色"为深灰色（C70、M63、Y56、K9），绘制漏斗调节开关的表面。

步骤25 按快捷键Ctrl+C+F原位复制并粘贴路径，按住Shift+Alt键，将其等比例缩放，并设置不同的"填色"。

步骤26 使用椭圆工具，打开"渐变"面板，从左到右设置渐变色为灰色到白色的线性透明渐变填充颜色，绘制熨斗身上的按钮。

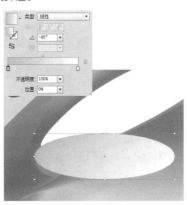

步骤27 单击钢笔工具，打开"渐变"面板，从左到右设置渐变色为深蓝色（C85、M71、Y65、K33）到蓝色（C92、M68、Y53、K13）的线性透明渐变填充颜色。

步骤28 按快捷键Ctrl+C+F原位复制并粘贴路径，按住Shift+Alt键将其等比例缩放，设置"填色"为黑色，继续绘制漏斗身上的按钮。

步骤29 按快捷键Ctrl+C+F原位复制并粘贴路径，打开"渐变"面板，从左到右设置渐变色为灰色到白色的线性透明渐变填充颜色，绘制熨斗身上的按钮。

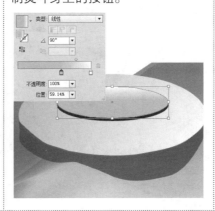

步骤30 按快捷键Ctrl+C+F原位复制并粘贴路径，按住Shift+Alt键将其等比例缩放，设置"填色"为黑色，继续绘制漏斗身上的按钮。

步骤31 使用相同方法，打开"渐变"面板，从左到右设置渐变色为灰色到白色的线性透明渐变填充颜色，绘制熨斗身上的按钮。

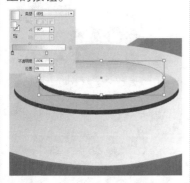

步骤32 使用椭圆工具，设置"填色"为深灰色（C0、M0、Y0、K86），绘制熨斗身上的按钮。

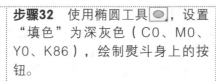

步骤33 按快捷键Ctrl+C+F原位复制并粘贴路径，设置"填色"为灰色（C0、M0、Y0、K13），绘制熨斗身上的按钮。

步骤34 单击钢笔工具，设置"填色"为灰色（C0、M0、Y0、K13），绘制熨斗触头上的纹理。

步骤35 单击钢笔工具，打开"渐变"面板，从左到右设置渐变色为灰色到白色再到灰色的线性透明渐变填充颜色，绘制熨斗触头上的纹理。

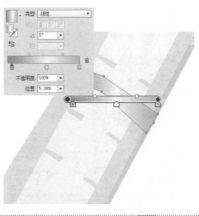

步骤36 按快捷键Ctrl+C+F原位复制并粘贴路径，使用选择工具，将其移至下方，绘制熨斗触头上的纹理。

步骤37 使用钢笔工具，打开"渐变"面板，从左到右设置渐变色为灰色到黑色明线性透明渐变填充颜色，绘制熨斗的底部反光。

步骤38 使用钢笔工具，打开"渐变"面板，从左到右设置渐变色为黑色到白色的线性透明渐变填充颜色，绘制熨斗的底部反光。

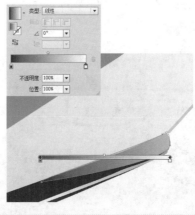

步骤39 使用钢笔工具，打开"渐变"面板，从左到右设置渐变色为蓝色（C52、M31、Y30、K0）到白色的线性透明渐变填充颜色，绘制熨斗的前部高光。

步骤40 使用钢笔工具 ✐ ，打开"渐变"面板，从左到右设置渐变色为蓝色（C52、M31、Y30、K0）到白色的性透明渐变填充颜色，绘制熨斗的前部反光。

步骤41 使用钢笔工具 ✐ ，设置"填色"为亮灰色（C51、M25、Y21、K47），绘制熨斗前面转动按钮下的高光。

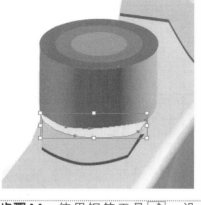

步骤42 使用钢笔工具 ✐ ，打开"渐变"面板，从左到右设置渐变色为白色到灰色（C34、M27、Y25、K0）的线性透明渐变填充颜色。

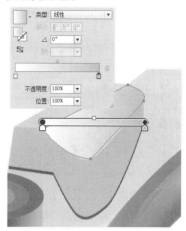

步骤43 使用钢笔工具 ✐ ，设置"填色"为白色，绘制熨斗把手上的高光。

步骤44 使用钢笔工具 ✐ ，设置"填色"为亮灰色（C23、M18、Y17、K0），绘制熨斗上部的阴影。

步骤45 使用钢笔工具 ✐ ，设置"填色"为亮灰色（C23、M18、Y17、K0），绘制熨斗上部的阴影。并执行"效果丨风格化丨羽化"命令，在对话框中设置羽化参数，绘制熨斗后部阴影。

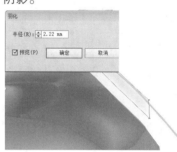

步骤46 使用钢笔工具 ✐ ，设置"填色"为白色，绘制熨斗后面触头的高光。

步骤47 使用钢笔工具 ✐ ，设置"填色"为白色，绘制熨斗后面的高光。

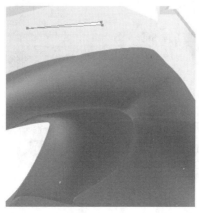

步骤48 单击椭圆工具 ◯ ，设置"填色"为白色，绘制熨斗按钮的高光。

步骤49 使用钢笔工具 ✐，设置"填色"为黑色，打开"效果"面板，设置"不透明度"为50%，绘制熨斗按钮上的反光。

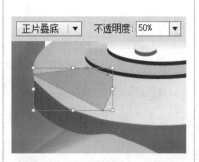

步骤50 使用钢笔工具 ✐，设置"填色"为深灰色，打开"效果"面板，设置"不透明度"为50%，绘制熨斗按钮上的反光。

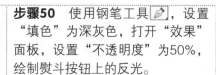
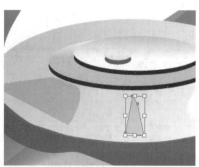

步骤51 使用钢笔工具 ✐，设置"填色"为白色，打开"效果"面板，设置"不透明度"为5%，绘制熨斗把手上的反光。

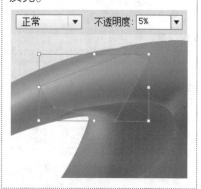

步骤52 使用钢笔工具 ✐，设置"填色"为白色，绘制熨斗前面按钮的高光。

步骤53 使用钢笔工具 ✐，设置"填色"为灰色，单击网格工具 ▦，在该蓝色的路径上创建网格锚点，并设置"填色"为白色，绘制熨斗底下的光。

步骤54 使用钢笔工具 ✐，设置"填色"为亮灰色（C30、M24、Y23、K0），绘制熨斗前面按钮的高光。

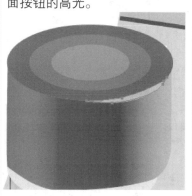

步骤55 使用钢笔工具 ✐，打开"渐变"面板，从左到右设置渐变色为灰色（C34、M27、Y25、K0），"不透明度"为20%，到白色"不透明度"为60%，的线性渐变填充颜色，绘制熨斗的底部高光。

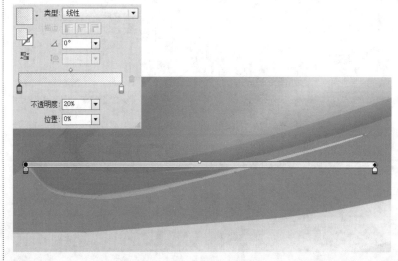

步骤56 使用相同方法，绘制熨斗的底部反光。

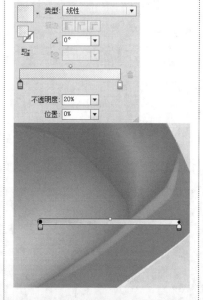

步骤57 使用钢笔工具 ✐，打开"渐变"面板，从左到右设置渐变色为蓝灰色（C59、M22、Y23、K0），"不透明度"为20%，到亮蓝色（C25、M0、Y0、K0）再到蓝灰色（C37、M3、Y7、K0）、"不透明度"为20%的线性渐变填充颜色，绘制熨斗的底部高光。

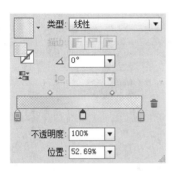

步骤58 使用相同方法，绘制熨斗的后面部分高光。

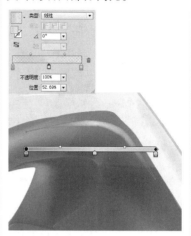

步骤59 使用钢笔工具 ✐，设置"不透明度"为15%，绘制熨斗把手上的反光。

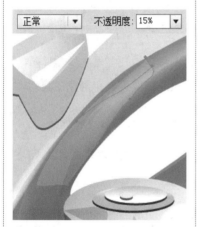

步骤60 使用钢笔工具 ✐，打开"渐变"面板，从左到右设置渐变色为蓝黑色到蓝色再到蓝色，逐渐渐变的熨斗底部造型。

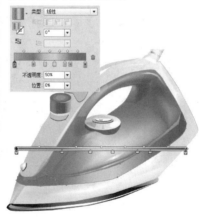

步骤61 使用钢笔工具 ✐，设置"填色"为白色，设置其"不透明度"为50%，绘制熨斗前面的高光。

步骤62 全选熨斗的所有图层，按快捷键Ctrl+G合并图层，将其反向下拉，设置不透明度为50%，执行"效果 | 风格化 | 羽化"命令，在对话框中设置羽化参数，制作倒影。

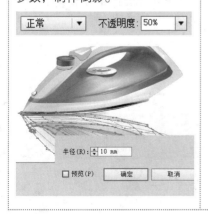

步骤63 打开"熨斗造型设计.jpg"文件。将其拖到当前画面上，置于最底层。

步骤64 单击矩形工具 ▢，绘制画面大小的矩形，全选所有图层，单击鼠标右键，选择"建立剪切蒙版"选项。至此，本实例制作完成。

13.4.2　加湿器造型设计

主要素材：

主要使用功能：
钢笔工具、椭圆工具、网格工具。

🔘 **光盘路径：** 第13章\Complete\13.4\加湿器造型设计.ai

🔘 **视频路径：** 第13章\加湿器造型设计.swf

案例分析：
　　本案例是绘制可爱加湿器造型设计。加湿器造型的制作是通过使用钢笔工具 🖊 绘制图形的方法完成的。色调运用可爱的粉红色为主色调，绘制可爱的Ketty猫的图案加湿器显得越发可爱。突出了加湿器可爱的造型效果。通过使用网格工具 🔳 和"羽化"效果，制作出靓丽的特效，更加突出加湿器造型的可爱。

步骤1　执行"文件｜新建"命令，在弹出的对话框中设置各项参数，设置完成后单击"确定"按钮，新建一个图形文件。

步骤2　单击钢笔工具 🖊 ，绘制加湿器的头部大体轮廓，打开"渐变"面板，从左到右使用渐变色为灰色（C37、M30、Y29、K0）到白色的线性渐变。

步骤3　继续使用钢笔工具 🖊 ，设置"填色"为灰色（C37、M30、Y29、K0），"描边"为无在其头部大体轮廓上继续绘制图案，增加其层次感。

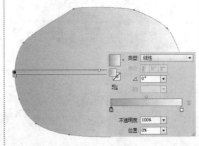

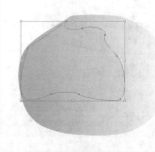

步骤4　使用钢笔工具 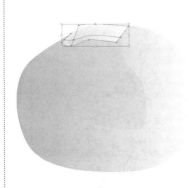，设置"填色"为亮灰色，单击网格工具 ，在灰色的路径上单击创建路径锚点，设置"填色"为白色，绘制出加湿器的高光。

步骤5　单击圆角矩形工具 ，设置"填色"为黑色，在路径上绘制加湿器的左眼睛。

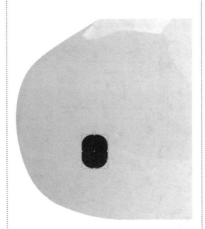

步骤6　使用圆角矩形工具 ，打开"渐变"面板，从左到右设置渐变色为灰色（C63、M55、Y51、K2）到深灰色（C4、M3、Y0、K78）再到黑色的线性渐变填充颜色，绘制加湿器的右眼睛。

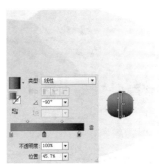

步骤7　使用圆角矩形工具 ，打开"渐变"面板，从左到右设置渐变色为黄灰色（C27、M19、Y95、K0）到黄色（C14、M0、Y86、K0）再到白色的线性渐变填充颜色，绘制加湿器的鼻子。

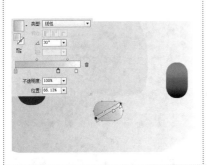

步骤8　按快捷键Ctrl+C+F原位复制并粘贴路径，打开"渐变"面板，单击反向渐变 按钮。打开"效果"面板，设置混合模式为"颜色加深"、"不透明度"为50%，绘制加湿器的鼻子增加层次。

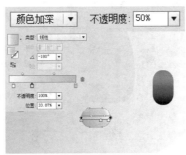

步骤9　使用钢笔工具 ，设置"填色"为灰色，并单击网格工具 ，在灰色的路径上单击可创建路径锚点，设置"填色"为白色，绘制出加湿器耳朵的明暗。

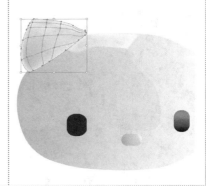

步骤10　使用钢笔工具 ，设置"填色"为红灰色（C37、M36、Y28、K0），打开"效果"面板，设置"不透明度"为50%。绘制耳朵的阴影。

步骤11　使用钢笔工具 ，设置"填色"为白色，打开"效果"面板，设置"不透明度"50%。绘制耳朵的高光。

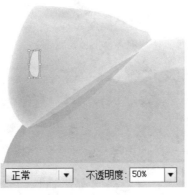

步骤12　使用相同方法，绘制耳朵侧面的高光，制作立体的耳朵。

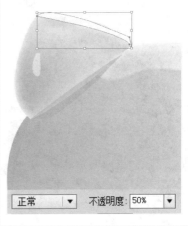

步骤13 使用钢笔工具 ✐，设置"填色"为粉红色（C17、M45、Y11、K0），"描边"为无，绘制出加湿器头上的蝴蝶结的大体形状。

步骤14 使用钢笔工具 ✐，设置"填色"为深粉色（C24、M56、Y15、K0），绘制蝴蝶结的阴影部分。执行"效果｜风格化｜羽化"命令，在弹出的对话框中设置羽化的参数。

步骤15 使用相同方法，设置"填色"为白色。绘制蝴蝶结的高光部分，并设置羽化参数。

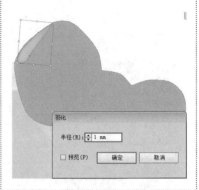

步骤16 使用钢笔工具 ✐，设置"填色"为粉红色（C17、M45、Y11、K0），单击网格工具 ▦，在粉色的路径上单击创建路径锚点，并设置"填色"为白色。

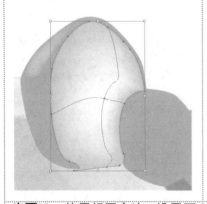

步骤17 使用钢笔工具 ✐，设置"填色"为深粉色（C24、M56、Y15、K0），绘制蝴蝶结的阴影部分。执行"效果｜风格化｜羽化"命令，在弹出的对话框中设置羽化的参数。

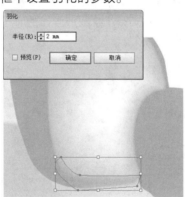

步骤18 使用相同方法，绘制蝴蝶结的内形状阴影，并设置羽化参数。

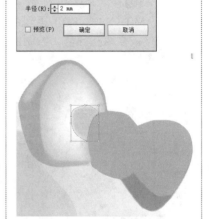

步骤19 使用相同方法，设置不同的颜色，绘制蝴蝶结的内形状阴影高光，并设置羽化参数。

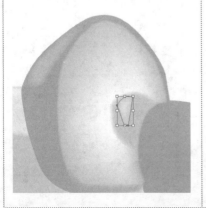

步骤20 使用相同方法，设置不同颜色，绘制蝴蝶结的内形状阴影暗部，并设置羽化参数。

步骤21 使用相同方法，设置不同颜色，绘制蝴蝶结的中间结部阴影，并设置羽化参数。

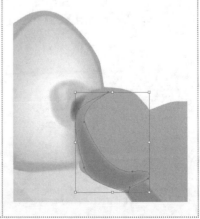

步骤22　使用相同方法，设置不同颜色，绘制蝴蝶结的中间结部的亮部区域，并设置羽化参数。

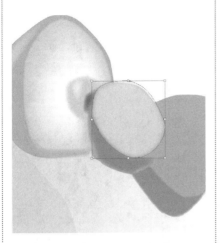

步骤23　使用相同方法，设置不同颜色，绘制蝴蝶结的右侧亮部区域，并设置羽化参数。

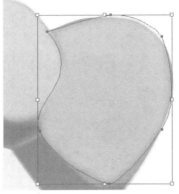

步骤24　使用相同方法，打开"渐变"面板，从上到下设置渐变色为白色到粉色（C14、M27、Y3、K0）的线性渐变填充颜色，绘制蝴蝶结的中间结部的高光。

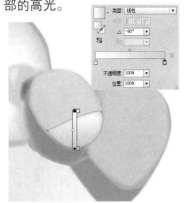

步骤25　使用相同方法，打开"渐变"面板，从上到下设置渐变色为白色到粉色（C14、M27、Y3、K0）的线性渐变填充颜色，绘制蝴蝶结的左侧区域高光。

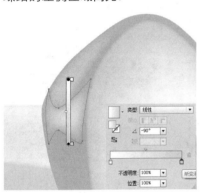

步骤26　使用钢笔工具，设置"填色"为深粉色（C24、M56、Y15、K0），绘制蝴蝶结的阴影部分。执行"效果 | 风格化 | 羽化"命令，在弹出的对话框中设置羽化的参数。

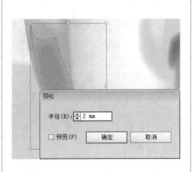

步骤27　使用钢笔工具，打开"渐变"面板，从上到下设置渐变色为粉色（C14、M27、Y3、K0）到粉红色（C6、M64、Y8、K1）的线性渐变填充颜色，绘制蝴蝶结的内形状阴影，并设置羽化参数。

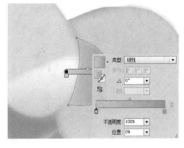

步骤28　使用钢笔工具，设置"填色"为粉红色（C24、M56、Y15、K0），绘制蝴蝶结的右侧阴影暗部。

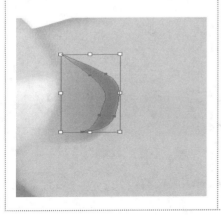

步骤29　使用相同方法，设置"填色"为深粉色（C38、M77、Y32、K0），绘制蝴蝶结的左侧阴影暗部。

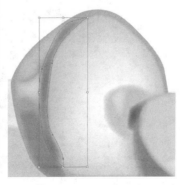

步骤30　使用钢笔工具，设置"填色"为灰色，单击网格工具，在灰色的路径上单击创建路径锚点，并设置"填色"为粉灰色，绘制加湿器的右耳朵。

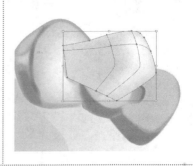

步骤31 使用选择工具 ▶ ，选择已经绘制的加湿器的右耳朵，按快捷键Shift+Ctrl+[，将其放置于蝴蝶结下方。

步骤32 使用钢笔工具 ✎ ，设置"填色"为灰色（C10、M9、Y7、K0），在加湿器头部上方绘制顶部，将其放置于蝴蝶结下方，制作出立体的加湿器头部。

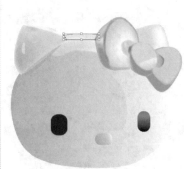

步骤33 使用圆角矩形工具 ▢ ，设置"填色"为白色，打开"效果"面板，设置混合模式为"滤色"，"不透明度"为40%，绘制眼睛上的高光。

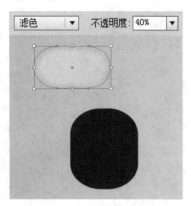

步骤34 使用钢笔工具 ✎ ，设置"填色"为白色，打开"效果"面板，设置混合模式为"滤色"、"不透明度"为25%，绘制脸上的反光，增加加湿器头部的真实感。

步骤35 使用钢笔工具 ✎ ，设置"填色"为粉红色，单击网格工具 ▦ ，在粉红色的路径上单击创建路径锚点，并设置不同填色，绘制加湿器的身体，使其具有立体感。

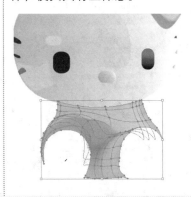

步骤36 单击椭圆工具 ⬭ ，设置"填色"为亮灰色，单击网格工具 ▦ ，在亮灰色的路径上单击创建路径锚点，并设置不同填色，绘制加湿器的脚部，使其具有立体感。

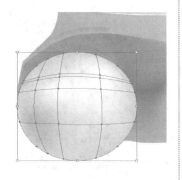

步骤37 使用相同方法，继续绘制加湿器的右侧脚，使其具有立体感。

步骤38 使用钢笔工具 ✎ ，设置"填色"为深粉色，调整图层顺序。绘制加湿器脚后方的裤缝线。

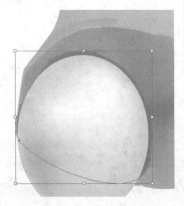

步骤39 使用相同方法，设置比较浅一些的填色，调整图层顺序，绘制加湿器脚后方的裤缝线。

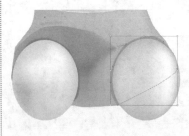

步骤40 使用钢笔工具 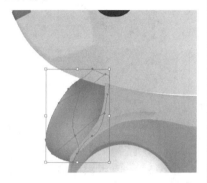，设置"填色"为蓝色，单击网格工具，在蓝色的路径上单击创建路径锚点，并设置"填色"为白色，绘制加湿器的左侧手臂，使其具有立体感。

步骤41 使用相同方法，设置不同的填色，绘制加湿器的右侧手臂。

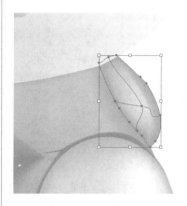

步骤42 使用钢笔工具，设置"填色"为灰色，单击网格工具，在灰色的路径上单击创建路径锚点，并设置"填色"为白色，绘制加湿器的左侧手，使其具有立体感。

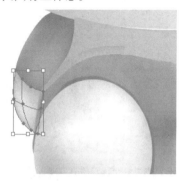

步骤43 使用相同方法，设置不同的填色，绘制加湿器的右侧手。

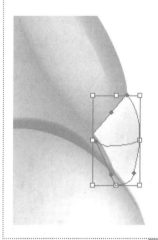

步骤44 使用圆角矩形工具，打开"渐变"面板，从左到右设置渐变色为玫瑰粉色（C22、M69、Y9、K0）到白色的线性渐变填充颜色。

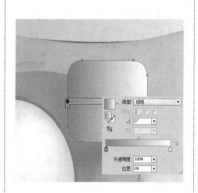

步骤45 按快捷键Ctrl+C+F原位复制并粘贴路径，按住Shift+Alt键将其等比例缩放，打开"渐变"面板，单击反向渐变按钮，得到立体的按钮样式。

步骤46 单击椭圆工具，设置"填色"为绿灰色（C78、M65、Y63、K21），在绘制的按钮中绘制按钮阴影。

步骤47 按快捷键Ctrl+C+F原位复制并粘贴路径，打开"渐变"面板，从左到右设置渐变色为白色到紫色（C92、M75、Y0、K0）的线性渐变填充颜色，绘制按钮。

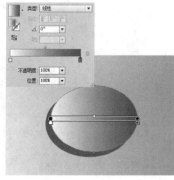

步骤48 按快捷键Ctrl+C+F原位复制并粘贴路径，按住Shift +Alt键将其等比例缩放，打开"渐变"面板，单击反向渐变按钮，得到立体的按钮样式。

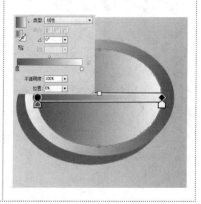

步骤49 全选按钮的所有图层，按快捷键Ctrl+G合并图层，按快捷键Ctrl+C+F原位复制并粘贴路径，并适当缩小，单击鼠标左键取消编组后，使用相同方法设置渐变色为蓝色（C48、M0、Y15、K0）到白色的线性渐变填充颜色。

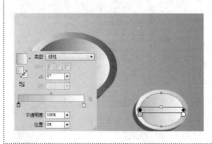

步骤50 全选彩色按钮的所有图层，按快捷键Ctrl+G合并图层，按住Alt键并单击鼠标左键不放，连续复制多个图形，使用选择工具将其移动到合适的位置。

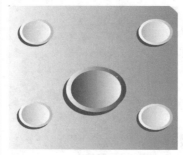

步骤51 使用钢笔工具，设置"填色"为白色，在加湿器腿部绘制裤缝线的高光，执行"效果丨风格化丨羽化"命令，在弹出的对话框中设置其羽化的参数。

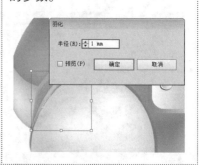

步骤52 使用钢笔工具，设置"填色"为白色，打开"效果"面板，设置混合模式为"滤色"、"不透明度"为70%，在加湿器腿部绘制裤缝线的反光。

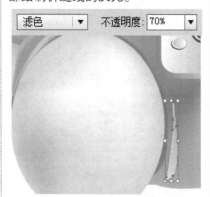

步骤53 使用钢笔工具，设置"填色"为白色，在加湿器腿部绘制裤缝线的反光，执行"效果丨风格化丨羽化"命令，在弹出的对话框中设置羽化的参数。

步骤54 使用相同方法，设置不同颜色，在加湿器腿部绘制裤子的明暗部分，并设置不同的羽化参数，使其更具有立体感、真实感。

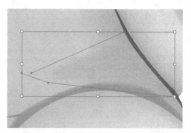

步骤55 使用相同方法，绘制明暗部分，增加立体感。

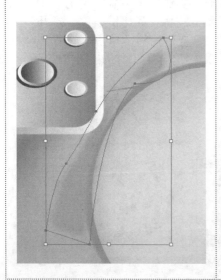

步骤56 使用钢笔工具，设置"填色"为白色，打开"效果"面板，设置混合模式为"滤色"、"不透明度"为70%，在加湿器腿部绘制裤子的反光。

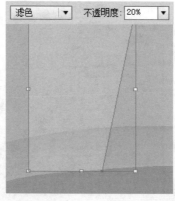

步骤57 使用钢笔工具，设置"填色"为粉灰色，绘制加湿器的衣服阴影部分。

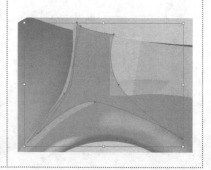

步骤58　使用钢笔工具 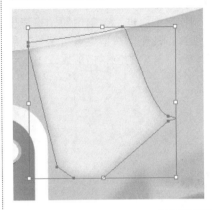，设置"填色"为白色，执行"效果丨风格化丨羽化"命令，在弹出的对话框中设置羽化的参数，绘制加湿器衣服的高光部分。

步骤59　使用相同方法，设置不同颜色和不同的羽化参数，绘制加湿器衣服的中间过渡颜色。

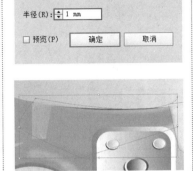

步骤60　单击文字工具 T，输入文字，在菜单栏中设置参数，单击"字符"选项，选择所需的字体，设置颜色为黑色。并使用选择工具 将其移动到画面合适的位置。

步骤61　使用相同方法，输入不同文字，按住Shift键，将其适当缩小，并使用选择工具 移动到画面合适的位置。

步骤62　使用选择工具 ，选中刚才输入的文字图层，按住Alt键并单击鼠标左键不放，连续复制多个图形，并放置于画面合适位置。

步骤63　使用钢笔工具 ，设置"填色"为灰色，打开"效果"面板，设置"不透明度"为40%，绘制加湿器前面的阴影。

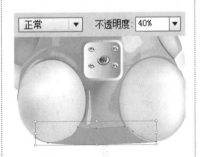

步骤64　使用钢笔工具 ，设置"填色"为灰色，打开"效果"面板，设置"不透明度"为30%，绘制加湿器后面的阴影。

步骤65　打开"01.jpg"文件，将其拖到当前画面中，并拖曳到图层最底层，作为背景。

步骤66　单击矩形工具 ，绘制画面完整大小的矩形，单击鼠标右键，选择"建立剪切蒙版"。至此，本实例制作完成。

13.4.3 饮料造型设计

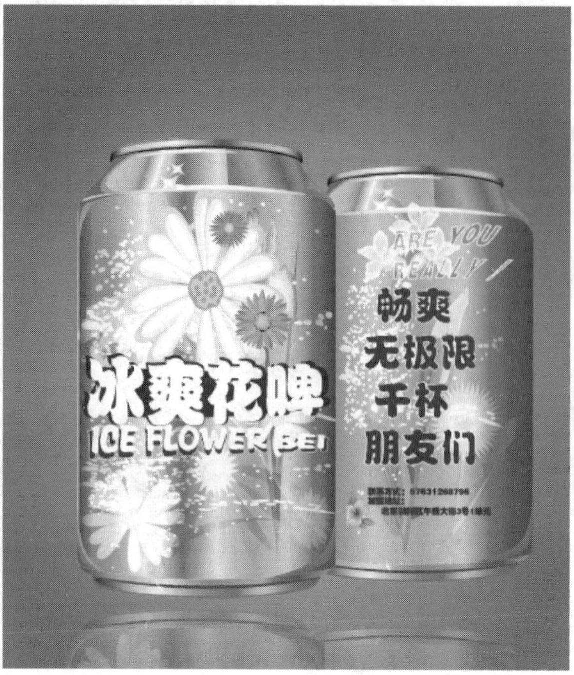

案例分析：

本案例制作饮料造型设计，通过运用钢笔工具结合渐变工具绘制饮料的造型，以蓝色的色调为主，给人以冰爽的感觉和剔透的质感。结合花朵的图案叠加制作出的肌理，突出主题，更显出饮料的精美和细致，使整体造型更有可看性。展现出设计的清爽感，鲜艳的色彩搭配展现出饮料的冰爽活力。

主要使用功能：

矩形工具、钢笔工具。

光盘路径： 第13章\Complete\13.4\饮料造型设计.ai

步骤1 执行“文件 | 新建”命令，在弹出的对话框中设置各项参数，设置完成后单击“确定”按钮，新建一个图形文件。

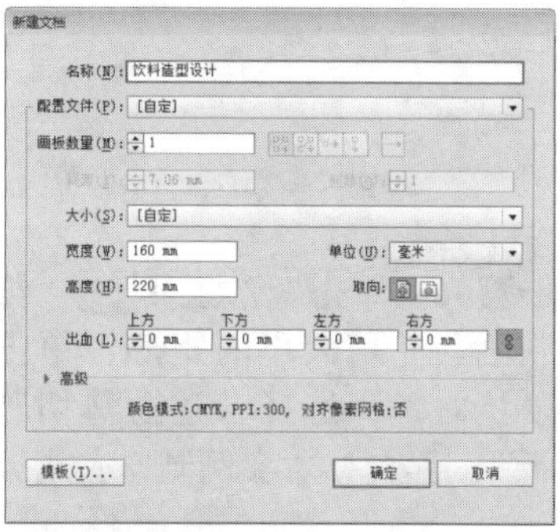

步骤2 使用矩形工具，在画面上绘制矩形，打开“渐变”面板，从左到右设置渐变色为蓝色（C37、M1、Y6、K0）到深蓝色（C79、M52、Y0、K0）的径向渐变填充颜色。

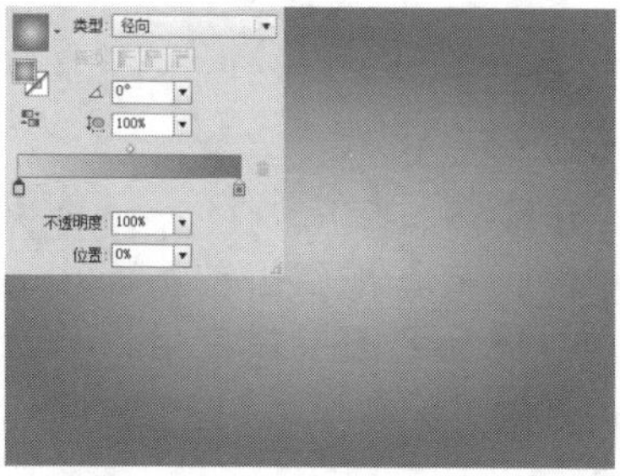

步骤3 使用钢笔工具，绘制饮料瓶的底部，打开“渐变”面板，从左到右设置渐变色为黑色到白色再到灰色依次渐变的线性渐变填充颜色。

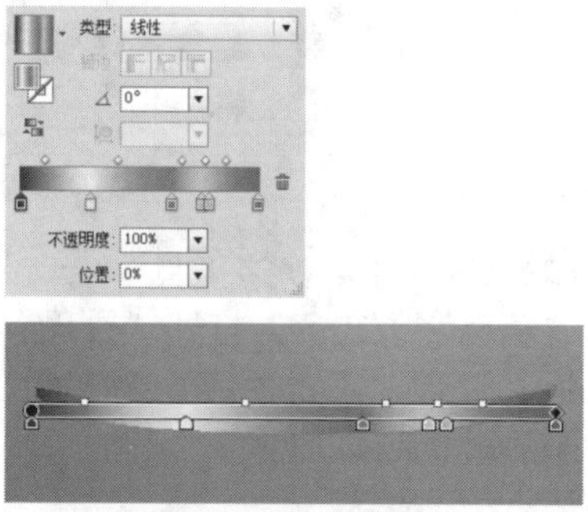

步骤4 使用相同的渐变，按住Alt键并单击鼠标左键不放，连续复制多个图形，使用选择工具将其适当缩放，移动到画面合适的位置，制作饮料瓶的底部。

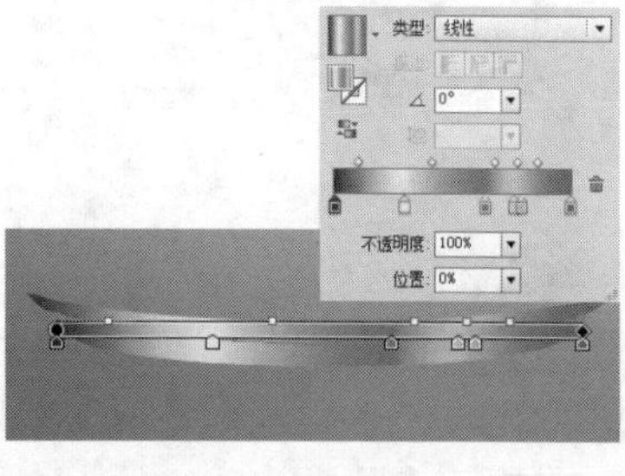

步骤5 使用相同的渐变，单击钢笔工具，绘制饮料瓶的瓶身。

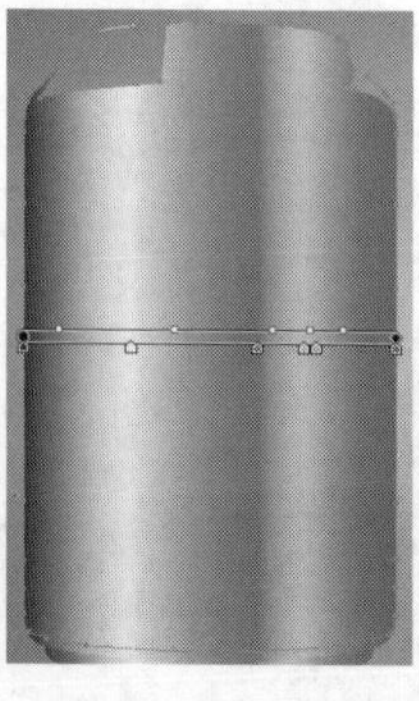

步骤6 使用相同的渐变，设置不同的渐变角度，单击钢笔工具，绘制饮料瓶的瓶身亮部。

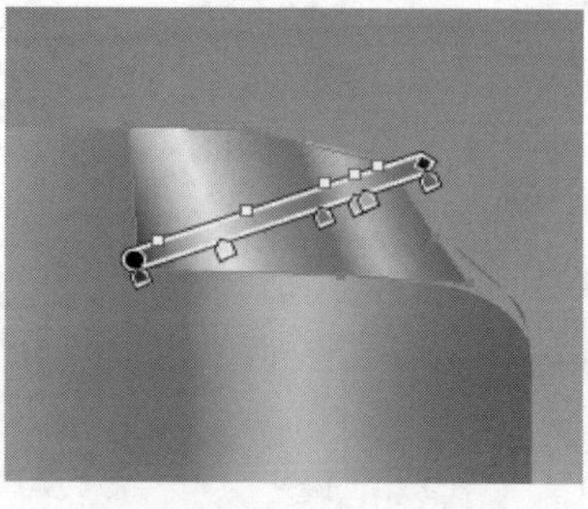

步骤7 按快捷键Ctrl+C+F原位复制并粘贴路径，双击旋转工具，在弹出的对话框中设置旋转的角度，绘制饮料瓶的瓶身亮部。

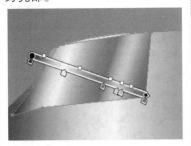

步骤8 使用相同的渐变，单击钢笔工具，绘制饮料瓶的上部。

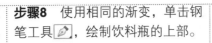

步骤9 使用相同的渐变，单击钢笔工具，绘制饮料瓶的上部高光。

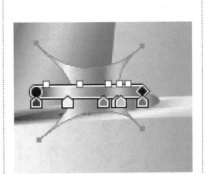

步骤10 按快捷键Ctrl+C+F原位复制并粘贴路径，按住Shift+Alt键，将其等比例缩放，将饮料瓶上部的高光绘制完成。

步骤11 打开"渐变"面板，更改渐变色条的颜色。

步骤12 全选瓶子的所有图层，按快捷键Ctrl+G合并图层，按快捷键Ctrl+C+F原位复制并粘贴路径，将其缩小，移至画面合适位置。

步骤13 执行"文件 | 打开"命令，打开"01.ai"文件。将其拖到当前画面上，使用选择工具，按住Shift键适当缩小，并移动到画面合适的位置。

步骤14 按快捷键Ctrl+C+F原位复制并粘贴路径，使用选择工具，按住Shift键将其适当缩小，并移动到画面合适的位置。

步骤15 打开"02.ai"文件。将其拖到当前画面上，使用选择工具，按住Shift键适当缩小，并移动到画面合适的位置。

步骤16 执行"窗口 | 符号"命令，打开符号框，单击左下角的"符号库菜单" 按钮。选择"花朵"符号框。

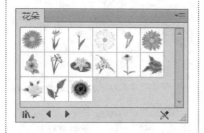

步骤17 在"花朵"符号框中选择所需的花朵图案，移动到画面合适的位置。打开"效果"面板，设置混合模式为"叠加"。

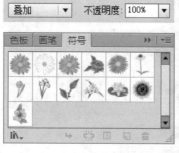

步骤18 继续在"花朵"符号框中选择所需的花朵图案，并移动到画面合适的位置。

步骤19 单击文字工具 ，输入文字，在菜单栏中设置参数，单击"字符"选项，选择所需的字体，设置颜色为黑色，输入主题文字。

步骤20 按住Alt键并单击鼠标左键不放，复制文字，设置"填色"为白色。

步骤21 单击矩形工具 ，在下方黑色文字上绘制矩形，并全选两个图层，设置"填色"为深蓝色，并适当放大。

步骤22 使用选择工具 ，将白色文字移动到刚才设置深蓝色的背景文字上，增加立体感，同时突出字体。

步骤23 执行"效果 | 变形 | 上弧形"命令，在弹出的对话框中设置文字变形的选项。

步骤24　全选文字的所有图层，按快捷键Ctrl+G合并图层，并使用选择工具 将文字移动到饮料瓶上合适的位置。

步骤25　使用相同方法，继续输入文字，将其放置于主标题的下方。

步骤26　使用相同方法，继续输入文字，将其放置于复制的饮料上方。

步骤27　单击文字工具 T ，输入文字，在菜单栏中设置参数，单击"字符"选项，选择所需的字体，设置颜色为蓝色，"描边"为白色，粗细为1pt。

步骤28　单击文字工具 T ，输入文字，在菜单栏中设置参数，单击"字符"选项，选择所需的字体，设置颜色为蓝色，在下方输入副标题。

步骤29　继续在"花朵"符号框中选择所需的花朵图案。使用选择工具 缩放大小，将花朵移动到画面合适的位置。

步骤30　全选饮料的所有图层，按快捷键Ctrl+G合并图层，按住Alt键并单击鼠标左键不放，复制一层，双击旋转工具 ↻ 在弹出的对话框中输入旋转的角度。

步骤31　单击矩形工具 □ ，绘制矩形覆盖住底层饮料瓶，打开"渐变"面板，设置从黑色到白色的线性渐变填充颜色。打开"效果"面板，单击"应用蒙版"按钮，并设置"不透明度"为50%，制作饮料瓶的阴影。

步骤32　至此，本实例制作完成。

13.4.4　茶叶包装设计

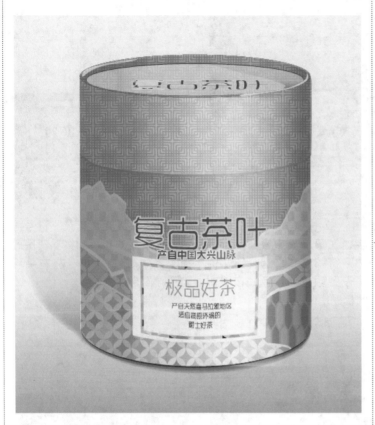

案例分析：

　　本案例是茶叶包装设计，通过图形绘制的方式绘制出茶叶包装造型，并通过图案的叠加渐变效果制作出复古的茶叶包装效果。该茶叶包装的造型通过集合图形路径不同变化的方式绘制出来。复古的精致外观效果，在色调的运用上也使用淡雅的蓝色为主要基调，制作出淡雅的效果，突出茶叶包装的时尚典雅的外观气质。

主要使用功能：

矩形工具、钢笔工具、椭圆工具。

🎯 光盘路径：第13章\Complete\13.4\茶叶包装设计.ai

步骤1　执行"文件 | 新建"命令，在弹出的对话框中设置各项参数，设置完成后单击"确定"按钮，新建一个图形文件。

步骤2　单击矩形工具 ▣ ，打开"渐变"面板，从左到右设置渐变色为白色到淡蓝灰色（C42、M22、Y25、K0）的线性渐变填充颜色。

步骤3　继续使用矩形工具 ▣ ，设置"填色"为深灰色（C84、M76、Y75、K55）、"描边"为无，在画面上绘制包装盒的形状之一。

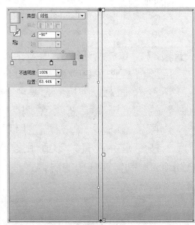

📎 **提示：**

　　对多个路径进行编辑时，可以执行"窗口 | 路径查找器"命令，在打开的"路径查找器"面板中可以通过单击"联集" ▣ 按钮，将图形全部结合成为一个完整的图形；单击"减去顶部" ▣ 按钮，可以减去图形顶部的图形；单击"交集" ▣ 按钮，可以得到所有图形的交集。单击"差集" ▣ 按钮，可以得到多个路径的差集。

步骤4 单击椭圆工具 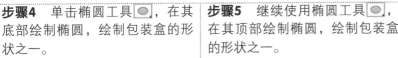，在其底部绘制椭圆，绘制包装盒的形状之一。

步骤5 继续使用椭圆工具，在其顶部绘制椭圆，绘制包装盒的形状之一。

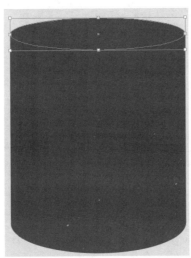

步骤6 全选包装盒的上方和中部图层，按快捷键Ctrl+G合并图层，执行"窗口 | 路径查找器"命令，按住Shift键选择顶部的椭圆和矩形，单击"减去顶层" 图标。

步骤7 使用选择工具，将其移动到画面中的合适位置。

步骤8 按快捷键Ctrl+C+F原位复制并粘贴路径，设置"填色"为蓝灰色（C47、M18、Y19、K0），并向上位移一定距离。

步骤9 按快捷键Ctrl+C+F原位复制并粘贴路径，设置"填色"为"方格日本色"，打开"效果"面板，设置"不透明度"为30%，制作复古图案效果。

步骤10 单击钢笔工具，绘制茶叶盒上的辅助图案，设置"填色"为亮灰色（C10、M10、Y12、K0）。

步骤11 按快捷键Ctrl+C+F原位复制并粘贴路径，设置"填色"为蓝灰色（18、M19、Y21、K0），并向上位移一定距离。

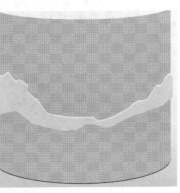

步骤12 按快捷键Ctrl+C+F原位复制并粘贴路径，设置"填色"为"3色苏格兰方格"，打开"效果"面板，设置"不透明度"为50%。

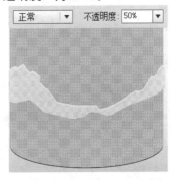

步骤13 使用相同方法，设置不同的填色和透明度。

步骤14 按住Shift键的同时单击鼠标左键，全选所有辅助图形，按快捷键Ctrl+G合并图层。选择剪裁后的茶叶盒图层，按快捷键Ctrl+C+F原位复制并粘贴路径。

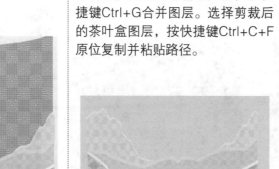

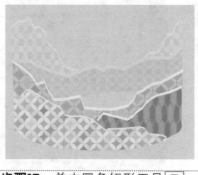

步骤15 将其放于所有辅助图层上方，全选所有图层，单击鼠标右键，选择"创建剪切蒙版"。

步骤16 使用选择工具 将其移动到茶叶盒上的合适位置。

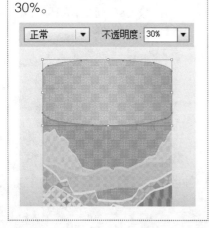

步骤17 单击圆角矩形工具 ，绘制盒子的上方，设置"填色"为灰色（C48、M32、Y33、K0）。

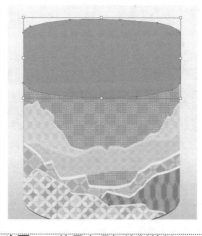

步骤18 按快捷键Ctrl+C+F原位复制并粘贴路径，打开"渐变"面板，从左到右设置渐变色为亮蓝色（C30、M11、Y17、K0）到白色再到亮蓝色（C30、M11、Y17、K0）的线性渐变填充颜色。

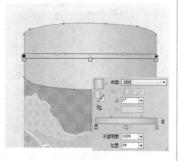

步骤19 按快捷键Ctrl+C+F原位复制并粘贴路径，设置"填色"为"方格日本色"，打开"效果"面板，设置"不透明度"为30%。

步骤20 使用在顶部绘制的椭圆，将其移动到盒子的合适位置。

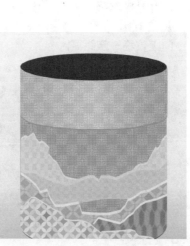

步骤21 按下快捷键Ctrl+C+F原位复制并粘贴路径，设置"填色"为蓝灰色（C47、M18、Y19、K0）。

步骤22 按快捷键Ctrl+C+F原位复制并粘贴路径，设置"填色"为"方格日本色"，打开"效果"面板，设置"不透明度"为30%。

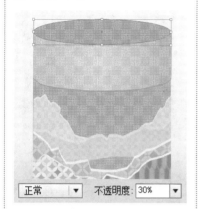

步骤23 按快捷键Ctrl+C+F原位复制并粘贴路径，按住Shift+Alt键进行等比例缩放，设置"填色"为深灰色（C84、M76、Y75、K55）。

步骤24 按快捷键Ctrl+C+F原位复制并粘贴路径，并向前轻移一定距离。打开"效果"面板，设置"不透明度"为10%，制作盒子上方的立体感。

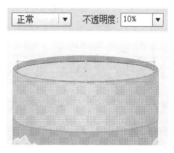

步骤25 全选包装盒的所有图层，按快捷键Ctrl+G，合并图层，执行"窗口 l 路径查找器"命令，单击"联集"图标 。

步骤26 使用选择工具 将其移动到茶叶盒上，打开"效果"面板，设置其混合模式为"正片叠底"、"不透明度"为20%，打开"渐变"面板，从左到右设置渐变色为黑色到白色再到黑色的线性渐变填充颜色。

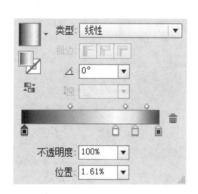

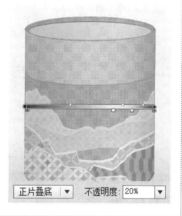

步骤27 单击钢笔工具 ，绘制茶叶盒的标签，设置"填色"为黄灰色（C8、M6、Y15、K0）。

步骤28 按快捷键Ctrl+C+F原位复制并粘贴路径，按住Shift+Alt键进行等比例缩放，并设置"描边"为"六边形波斯色"，粗细为1pt。

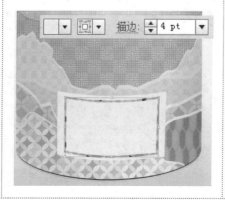

步骤29 选择刚才做渐变色的图层，按快捷键Ctrl+C+F原位复制并粘贴路径，打开"渐变"面板，从左到右设置渐变色为黑色到白色再到黑色的线性渐变填充颜色。

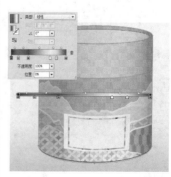

步骤30 单击文字工具 T，输入文字，在其菜单栏中设置参数，单击"字符"选项，选择所需的字体，设置其颜色为咖啡色（C61、M76、Y81、K35）。"描边"为黄灰色（C12、M13、Y24、K0），粗细为2pt。

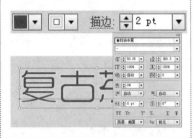

步骤31 选择文字图层，执行"效果｜变形｜下弧形"命令，在弹出的对话框中设置相应的参数，单击"确定"按钮。

步骤32 使用选择工具，将其移动到茶叶盒上的合适位置。

步骤33 单击文字工具 T，输入文字，在其菜单栏中设置参数，单击"字符"选项，选择所需的字体，设置其颜色为咖啡色（C61、M76、Y81、K35）。"描边"为黄灰色（C12、M13、Y24、K0），粗细为1pt。

步骤34 单击文字工具 T，输入文字，在菜单栏中设置参数，单击"字符"选项，选择所需的字体，设置颜色为蓝色（C61、M22、Y0、K0）。

步骤35 选择文字图层，执行"效果｜变形｜下弧形"命令，在弹出的对话框中设置相应的参数，单击"确定"按钮。

步骤36 使用选择工具，将其移动到茶叶盒上合适的位置。

步骤37 使用相同方法，输入文字，设置不同弧度的参数，制作完整的茶叶包装上的文字。

步骤38 单击矩形工具，打开"渐变"面板，从左到右设置渐变色为透明到白色再到透明的线性渐变填充颜色。

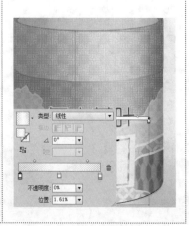

步骤39　单击钢笔工具 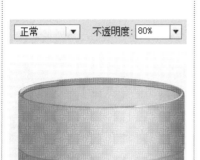，设置"填色"为白色，在盒子的上方绘制盒子的高光。

步骤40　继续使用钢笔工具 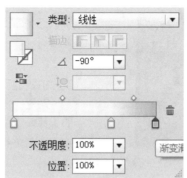，绘制茶叶盒上方的阴影，打开"渐变"面板，从上到下设置渐变色为白色到淡蓝灰色（C42、M22、Y25、K0）的线性渐变填充颜色。

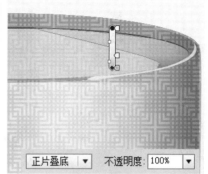

步骤41　使用选择工具 ，选择"复古茶叶"文字图层，按住Alt键并单击鼠标左键不放，复制文字图层。

步骤42　执行"窗口 I 外观"命令，打开"外观"面板，在弹出的对话框中选择"变形：下弧形"选项。双击"变形：下弧形"选项，弹出"变形选项"对话框，设置样式为"膨胀"，并设置其他参数。

步骤43　使用选择工具 ，选择该图层，单击鼠标左键，将变形文字适当压扁。使用选择工具 ，将其移动到茶叶包装盒上的合适位置。

步骤44　单击钢笔工具 在后方绘制阴影，打开"效果"面板，设置其混合模式为"正片叠底"，"不透明度"为70%，打开"渐变"面板从左到右设置渐变色为透明到蓝灰色（C42、M22、Y25、K0）到黑色的线性渐变填充颜色。至此，本实例制作完成。

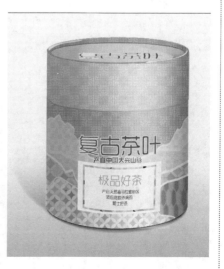

13.4.5 食品包装设计

案例分析：
    本案例制作的是食品包装设计，通过钢笔工具、网格工具、矩形工具等绘制出包装袋效果，在调整过程中注意色调协调，使包装效果更醒目。

主要使用功能：
    钢笔工具、椭圆工具、宽度工具、圆角矩形工具、文字工具、画笔工具。

  光盘路径：第13章\Complete\13.4\食品包装设计.ai

步骤1 选择"文件 | 新建"命令。在弹出的对话框中设置其参数，完成后单击"确定"按钮，新建一个图形文件。

步骤2 单击钢笔工具 ✐，在画面中绘制出一个包装袋的形状。并填充为橘色（C2、M71、Y90、K0）。

步骤3 单击网格工具 ▦。在包装带上绘制出不同的网格，在不同的网格点上绘制颜色。

步骤4 单击钢笔工具 ✐，在包装袋左上方绘制一个不规则图形，颜色填充为（C62、M81、Y86、K47），设置"不透明度"为50%。

步骤5 单击钢笔工具 ✐，绘制一个不规则图形，使用网格工具 ▦ 在不同的点上绘制不同的颜色。

步骤6 再次使用钢笔工具 ✐，绘制出一个小的不规则图形，设置颜色为（C85、M57、Y12、K0），并设置"不透明度"为50%，再复制一个重叠。

步骤7　单击文字工具 $\boxed{T}$，在包装袋中间位置输入相应的文字，并设置字体样式和大小。

步骤8　执行"文字 | 创建轮廓"命令。

步骤9　单击直接选择工具 $\boxed{\text{↖}}$，在文字上双击文字的点，即可进行编辑文字形状。

步骤10　单击钢笔工具 $\boxed{✑}$，绘制出文字的边缘框，颜色填充为咖啡色（C64、M81、Y100、K53），放置于文字下面，以达到突出文字效果，再进行编组。

步骤11　执行"效果 | 扭曲和变换 | 自由扭曲"命令，在弹出的对话框中拖出文字的扭曲效果。

步骤12　单击钢笔工具 $\boxed{✑}$，在包装袋中间位置绘制一个眼镜框的图形，并填充为咖啡色（C64、M81、Y100、K53）。

步骤13　再次使用钢笔工具 $\boxed{✑}$，绘制出眼镜框里的不同矩形图形，并填充为黄色（C13、M16、Y60、K0）。

步骤14　单击圆角矩形工具 $\boxed{\text{◻}}$，在包装袋左上角蓝色部分绘制一个圆角矩形，描边颜色为浅蓝色（C24、M8、Y3、K0）。

步骤15　单击文字工具 $\boxed{T}$，在矩形图形里输入相应的文字，并设置字体样式和大小。

步骤16　单击钢笔工具 🖋，绘制出两个不同的半圆图形，颜色填充为红色（C0、M88、Y78、K0），描边颜色为浅蓝色（C24、M8、Y3、K0）。

步骤17　再次使用钢笔工具 🖋，在包装袋左下方绘制一个不规则的黑色图形。

步骤18　单击画笔工具 🖌，在眼镜的下方绘制出弯曲的图形，颜色填充为黄色（C22、M19、Y61、K0）。

步骤19　单击矩形工具 ▢，在包装袋左下方绘制一个土黄色（C40、M46、Y75、K0）矩形图形，执行"效果│纹理│纹理化"命令，在弹出的对话框中设置各项参数值，绘制饼干效果。

步骤20　再次使用矩形工具 ▢ 绘制一个深咖啡色（C67、M66、Y86、K32）矩形，再复制多个，使用步骤19的方法，制作出纹理效果。

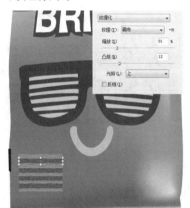

步骤21　单击文字工具 T，在包装袋上输入不同的文字，设置字体样式和大小及颜色，并进行编组。

步骤22　继续使用相同的方法，绘制出另外的包装效果，并对两个包装图形进行编组，然后复制图形并进行垂直翻转。

步骤23　单击矩形工具 ▢，在复制的包装图形上绘制矩形，并从上到下填充白色到黑色的线性渐变。

步骤24　同时选中复制的包装图形与矩形渐变图形，打开"透明度"面板，单击"制作蒙版"按钮，为包装图形制作投影效果。完成后继续使用矩形工具 ▢，在画面的最下方绘制淡黄色背景。至此，本实例制作完成。

13.5 | 书籍装帧设计

制作书籍装帧设计效果，主要是突出书籍装帧封面的效果，运用素材和图案样式的叠加，制作出书籍的肌理，结合字体的排版制作出具有时尚和突出风格的书籍装帧封面设计。

13.5.1 儿童图书封面设计

主要使用素材：

案例分析：

本案例制作儿童图书封面设计。通过可爱的剪裁造型，画面以粉嫩的颜色为主要色调。在设计中，蕾丝的画面效果为其增加了可爱的元素，使画具有生动可爱的效果。再以可爱的字体作为叠加突出儿童书封面的元素。

主要使用功能：

钢笔工具、文字工具。

💿 光盘路径：第13章\Complete\13.5\儿童图书封面设计.ai

🎬 视频路径：第13章\儿童图书封面设计.swf

步骤1 执行"文件|新建"命令，在弹出的对话框中设置各项参数，设置完成后单击"确定"按钮，新建一个图形文件。

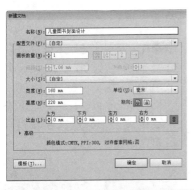

步骤2 单击矩形工具 🔳，设置"填色"为黄色（C0、M0、Y20、K10）、"描边"为无。在画面上方绘制矩形。

步骤3 继续使用矩形工具 🔳，设置"填色"为粉色（C1、M29、Y14、K0），在画面下方绘制矩形。单击椭圆工具 🔘，设置"填色"为白色，绘制椭圆。按住Ctrl和Alt键的同时单击鼠标右键不放，拖动上一步骤绘制的图形进行复制。按快捷键Ctrl+D重复上一步骤，连续复制多个相同的椭圆，增加纹理。

✍ **提示：**

在封面设计中，图形作为封面主题所要表达的寓意，文字用来宣传标志的主题。在"字符"面板中，可以对文字的大小、字体、间距、格式等进行设置。单击"字符"面板右上角的扩展按钮 ，在弹出的扩展菜单中，可以对文字的大小写以及排列方式进行设置，使文字编排更加方便。

步骤4 执行"文件丨打开"命令，打开"01.ai"文件。将其拖到当前画面上，使用选择工具![],按住Shift键将其适当缩小，并移动到画面合适的位置。

步骤5 执行"文件丨打开"命令，打开"02.ai"文件。将其拖到当前画面上，使用选择工具![]按住Shift键将其适当缩小，并移动到画面合适的位置。

步骤6 执行"文件丨打开"命令，打开"03.ai"文件。将其拖到当前画面上，使用选择工具![]，按住Shift键将其适当缩小，并移动到画面合适的位置。

步骤7 执行"文件丨打开"命令，打开"04.ai"文件，将其拖到当前画面上，使用选择工具![]按住Shift键将其适当缩小，并移动到画面合适的位置。

步骤8 执行"文件丨打开"命令，打开"05.ai"文件，并将其拖到当前画面上。

步骤9 使用选择工具![]，按住Shift键将其适当缩小，并移动到画面合适的位置。

步骤10 单击文字工具![T]，输入文字，在菜单栏中设置参数，单击"字符"选项，选择所需的字体，设置颜色为黑色，输入标题文字，并放置于画面中的合适位置。

步骤11 按快捷键Ctrl+C+F原位复制并粘贴路径，并设置"填色"为玫瑰红色（C0、M95、Y35、K0）。向上轻移一定距离，使标题文字具有一定的立体感。

步骤12 单击文字工具 T ，输入文字，在其菜单栏中设置参数，单击"字符"选项，选择所需的字体，设置颜色为黑色，输入标题文字，并放置于画面中的合适位置。

步骤13 按快捷键Ctrl+C+F原位复制并粘贴路径，设置"填色"为"星形圆圈颜色"，向上轻移一定距离，使标题文字具有立体感。

步骤14 单击文字工具 T ，输入文字，在菜单栏中设置参数，单击"字符"选项，选择所需的字体，设置颜色为黑色，输入标题文字，并放置于画面合适位置。

步骤15 使用相同方法，设置"填色"为"网格上网格颜色"。向上轻移一定距离，使标题文字具有一定的立体感。

步骤16 单击文字工具 T ，输入文字，在菜单栏中设置参数，单击"字符"选项，选择所需的字体，设置颜色为黑色，输入标题文字，将其放置于画面合适位置。

步骤17 使用相同方法，设置"填色"为橘红色（C0、M90、Y95、K0）。向上轻移一定距离，使标题文字具有一定的立体感。

步骤18 单击文字工具 T ，输入文字，在菜单栏中设置参数，单击"字符"选项，选择所需的字体，设置不同的颜色，输入标题文字，并将其放置于画面中的合适位置。

步骤19 单击文字工具 T ，输入文字，在菜单栏中设置参数，单击"字符"选项，选择所需的字体，设置颜色为蓝色，输入标题文字，并放置于画面中的合适位置。

步骤20 使用选择工具 ▶ ，调整图层位置。至此，本实例制作完成。

13.5.2　文艺小说封面设计

主要使用素材：

案例分析：

本案例制作文艺小说封面设计。该封面设计以多彩的亮色调为主，搭配五彩的图形，形成轻巧灵动的画面效果。加配树枝等小图形的剪影，使小说的封面有一种文艺小清新的效果。剪影图像的点缀丰富了画面的层次。

主要使用功能：

椭圆工具、钢笔工具、文字工具。

💿 **光盘路径：** 第13章\Complete\13.5\文艺小说封面设计.ai

步骤1　执行"文件｜新建"命令，在弹出的对话框中设置各项参数，设置完成后单击"确定"按钮，新建一个图形文件。

步骤2　打开"文艺小说封面设计.jpg"文件，将其拖到当前画面上，按住Shift键缩放到画面大小。

步骤3　单击钢笔工具 ✐，设置"填色"为咖啡色（C51、M67、Y82、K11），在画面底端绘制剪影。

🖎 **提示：**

在进行设计绘制时，如果要进行较多的路径绘制，可以将图形分别编组，然后调整其大小和颜色等关系。将所有图形绘制完成后进行编组，可以避免修改时的麻烦。

步骤4　单击矩形工具 ▣，设置"填色"为粉色（C0、M50、Y45、K0），在画面底端绘制矩形。

步骤5　单击钢笔工具 ✐，设置"填色"为咖啡色（C51、M67、Y82、K11），绘制剪影树枝。

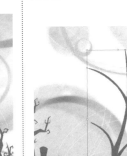

步骤6　单击钢笔工具 ✐，设置"填色"为咖啡色（C51、M67、Y82、K11），绘制鸟。

步骤7　按快捷键Ctrl+C+F原位复制并粘贴路径，按住Shift +Alt键，进行等比例缩放，并将其进行适当旋转。

步骤8　单击椭圆工具 ◯，设置"填色"为咖啡色（C51、M67、Y82、K11），按住Shift键绘制许多个小圆。

步骤9　单击椭圆工具 ◯，设置"填色"为咖啡色（C51、M67、Y82、K11），按住Shift键绘制大圆。

步骤10　按快捷键Ctrl+C+F原位复制并粘贴路径，按住Shift +Alt键进行等比例缩放，并设置不同的颜色。

步骤11　全选圆的所有图层，按快捷键Ctrl+G合并图层，按快捷键Ctrl+C+F原位复制并粘贴路径，按住Shift+Alt键，进行等比例缩放，并将其移至于画面合适的位置。

步骤12　单击钢笔工具 ✐，设置"填色"为咖啡色（C51、M67、Y82、K11），绘制剪影小图形。

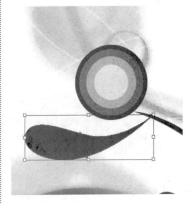

步骤13 按快捷键Ctrl+C+F原位复制并粘贴路径，按住Shift +Alt键进行等比例缩放，并使用选择工具 ![选择工具] 将其适当旋转，移动到画面的合适位置。

步骤14 单击钢笔工具 ![钢笔工具]，设置"填色"为咖啡色（C51、M67、Y82、K11），绘制剪影小图形。

步骤15 使用相同方法，丰富画剪影的层次。

步骤16 单击文字工具 ![文字工具]，输入文字，在菜单栏中设置参数，单击"字符"选项，选择所需的字体，设置不同的颜色，并设置行距，制作书封面文字。

步骤17 单击文字工具 ![文字工具]，输入文字，在菜单栏中设置参数，单击"字符"选项，选择所需的字体，设置颜色为黑色，并设置行距，制作书封面标题文字。

步骤18 单击钢笔工具 ![钢笔工具]，设置"填色"为桃红色（C8、M96、Y58、K0），绘制标题上的可爱图形。

步骤19 打开"文艺小说封面设计.jpg"文件，将其拖到当前画面上，按住Shift键缩放其大小，使用选择工具 ![选择工具] 将其移动到画面的合适位置，制作书封面底部的小图案。

步骤20 单击文字工具 ![文字工具]，输入文字，在菜单栏中设置参数，单击"字符"选项，选择所需的字体，设置文字颜色为黑色，并设置行距，制作图书封面的作者文字。

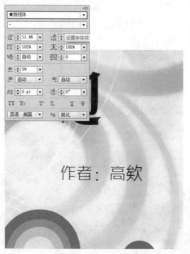

步骤21 单击矩形工具 ![矩形工具]，绘制画面大小的矩形，全选所有图层，单击鼠标右键，选择"建立剪切蒙版"选项。至此，本实例制作完成。

13.5.3 时尚杂志版式设计

主要使用素材：

案例分析：

本案例制作时尚杂志版式设计。通过时尚的女人与具有科幻色彩的图案相搭配，制作出时尚杂志封面，结合多种文字效果的排版，使杂志更加丰富地展现了排版设计的魅力与时尚效果。

主要使用功能：

钢笔工具、文字工具。

💿 光盘路径：第13章\Complete\13.5\时尚杂志版式设计.ai

步骤1 执行"文件 | 打开"命令，打开"时尚杂志版式设计.jpg"文件。

步骤2 执行"文件 | 打开"命令，打开"01.ai"文件，将其拖到当前画面上，使用选择工具 ▶ 按住Shift键进行适当缩小，并移动到画面的合适位置。

步骤3 执行"文件 | 打开"命令，打开"02.ai"文件。将其拖到当前画面上，使用选择工具 ▶ 按住Shift键将其适当缩小，并移动到画面的合适位置。

步骤4 执行"文件 | 打开"命令，打开"03.ai"文件。将其拖到当前画面上，使用选择工具 按住Shift键将其适当缩小，并移动到画面合适的位置。

步骤5 执行"文件 | 打开"命令，打开"04.ai"文件。将其拖到当前画面上，使用选择工具 按住Shift键适当缩小，并移动到画面合适的位置。

步骤6 单击文字工具 T ，输入文字，在菜单栏中设置参数，单击"字符"选项，选择所需的字体，设置不同的颜色，制作杂志的封面标题文字。

步骤7 按快捷键Ctrl+C+F原位复制并粘贴路径，设置"填色"为"格子花纹4"色，为其主题文字添加纹理。

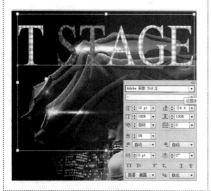

步骤8 单击文字工具 T ，输入文字，在菜单栏中设置参数，单击"字符"选项，选择所需的字体，设置颜色为玫红色（C0、M95、Y24、K0），制作主体文字。

步骤9 单击文字工具 T ，输入文字，在菜单栏中设置参数，单击"字符"选项，选择所需的字体，设置不同的颜色，制作杂志副标题。

步骤10 单击文字工具 T ，输入文字，在菜单栏中设置参数，单击"字符"选项，选择所需的字体，设置颜色为白色，制作主标题下的文字，丰富突出主标题。

步骤11 单击文字工具 T ，输入文字，在其菜单栏中设置参数，单击"字符"选项，选择所需的字体，设置颜色为粉色，制作副标题下的文字，丰富突出副标题。

步骤12 单击文字工具 T ，输入文字，在菜单栏中设置参数，单击"字符"选项，选择所需的字体，设置颜色为粉蓝色，制作画面下方标题。

步骤13 单击文字工具T，输入文字，在菜单栏中设置参数，单击"字符"选项，选择所需的字体，设置颜色为白色，制作主标题上的点缀标题。

步骤14 单击文字工具T，输入文字，在菜单栏中设置参数，单击"字符"选项，选择所需的字体，设置其颜色为玫红色（C0、M95、Y24、K0），制作画面下方的标题。

步骤15 单击文字工具T，输入文字，在菜单栏中设置参数，单击"字符"选项，选择所需的字体，设置颜色为白色，制作画面下方的副标题。

步骤16 单击文字工具T，输入文字，在菜单栏中设置参数，单击"字符"选项，选择所需的字体，设置其颜色为玫红色（C0、M95、Y24、K0），制作画面下方的三级标题。

步骤17 单击文字工具T，输入文字，在菜单栏中设置参数，单击"字符"选项，选择所需的字体，设置其颜色为黑色，制作画面下方的三级副标题。

步骤18 单击文字工具T，输入文字，在菜单栏中设置参数，单击"字符"选项，选择所需的字体，设置其颜色为白色，制作画面下方的次级副标题。

步骤19 使用相同方法，制作画面下方的次级副标题。

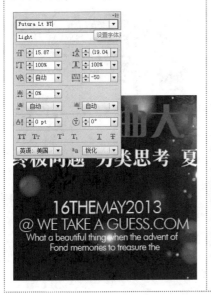

步骤20 使用相同方法，制作画面下方的次级副标题。使用选择工具适当缩放，使其具有一定的层次感。

步骤21 单击钢笔工具，在次级副标题上绘制分割线，使其层次丰富。至此，本实例制作完成。

13.5.4 艺术杂志封面设计

主要使用素材：

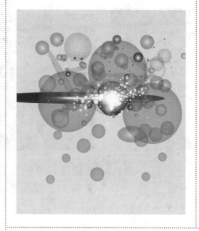

案例分析：

本案例制作艺术杂志封面设计，通过具有科幻色彩的素材和3D文字相结合，制作出具有梦幻空间的艺术杂志封面，结合文字独特的排版，使其更具有艺术效果，给人强烈的视觉效果。

主要使用功能：

椭圆工具、钢笔工具、文字工具。

💿 光盘路径：第13章\Complete\13.5\艺术杂志封面设计.ai

🎬 视频路径：第13章\艺术杂志封面设计.swf

步骤1 执行"文件 | 新建"命令，在弹出的对话框中设置各项参数，设置完成后单击"确定"按钮，新建一个图形文件。

步骤2 单击矩形工具 ▢ ，打开"渐变"面板，从左到右设置渐变色为玫瑰色（C0、69、Y11、K0）到紫色（C97、M100、Y33、K0）再到黑色，最后到深蓝色（C99、M98、Y65、K55）的径向渐变填充颜色，绘制和画面相同大小的矩形。

步骤3 执行"文件 | 打开"命令，打开"02.ai"文件。将其拖到当前画面上，使用选择工具 ▸ 按住Shift键适当缩小，并移动到画面合适的位置。

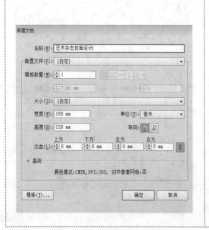

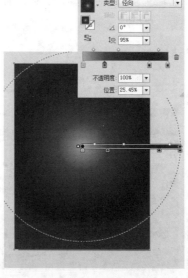

步骤4　单击星形工具 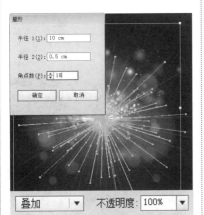，在画面上双击鼠标，在弹出的对话框中设置参数绘制放射状图案，设置"填色"为黄色（C3、M13、Y48、K0）。

步骤5　使用矩形工具 □ 和钢笔工具 ✐，绘制斑驳的形状，设置"填色"为白色，分别设置不同的透明度。

步骤6　单击文字工具 T，输入文字，在菜单栏中设置参数，单击"字符"选项，选择所需的字体，设置颜色为黑色。

步骤7　执行"效果 I 3D I 凸出和斜角"命令，在弹出的对话框中设置各个选项，单击"确定"按钮，即可出现立体文字透视的效果，设置"填色"为黄灰色。

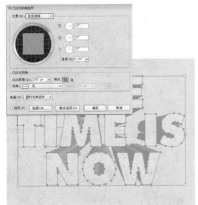

步骤8　使用选择工具 ▶，将其移动到画面合适的位置，并在画面下方输入文字，并进行缩小。

步骤9　打开"03.ai"文件。将其拖到当前画面上的合适位置。

步骤10　打开"04.ai"文件，将其拖到当前画面上的合适位置。

步骤11　单击椭圆工具 ◯，设置"填色"为白色。按住Shift键在画面上每个点上绘制正圆。

步骤12　单击矩形工具 □，设置"填色"为白色。绘制矩形，并适当旋转，将正圆链接。

步骤13 单击椭圆工具 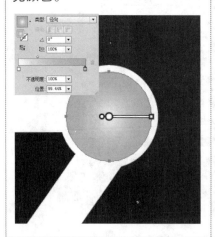，打开"渐变"面板，从左到右设置渐变色为白色到绿色（C47、M7、Y74、K0）的径向渐变填充颜色。

步骤14 单击文字工具 T，输入文字，在菜单栏中设置参数，单击"字符"选项，选择所需的字体，设置颜色为黑色，将其放置于画面合适的位置。

步骤15 执行"文件 | 打开"命令，打开"05.ai"文件。拖到当前画面上，使用选择工具 按住Shift键适当缩小，并移动到画面合适的位置。

步骤16 单击文字工具 T，输入文字，在菜单栏中设置参数，单击"字符"选项，选择所需的字体，设置颜色为白色，将其放置于画面合适的位置。

步骤17 单击文字工具 T，输入文字，在菜单栏中设置参数，单击"字符"选项，选择所需的字体，设置颜色为黑色，并放置于画面合适的位置。

步骤18 单击矩形工具 ，设置"填色"为白色，绘制两个90°叠加的矩形。

步骤19 按住Alt键并单击鼠标左键不放，连续复制多个图形，使用选择工具 ，按住Shift键适当缩小，并移动到画面合适的位置。

步骤20 单击文字工具 T，输入文字，在菜单栏中设置参数，单击"字符"选项，选择所需的字体，设置颜色为白色，并放置于画面合适的位置。

步骤21 使用相同方法，放置文字，至此，本实制作完成。

|13.6| 插画设计

制作插画设计效果，主要使用多种绘图工具绘制插画，并结合各种图案填充效果制作插画纹理，运用色彩的精妙搭配制作出极具视觉效果的插画设计。

13.6.1　可爱儿童插画

案例分析：

本案例制作可爱儿童插画，通过绘制动物造型，与可爱的图形结合制作出可爱的儿童插画。在设计中以蓝色为主要色调，夜晚的情景给人以温馨的感觉，配合造型可爱的小房子，使画面更加丰富。突出了画面的可爱温馨。画面中点缀的点点星光，使画面充满了烂漫的气息，画面色调和谐，各个图形组合丰富了画面的层次。

主要使用功能：

钢笔工具。

💿 光盘路径：第13章\Complete\13.6\可爱儿童插画.ai

🎬 视频路径：第13章\可爱儿童插画.swf

步骤1　执行"文件 | 新建"命令，在弹出的对话框中设置各项参数，设置完成后单击"确定"按钮，新建一个图形文件。

步骤2　单击矩形工具▭，设置"填色"为蓝色（C44、M14、Y5、K0），绘制和画面相同大小的矩形。

步骤3　按快捷键Ctrl+C+F原位复制并粘贴路径，设置"填色"为"柳枝颜色"。

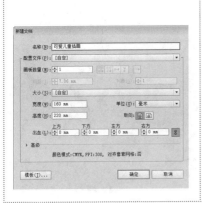

步骤4 单击钢笔工具，设置"填色"为绿色（C76、24、Y73、K0），绘制草坪，为其添加图层样式。

步骤5 按快捷键Ctrl+C+F原位复制并粘贴路径，使用选择工具，将其适当旋转并移动到画面合适的位置，设置"填色"为绿色（C58、12、Y92、K0）。

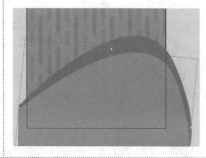

步骤6 使用相同方法，设置"填色"为绿色（C59、0、Y28、K0）。

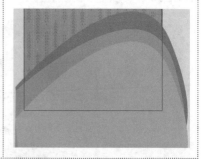

步骤7 按快捷键Ctrl+C+F原位复制并粘贴路径，设置"填色"为"Pattern 10"。为其添加图层样式。

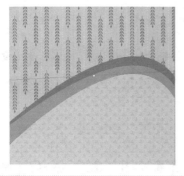

步骤8 继续单击钢笔工具，设置"填色"为蓝色（C64、34、Y9、K0），绘制最底端的草坪。

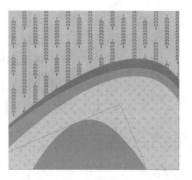

步骤9 按快捷键Ctrl+C+F原位复制并粘贴路径，设置"填色"为"花蕾颜色"。为其添加图层样式。

步骤10 执行"文件 | 打开"命令，打开"01.ai"文件，将其拖到当前画面上，使用选择工具按住Shift键适当缩小，并移动到画面合适的位置。

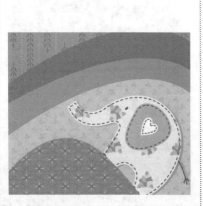

步骤11 执行"文件 | 打开"命令，打开"02.ai"文件，将其拖到当前画面上，使用选择工具，按住Shift键适当缩小，并移动到画面合适的位置。

步骤12 执行"文件 | 打开"命令，打开"03.ai"文件，将其拖到当前画面上，使用选择工具，按住Shift键将其适当缩小，并移动到画面合适的位置。

步骤13　按快捷键Ctrl+C+F原位复制并粘贴路径，并使用选择工具 按住Shift键将其适当缩小，翻转移动到画面合适的位置。

步骤14　执行"文件｜打开"命令，打开"04.ai"文件，将其拖到当前画面上，使用选择工具 按住Shift键适当缩小，并移动到画面合适的位置。

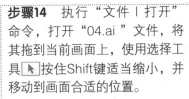

步骤15　单击钢笔工具 ，设置"填色"为黄色（C0、M5、Y90、K0），绘制画面右上方的月亮。

步骤16　单击星形工具 设置"填色"为淡黄色（C3、M2、Y27、K0），绘制画面右上方月亮旁的星形。

步骤17　按住Alt键并单击鼠标左键不放，复制图形，并设置不同的颜色，丰富画面。

步骤18　使用相同方法，按住Alt键并单击鼠标左键不放，连续复制多个图形，并设置不同的图案。

步骤19　使用选择工具 将每个星形适当缩小，旋转移动到画面合适的位置，并设置不同的"不透明度"。

步骤20　单击矩形工具 ，绘制画面大小的矩形，全选所有图层，单击鼠标右键，选择"建立剪切蒙版"选项。至此，本实例制作完成。

13.6.2 时尚女性插画

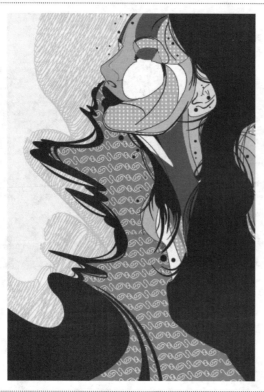

案例分析:

本案例制作时尚女性插画,通过画笔工具为人物添上美丽的妆容,结合"绘画涂抹"和"添加杂色"滤镜制作人物的炫彩唇彩,调整过程中注意色调的统一性。

主要使用功能:

钢笔工具、椭圆工具、宽度工具。

光盘路径:第13章\Complete\13.6\时尚女性插画.psd

步骤1 选择"文件 | 新建"命令。在弹出的对话框中设置参数,完成后单击"确定"按钮,新建一个图形文件。

步骤2 单击矩形工具□,在画面中绘制出矩形图形,颜色填充为浅黄色(C4、M2、Y14、K0)。

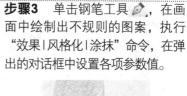

步骤3 单击钢笔工具 ,在画面中绘制出不规则的图案,执行"效果 | 风格化 | 涂抹"命令,在弹出的对话框中设置各项参数值。

步骤4 单击钢笔工具 ,在画面中绘制出人物的脸形。颜色填充为蓝色(C87、M66、Y0、K0)和绿色(C47、M0、Y82、K0)。

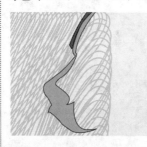

步骤5 使用钢笔工具 ,绘制出人物的额头和鼻梁,颜色填充为红色(C3、M97、Y78、K0)和橘红色(C4、M36、Y89、K0)。

步骤6 继续使用钢笔工具 ,绘制出人物的眉毛和眼轮廓,颜色描边为咖啡色(C71、M96、Y71、K57)。

步骤7 继续使用相同方法，绘制出人物的脸颊和右眼，并填充不同的颜色。

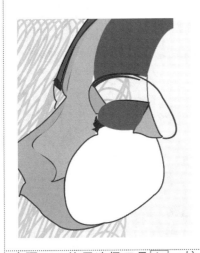

步骤8 单击矩形工具，在画面旁边先绘制一个矩形，颜色填充为橙色（C1、M42、Y61、K0）。然后单击椭圆工具，在矩形图形上方两端绘制出两个白色的正圆。

步骤9 使用选择工具，将两个圆选中，然后执行"对象｜混合｜混合选项"命令，在弹出的对话框中设置参数值。再次执行"对象｜混合｜建立"命令，即得到一排圆形。

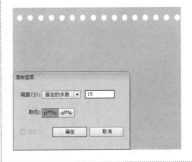

步骤10 使用选择工具，按住Alt键同时拖动鼠标，复制一排正圆，然后再按Ctrl+D快捷键重复上步骤操作。再进行编组，得到背景底纹的效果。

步骤11 单击钢笔工具，绘制出人物的右眼轮廓，将背景底纹和右眼轮廓全选，单击鼠标右键，在弹出的菜单中选择"建立剪切蒙版"命令，以创建剪切蒙版效果，放置与画面中人物右眼的位置。

步骤12 继续使用相同的方法，绘制出右眼部分。

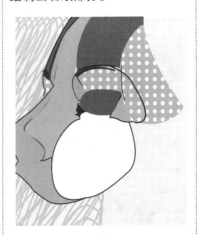

步骤13 单击钢笔工具，绘制出人物的下巴、脸颊及嘴唇，并填充不同的颜色。

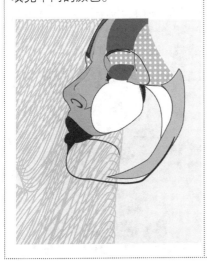

步骤14 继续使用步骤8的方法，绘制出人物的脸。

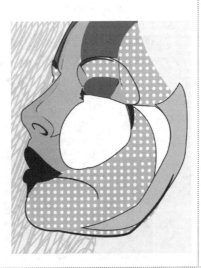

步骤15 单击钢笔工具，绘制出人物的脸轮廓和脸腮及右眼睫毛。结合使用宽度工具加宽睫毛的不同宽度。

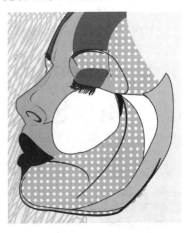

步骤16 继续使用钢笔工具 ✐ 绘制出人物的颈部部分，并填充为不同的颜色。

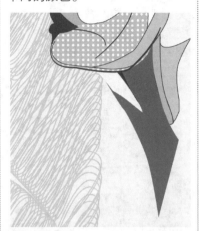

步骤17 继续使用钢笔工具 ✐，绘制出人物的头发，再结合使用宽度工具 ✍ 加宽发丝的宽度。

步骤18 再次使用钢笔工具 ✐，绘制出人物的右肩膀，并填充为不同的颜色，将图形放置于头发下面。

步骤19 继续使用钢笔工具 ✐ 绘制出人物的耳朵，并填充为不同的颜色。

步骤20 使用钢笔工具 ✐ 绘制出人物的头发，并结合使用宽度工具 ✍ 加宽头发的宽度。

步骤21 使用步骤8~步骤11的方法，再使用钢笔工具 ✐ 绘制出左肩膀。

步骤22 使用钢笔工具 ✐ 在画面的左侧绘制出像头发丝的曲线图形，并填充颜色为（C71、M96、Y71、K57）。

步骤23 继续使用步骤8~步骤11的方法，得到底纹效果，然后单击椭圆工具 ⬭，在人物的不同位置绘制出大小不同的椭圆，并填充为咖啡色（C71、M96、Y71、K57）。使用选择工具 ▸ 框选画面中的所有对象，单击鼠标右键，在弹出的菜单中选择"建立剪切蒙版"命令，以创建剪切蒙版效果，至此，本实例制作完成。

13.6.3 趣味拼贴插画

主要使用素材：

案例分析：

本案例制作趣味拼贴插画，通过绘制可爱的卡通插画，并为其叠加图案，增加插画的童趣效果。突出插画人物的主体。并结合多种素材肌理的叠加，丰富画面的肌理效果，增加画面的生动性。以复古的质感制作趣味拼贴插画。

主要使用功能：

椭圆工具、钢笔工具。

💿 光盘路径：第13章\Complete\13.6\趣味拼贴插画.ai

步骤1 执行"文件 | 新建"命令，在弹出的对话框中设置各项参数，设置完成后单击"确定"按钮，新建一个图形文件。

步骤2 单击矩形工具 □，设置"填色"为土黄色（C28、M36、Y97、K0），绘制矩形画面。

步骤3 打开01.jpg 文件，将其拖到当前画面上，打开"效果"面板，设置其不透明度为50%，制作背景肌理效果。

步骤4 单击钢笔工具 ✐，依次设置不同的"填色"，绘制出主体动物小熊的头部。

步骤5 单击钢笔工具 ✐，依次设置不同的"填色"，绘制出主体动物小熊的下部分身体。

步骤6 继续使用钢笔工具 ✐，依次设置"填色"为"星形3D颜色"和"秘鲁颜色"，绘制出主体动物小熊的双手。

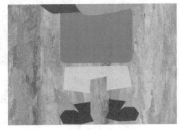

步骤7 使用选择工具 ▶，依次选择小熊身体要叠加的部分，按快捷键Ctrl+C+F原位复制并粘贴路径，并设置不同的"填色"，为其叠加肌理。

步骤8 打开01.ai文件，将其拖到当前画面上，使用选择工具，▶按住Shift键将适当缩小，并移动到画面合适的位置。

步骤9 打开02.ai文件，将其拖到当前画面上，使用选择工具 ▶按住Shift键适当缩小，并移动到画面合适的位置。

步骤10 选择刚才打开的01.ai文件，将其"取消群组"，选择其中一个按钮，按住Alt键并单击鼠标左键不放复制一个，移动到画面合适的位置。

步骤11 打开03.ai文件，将其拖到当前画面上，使用选择工具 ▶移动到画面合适的位置。

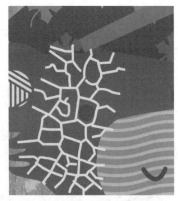

步骤12 打开"效果"面板，设置其混合模式为"叠加"，制作出叠加的肌理。

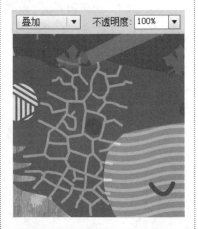

步骤13 按住Alt键并单击鼠标左键不放，连续复制多个图形，使用选择工具 ▶按住Shift键适当缩小，移动到画面合适的位置。

步骤14 单击文字工具 T，输入文字，在菜单栏中设置参数，单击"字符"选项，选择所需的字体，设置颜色为黑色，并适当旋转，移动到画面的合适位置。

步骤15 单击矩形工具 ▢，绘制画面大小的矩形，全选所有图层，单击鼠标右键，选择"建立剪切蒙版"选项。至此，本实例制作完成。

13.6.4　商业艺术插画

主要使用素材：

案例分析：

本案例制作商业艺术插画，该插画结合多种素材的叠加，背景由蓝色为主，图形的大小对比形成了具有大小韵律的画面效果。图形的排列组合很好地补充了画面的空白，丰富了画面的效果。

主要使用功能：
椭圆工具、钢笔工具、文字工具。

光盘路径：第13章\Complete\13.6\商业艺术插画.psd

视频路径：第13章\商业艺术插画.swf

步骤1　执行"文件 | 新建"命令，在弹出的对话框中设置各项参数，设置完成后单击"确定"按钮，新建一个图形文件。

步骤2　单击矩形工具，设置"填色"为蓝色（C44、M14、Y5、K0），绘制和画面相同大小的矩形。

步骤3　单击星形工具，在画面上双击，在弹出的对话框中设置参数，绘制放射状图案，打开"渐变"面板，从左到右设置渐变色为淡绿灰色（C32、M19、Y28、K0）到白色的线性渐变填充颜色。

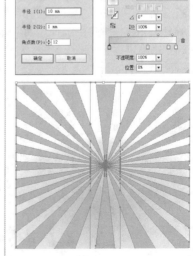

步骤4 单击椭圆工具◯，设置"填色"为橘黄色（C15、M53、Y95、K0），"描边"为黑色，粗细为1pt，按住Shift键在画面正中绘制正圆。

步骤5 执行"文件 | 打开"命令，打开"01.ai"文件，将其拖到当前画面上，使用选择工具按住Shift键适当缩小，并移动到画面合适的位置。

步骤6 执行"文件 | 打开"命令，打开"02.ai"文件，将其拖到当前画面上，使用选择工具按住Shift键适当缩小，并移动到画面合适的位置。

步骤7 执行"文件 | 打开"命令，打开"03.ai"文件，将其拖到当前画面上，使用选择工具按住Shift键适当缩小，并移动到画面合适的位置。

步骤8 按住Alt键并单击鼠标左键不放，连续复制多个图形，使用选择工具按住Shift键将其适当缩小，旋转并移动到画面合适的位置。

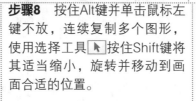

步骤9 执行"文件 | 打开"命令，打开"04.ai"文件，将其拖到当前画面上，使用选择工具按住Shift键适当缩小，并移动到画面合适的位置。

步骤10 执行"文件 | 打开"命令，打开"05.ai"文件。将其拖到当前画面上，使用选择工具按住Shift键适当缩小，并移动到画面合适的位置。

步骤11 按快捷键Ctrl+C+F原位复制并粘贴路径，按住Shift+Alt键等比例缩放，使用选择工具按住Shift键适当缩小，并移动到画面合适的位置。

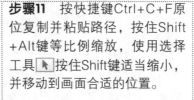

步骤12 执行"文件 | 打开"命令，打开"06.ai"文件。将其拖到当前画面上，使用选择工具按住Shift键适当缩小，并移动到画面合适的位置。

步骤13　按快捷键Ctrl+C+F原位复制并粘贴路径，按住Shift+Alt键将其等比例缩放，使用选择工具▶按住Shift键将其适当缩小，并移动到画面合适的位置。

步骤14　执行"文件|打开"命令，打开"07.ai"文件。将其拖到当前画面上，使用选择工具▶按住Shift键适当缩小，并移动到画面合适的位置。

步骤15　按快捷键Ctrl+C+F原位复制并粘贴路径，按住Shift+Alt键将其等比例缩放，使用选择工具▶按住Shift键适当缩小，并移动到画面合适的位置。

步骤16　单击选择工具▶，选择"01.ai"文件，按住Alt键并单击鼠标左键不放，连续复制多个图形，适当缩放、旋转并移动到画面合适的位置。

步骤17　单击选择工具▶，选择"02.ai"文件，按住Alt键并单击鼠标左键不放，连续复制多个图形，适当缩放、旋转并移动到画面合适的位置。

步骤18　执行"文件|打开"命令，打开"08.ai"文件，将其拖到当前画面上，使用选择工具▶按住Shift键适当缩小，并移动到画面合适的位置。

步骤19　执行"文件|打开"命令，打开"13.ai"文件。并将其拖到当前画面上，使用选择工具按住Shift键适当缩小，并移动到画面合适的位置。

步骤20　执行"文件|打开"命令，打开"9.ai"文件。并将其拖到当前画面上，使用选择工具▶按住Shift键适当缩小，并移动到画面合适的位置。

步骤21　执行"文件|打开"命令，打开"10.ai"文件。并将其拖到当前画面上，使用选择工具▶按住Shift键适当缩小，并移动到画面合适的位置。

步骤22 执行"文件 | 打开"命令，打开"11.ai"文件。并将其拖到当前画面上，使用选择工具按住Shift键适当缩小，并移动到画面合适的位置。

步骤23 单击文字工具 T ，输入文字，在菜单栏中设置参数，单击"字符"选项，选择所需的字体，设置颜色为白色，执行"效果 | 变形 | 上弧形"命令，在弹出的对话框中设置参数，制作标题文字。

步骤24 单击钢笔工具 ，设置"填色"为粉红色（C0、M97、Y32、K0），"描边"为黑色，粗细为2pt，绘制小鸟的身体。

步骤25 单击钢笔工具 ，设置"填色"为暗红色（C36、M94、Y53、K0），"描边"为黑色，粗细为2pt，绘制小鸟的翅膀。

步骤26 使用相同方法，设置不同颜色，绘制小鸟的翅膀花纹。

步骤27 单击钢笔工具 ，设置"填色"为暗粉色（C0、M14、Y2、K0），"描边"为黑色，粗细为2pt，绘制小鸟的肚子。

步骤28 全选小鸟的所有图层，按快捷键Ctrl+G合并图层，使用选择工具 ，将其适当缩小，移动到画面合适的位置。

步骤29 按快捷键Ctrl+C+F，原位复制并粘贴路径，按住Shift+Alt键将其等比例缩放，并拆分设置不同的颜色。

步骤30 单击矩形工具 ，绘制画面大小的矩形，全选所有图层，单击鼠标右键，选择"建立剪切蒙版"选项。至此，本实例制作完成。

附录A　操作习题答案

第1章

1. 选择题
（1）A　（2）C　（3）A

2. 填空题
（1）"存储"、"存储为"、"存储副本"、"存储为模板"、"存储Web和设备所用格式"或"存储选中色切片"

（2）"文件"、"编辑"、"对象"、"文字"、"选择"、"效果"、"视图"、"窗口"或"帮助"

（3）"显示参考线"、"锁定参考线"、"建立参考线"、"释放参考线"或"清除参考线"

第2章

1. 选择题
（1）C　（2）A　（3）C　（4）B

2. 填空题
（1）钢笔工具 ✎、添加锚点工具 ✐、删除锚点工具 ✎、转换锚点工具 ⌐

（2）直线段工具 ／、弧形工具 ⌒、极坐标网格工具 ◉、螺旋线工具 ◎、矩形网格工具 ▦

（3）星形工具 ☆、矩形工具 ▢、椭圆工具 ◯、圆角矩形工具 ▢、光晕工具 ◉、多边形工具 ▢

第3章

1. 选择题
（1）A　（2）A　（3）B

2. 填空题
（1）分割为网格

（2）镜像工具

（3）Shift+Ctrl+F9

（4）3

第4章

1. 选择题
（1）C　（2）A　（3）A

2. 填空题
（1）"透明度"面板

（2）"图层"面板

（3）Ctrl

（4）Ctrl+R

第5章

1. 选择题
（1）B　（2）A　（3）A

2. 填空题
（1）实时上色工具

（2）"窗口｜色板库｜图案"

（3）网格工具 ▦

第6章

1. 选择题
（1）C　（2）A　（3）A

2. 填空题
（1）"变暗"，"正片叠底"、"颜色加深"、"线性加深"

（2）"正片叠底"和"滤色"

（3）"间距"，混合工具 ▣

（4）1（左平面）　2（水平面）　3（右平面）

第7章

1. 选择题
（1）C　（2）A　（3）A

2. 填空题
（1）Shift+Ctrl+O

（2）"文字｜串接文本｜创建"

（3）"字符"

第8章

1. 选择题
（1）B　（2）A　（3）C

2. 填空题
（1）Alt

（2）"图表类型"

（3）柱形图工具 ▥

第9章

1. 选择题
（1）B　（1）A　（1）A

2. 填空题

（1）"拼缀图"、"染色玻璃"、"纹理化"、"颗粒"、"马赛克拼贴"和"龟裂缝"滤镜。

（2）像素化　晶格化

（3）铜版雕刻

第10章

1. 选择题

（1）C　（2）C　（3）A

2. 填空题

（1）"文件｜置入"

（2）"对象"

（3）"捕捉数据组"

第11章

1. 选择题

（1）A　（2）A　（3）C

2. 填空题

（1）储存为Web所用格式

（2）AI

（3）SVG格式

第12章

1. 选择题

（1）A　（2）A　（3）A

2. 填空题

（1）"画板选项"

（2）陷印

（3）"文件｜打印"

质检5